国家级一流本科课程教材

混合式教学版

环境监测实验教程

颜婉茹　主编　　李哲煜　杜青林　副主编

U0231263

化学工业出版社

·北京·

内容简介

《环境监测实验教程（混合式教学版）》采用纸数融合的方式，旨在为混合式"环境监测实验"课程教学提供支持。本书结合混合式学习过程，设置了"自主学习导航"板块，并根据内容推进情况，将不同难度的问题融入各个学习阶段，将部分有争议的问题设计为"创新实验"，让学生学中思、思中学、学中做，促进深度学习。

为了激发读者的学习兴趣，提高实验结果的准确性，并持续挖掘实验中的新知识，本书精心设计了多个板块："实验影响因素分析"和"干扰与消除"板块，有助于读者深入理解实验原理，掌握排除干扰的方法；"安全提示"和"实验废液处理提示"，板块强调了实验过程中的安全和环保问题；"知识拓展"和"小技巧"，板块为读者提供了更多的实验知识和实用技巧。在学习过程中，力求让读者体会到发现问题、分析问题、解决问题的乐趣，全面提升自己的科学能力和实验素养。此外，本书还提供了部分实验操作、授课视频、思维导图、参考标准、课件，以及与环境监测相关的政策、人物、事件等线上资源，供读者学习参考。

全书共包括三部分内容。第一部分为环境监测实验基础，包括环境监测的实验基础、实验安全、实验室管理监测仪器的使用、样品采集与前处理技术、数据处理与质量保证等内容。第二部分主要介绍环境监测实验所涉及的水质监测、空气质量监测、土壤质量监测以及其他质量监测。第三部分为环境监测实训，包括水、气、工业建设项目等质量监测方案的设计方法及具体方案的制订。

本教材可作为高等学校环境工程、环境科学专业的实验教学用书，也可供相关专业及环保技术人员参考。

图书在版编目（CIP）数据

环境监测实验教程 / 颜婉茹主编；李哲煜，杜青林副主编 . —北京：化学工业出版社，2024.6
国家级一流本科课程教材
ISBN 978-7-122-45296-2

Ⅰ. ①环… Ⅱ. ①颜… ②李… ③杜… Ⅲ. ①环境监测-实验-高等学校-教材 Ⅳ. ①X83-33

中国国家版本馆 CIP 数据核字（2024）第 059109 号

责任编辑：吕　尤　徐雅妮　　　文字编辑：丁海蓉
责任校对：王　静　　　　　　　装帧设计：张　辉

出版发行：化学工业出版社
　　　　　（北京市东城区青年湖南街 13 号　邮政编码 100011）
印　　装：大厂聚鑫印刷有限责任公司
787mm×1092mm　1/16　印张 15¼　字数 390 千字
2024 年 6 月北京第 1 版第 1 次印刷

购书咨询：010-64518888　　　　售后服务：010-64518899
网　　址：http://www.cip.com.cn
凡购买本书，如有缺损质量问题，本社销售中心负责调换。

定　　价：39.00 元　　　　　　版权所有　违者必究

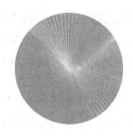

前言
PREFACE

保护环境是实践"绿水青山"和建设"美丽中国"的基本保障。环境监测是环境保护的基础，是生态文明建设的重要支撑。"环境监测实验"是环境工程、环境科学、资源与环境等与环境相关专业的专业基础课程，具有很强的实践性和实用性。本书的编者长期从事环境监测理论和实践教学工作，主讲的"环境监测实验"课程被评为首届国家级线上线下混合式一流本科课程。本书的编写基于环境监测技术的不断发展和标准的迭代更新，结合编者多年来的教学心得与实践经验，编写时着重突出了以下几点。

1. 融合线上线下资源，聚焦混合式教学。

教材包括线上、线下两部分资源，结合混合式教学的学习特点，将每个实验的学习分为课前、课中和课后三部分内容。每一部分都有相应的学习任务，引导读者分析、思考。

2. 系统化进行内容设计，涵盖知识、技能、素养。

主要内容涉及环境监测过程中基础实验知识、常规监测项目、典型实训项目；监测对象涉及水和废水、空气和废气、土壤、生物、物理性污染等诸多类型样品；实验操作涉及药品配制、样品采集和保存、样品预处理和分析测定、玻璃仪器使用、现代监测仪器使用等内容；实验素养涉及实验安全、"三废"处理、规范化操作、数据诚信、环境保护、创新思维等。同时，利用线上教学引入"拓展学习"，如"院士谈监测""最美监测人""监测素养篇""监测常识篇"等内容，丰富学习内容，激发学习兴趣。

3. 问题导向，促进"自主性学习"，独立完成实验。

自主性学习从实验前"自主学习导航"开始。针对实验目标、实验原理、实验方法的适用范围、干扰及消除、常见问题分析、课前思考与实验相关知识点展开学习。实验中通过详细的实验材料和实验步骤、特别标注出的易出现问题及解决方案，引导读者能够根据教材独立完成实验，边实验、边思考，在实验中发现问题、解决问题，体验实验的乐趣。针对每个实验特点，进行安全隐患分析、实验注意事项分析与提示，提醒读者注重实验安全、废弃物处理，确保自主实验中的安全性。课后进行数据处理、分析，绘制思维导图系统总结，使学生的创新实验设计能力得到提高。

4. 内容具有适配性，方便"分层学习"。

教材从实验基础知识、监测实验到创新设计性实验，再到监测项目实训，在掌握扎实的基本功基础上，对学生进行实验设计思路训练，完成完整的实训项目，可提供给不同学习需求、不同学习进度、不同学习程度的读者进行学习、思考。本教材可以为本科生提供学习帮助，也可以为研究生、环境科学工作者提供参考。课后利用思维导图帮助读者梳理本次实验的要点，并附有部分实验操作的评分标准，提高实验操作的规范性。

5. 注重培养标准意识、创新意识。

本教材所用方法均以国家和行业标准为依据，实验内容涉及监测技术发展新领域。课后实验问题讨论、数据处理及评价、拓展与创新，可作为拓展实验或大型实验的参考，为培养学生综合、全面的实践能力以及善于思考的实验习惯，以及提升科研能力而设。

希望读者通过本教材的学习，掌握环境监测实验技术，训练科学思维，提升监测工作能力，为将来建设美丽中国，"推动绿色发展，促进人与自然和谐共生"，做出我们"监测人"的贡献。

本教材第一章到第四章由李哲煜执笔；第五章到第八章中实验十八、实验二十二由姚常浩执笔，实验二十一、实验二十三由杜颜执笔，实验二十四至实验二十六由杜青林执笔，其余部分由颜婉茹执笔；第九章由杜青林执笔；全书由魏金枝主审。在本书的编写过程中，参考了国内出版的一些教材和著作，在此向相关作者表示衷心感谢！

由于编者水平、能力有限，不足之处在所难免，敬请各位专家和读者批评指正。

编　者
2024 年 1 月

目录
CONTENTS

教材使用流程说明

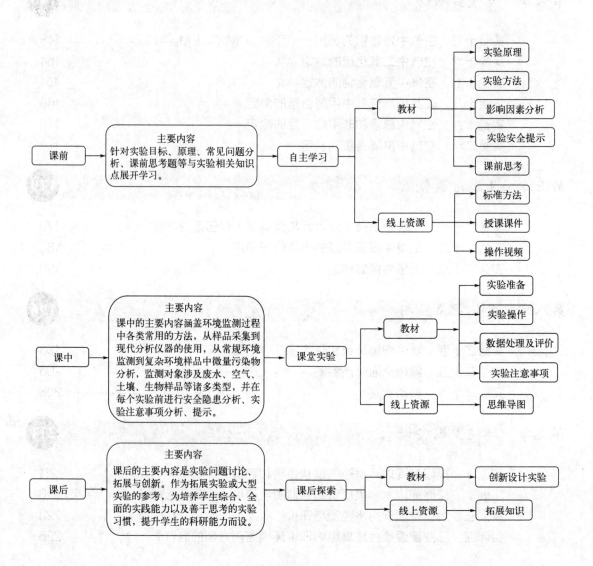

课前 → **主要内容** 针对实验目标、原理、常见问题分析、课前思考题等与实验相关知识点展开学习。 → **自主学习**

- **教材**
  - 实验原理
  - 实验方法
  - 影响因素分析
  - 实验安全提示
  - 课前思考
- **线上资源**
  - 标准方法
  - 授课课件
  - 操作视频

课中 → **主要内容** 课中的主要内容涵盖环境监测过程中各类常用的方法，从样品采集到现代分析仪器的使用，从常规环境监测到复杂环境样品中微量污染物分析，监测对象涉及废水、空气、土壤、生物样品等诸多类型，并在每个实验前进行安全隐患分析、实验注意事项分析、提示。 → **课堂实验**

- **教材**
  - 实验准备
  - 实验操作
  - 数据处理及评价
  - 实验注意事项
- **线上资源**
  - 思维导图

课后 → **主要内容** 课后的主要内容是实验问题讨论、拓展与创新。作为拓展实验或大型实验的参考，为培养学生综合、全面的实践能力以及善于思考的实验习惯，提升学生的科研能力而设。 → **课后探索**

- **教材**
  - 创新设计实验
- **线上资源**
  - 拓展知识

本书二维码

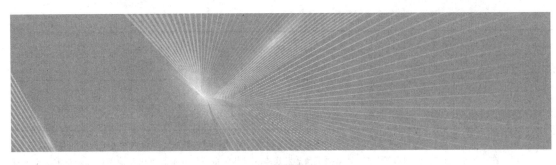

第一章

环境监测实验基础

第一节　实验用水

实验过程中，水是最常用的且用量最大的溶剂，广泛应用于试剂配制、仪器洗涤等。实验用水关系到整个实验分析过程的成败，因此，实验用水必须合理使用，并定期进行质量监控。实验中，需根据不同的工作需要，选用不同级别的水。实验室用水规格的国家标准《分析实验室用水规格和试验方法》（GB/T 6682—2008）规定了实验室分析用水的级别、规格、取样、贮存及试验方法。

一、实验分析用水的级别、规格与贮存

1. 实验分析用水的级别

实验室用水目视外观应为无色透明液体，根据制取和用途的不同，共分为三个级别：一级水、二级水和三级水。实验分析用水的分级见表 1-1。

表 1-1　实验分析用水的分级

级别	制取	用途
一级水	可用二级水经过石英设备蒸馏或离子交换混合床处理后，再经 0.2μm 微孔滤膜过滤来制取	用于有严格要求的分析试验，包括对颗粒有要求的试验，如高效液相色谱分析用水
二级水	可用多次蒸馏或离子交换等方法制取	用于无机痕量分析等试验，如原子吸收光谱分析用水
三级水	可用蒸馏或离子交换等方法制取	用于一般化学分析试验，但是不包括 COD、BOD_5 等的测定

2. 实验分析用水的规格

实验分析用水的规格见表 1-2。

表 1-2　实验分析用水的规格

级别	一级水	二级水	三级水
pH 值范围(25℃)	—①	—①	5.0～7.5
电导率(25℃)/(mS/m)	≤0.01	≤0.10	≤0.50

续表

		≤0.08	≤0.4
可氧化物质含量（以 O 计）/(mg/L)	—②	≤0.08	≤0.4
吸光度（254nm,1cm 光程）	≤0.001	≤0.01	—
蒸发残渣（105℃±2℃）含量/(mg/L)	—②	≤1.0	≤2.0
可溶性硅（以 SiO₂ 计）含量/(mg/L)	≤0.01	≤0.02	

① 由于在一级水、二级水的纯度下，难以测定其真实的 pH 值，因此，对一级水、二级水的 pH 值范围不做规定。

② 由于在一级水的纯度下，难以测定可氧化物质和蒸发残渣，对其限量不做规定。可用其他条件和制备方法来保证一级水的质量。

3. 实验分析用水的取用容器及贮存

各级用水均使用密闭、专用的聚乙烯容器。三级水也可使用密闭、专用的玻璃容器。新容器在使用前需用盐酸溶液（质量分数为 20%）浸泡 2~3d，再用待测水反复冲洗，并注满待测水浸泡 6h 以上。

各级水在贮存期间，其沾污的主要来源是容器可溶成分的溶解、空气中二氧化碳和其他杂质。因此，一级水不可贮存，使用前制备。二级水、三级水可适量制备，分别贮存在预先经同级水清洗过的相应容器中。

二、实验分析用水的制备

天然水中常常溶有无机盐、微粒、气体以及有机物等杂质和一些微生物，这样的水不符合实验要求。因此，需要将水提纯，纯水常用蒸馏、离子交换、电渗析、反渗透等方法获得。

1. 蒸馏法

蒸馏法是利用杂质不和水蒸气一同蒸发而达到水与杂质分离的效果，采用此法所获得的水称为蒸馏水。水中大多数的无机盐、碱和某些有机化合物等不具有挥发性的杂质，通过蒸馏可以除去，溶解在水中的气体并不能除去。蒸馏法设备简单，操作方便，但产出速度较慢、能耗高。

2. 离子交换法

离子交换法，是利用离子交换树脂中可游离交换的离子与原水中离子相互交换，使水中各种离子除去或减少到一定程度，采用此法所获得的水称为去离子水、离子交换水或脱盐水。离子交换法的优点是成本低、出水量大、去离子的能力强；缺点是离子交换处理能除去原水中绝大部分盐类、碱和游离酸，但不能完全除去有机物和非电解质，而且有微量树脂溶于水中，不适用于配制有机分析试液，适合配制痕量金属分析用的试液。

3. 电渗析法

电渗析法是在外电场作用下，利用阴阳离子交换膜对溶液中离子的选择透过性，使溶液中的溶质和溶剂分离开，达到净化水的目的，是基于离子交换技术的一种纯水制取方法。与离子交换法相比，电渗析法的优点是设备与操作相对简单，不需用酸碱再生，实用性强；缺点是水的电导率偏低，除去杂质的能力偏低，适用于一些要求不高的分析工作。

4. 特殊纯水的制备

根据不同的实验要求分析某些指标时，需要用到特殊质量要求的纯水。

（1）二次蒸馏水 用石英蒸馏器或硬质全玻璃蒸馏器将普通蒸馏水重蒸馏，可得到二次蒸馏水。

（2）不含氯的水 向水中加入亚硫酸钠等还原剂，将自来水中的余氯还原为氯离子，用附有缓冲球的全玻璃蒸馏器（以下各项的蒸馏均同此）进行蒸馏制取。

取实验用水 10mL 于试管中，加入 2～3 滴（1：1）硝酸、2～3 滴 0.1mol/L 硝酸银溶液，混匀，不得有白色沉淀出现。

（3）不含氨的水 向水中加入硫酸至 pH 值<2，使水中各种形态的氨或胺最终都转变成不挥发的盐类，收集馏出液即得。

注：① 避免实验室内空气中含有氨而重新污染，应在无氨气的实验室进行蒸馏。

② 向蒸馏制得的纯水中加入数毫升再生好的阳离子交换树脂振摇数分钟即可除氨，或者通过交换树脂柱也能除氨。

（4）不含氧的水 用适量（2～5L）蒸馏水煮沸 30～60min 制得。在煮沸过程中将氮气通入水中鼓泡，并在通氮气鼓泡条件下使水冷却至室温。临用前制备，使用时应虹吸取出。

（5）不含二氧化碳的水

① 煮沸法 将蒸馏水或去离子水煮沸至少 10min（水多时），或使水量蒸发 10% 以上（水少时），加盖放冷即可。

② 曝气法 将惰性气体（如高纯氮）通入蒸馏水或去离子水至饱和即可。制得的无二氧化碳水，应贮存在一个附有碱石灰管的橡胶塞盖严的瓶中。

（6）不含酚的水

① 加碱蒸馏法 加入氢氧化钠至水的 pH 值>11（可同时加入少量高锰酸钾溶液使水呈紫红色），使水中酚生成不挥发的酚钠后，进行蒸馏制得。

② 活性炭吸附法 将粒状活性炭加热至 150～170℃ 烘烤 2h 以上进行活化，放入干燥器内冷却至室温后，装入预先盛有少量水（避免炭粒间存留气泡）的色谱柱中。使蒸馏水或去离子水缓慢通过柱床，按柱容量大小调节其流速，一般以每分钟不超过 100mL 为宜。开始流出的水（略多于装柱时预先加入的水量）须再次返回柱中，然后正式收集。此柱所能净化的水量，一般约为所用炭粒表观容积的 1000 倍。

（7）不含砷的水 通常使用的普通蒸馏水或去离子水基本不含砷，对所用蒸馏器、树脂管和贮水容器要求不得使用软质玻璃（钠钙玻璃）制品。进行痕量砷测定时，则应使用石英蒸馏器或聚乙烯树脂管及贮水容器来制备和盛贮不含砷的蒸馏水。

（8）不含铅（重金属）的水 用氢型强酸性阳离子交换树脂制备不含铅（重金属）的水，贮水容器应做无铅预处理才可使用（将贮水容器用 6mol/L 硝酸浸洗后用无铅水充分洗净）。

（9）不含有机物的水 将碱性高锰酸钾溶液加入水中再蒸馏，再蒸馏过程中应始终保持水中高锰酸钾的紫红色不得消退，否则应及时补加高锰酸钾。

第二节 化学试剂

实验室中化学试剂的质量直接影响分析结果的准确度。使用时应对试剂的性质、用途、配制方法进行充分了解，并根据实际情况合理选用。

一、化学试剂的分类、分级

国家标准《化学试剂 分类》（GB/T 37885—2019）按产品用途将化学试剂分为以下十个大类：基础无机化学试剂、基础有机化学试剂、高纯化学试剂、标准物质/标准样品和对照品（不包含生物化学标准物质/标准样品和对照品）、化学分析用化学试剂、仪器分析用化学试剂、生命科学用化学试剂（包含生物化学标准物质/标准样品和对照品）、同位素化学试剂、专用化学试剂、其他化学试剂。

二、化学试剂的标志

化学分析中的通用分析试剂分为优级纯（guaranteed reagent，GR）、分析纯（analytical reagent，AR）和化学纯（chemical pure，CP）三级。国家标准《化学试剂 包装及标志》（GB 15346—2012）规定了标签颜色标记化学试剂的级别，其规格见表1-3。

表1-3 通用分析化学试剂的规格

名称	代号	标签颜色	备注
优级纯	GR	深绿色	纯度很高,适用于精确分析和研究工作,有的可作为基准物质
分析纯	AR	金光红色	纯度较高,适用于一般分析及科研
化学纯	CP	中蓝色	纯度不高,适用于工业分析及化学实验

三、化学试剂的选用

选用试剂应综合考虑对分析结果的准确度要求，以及所使用方法的灵敏度、选择性、分析成本等。考虑到经济成本，在满足实验要求的前提下，选用的试剂级别应就低不就高。通常，痕量分析要选用高纯或优级纯试剂，以降低空白值和避免杂质干扰，同时对所用的纯水的制取方法和仪器的洗涤方法也应有特殊的要求。

几种常用的化学试剂表示方法及用途见表1-4。

表1-4 几种常用的化学试剂表示方法及用途

规格	代号	用途	备注
高纯物质	EP	配制标准溶液	包括高纯、光学级、无水级、农残级等
-光谱纯试剂	SP	用于光谱分析	属于仪器分析用化学试剂
气相色谱用试剂	FGC	气相色谱分析专用	属于仪器分析用化学试剂
高效液相色谱淋洗剂	HPLC	高效液相色谱分析专用	属于仪器分析用化学试剂
电子显微镜用试剂	FEM	电子显微镜分析专用	属于仪器分析用化学试剂
实验试剂	LR	配制普通溶液或合成用	瓶签为棕色
生化试剂	BR	配制生物化学检验试剂	瓶签为黄色,属于生命科学用化学试剂
生物染色剂	BS	配制微生物标本染色剂	瓶签为玫红色,属于生命科学用化学试剂
基准试剂		标定标准溶液	瓶签为深绿色
特殊专用试剂		用于特定监测项目	无砷锌粒(含砷不得超过 1×10^{-7})

四、化学试剂的保存和使用

1. 化学试剂的保存

① 化学试剂应贮存在专设的试剂贮藏室中，由专人管理。贮藏室最好背向阳光，室内要保持干燥，通风良好，杜绝任何明火并备有充分有效的灭火设施，易挥发性或易燃易爆的试剂仓库应安装防爆灯和防爆开关。

② 分类摆放。分类的原则是一般试剂与危险试剂分开贮存，无机试剂与有机试剂分开贮存，氧化剂与还原剂分开贮存。盐比较容易受热分解，应单独贮存在阴凉的地方。

③ 剧毒试剂如氰化钠（钾）、氧化砷、汞盐等应贮存于保险柜中由专人保管，同时安装防盗和监控设施并与公安联网。易燃、易爆试剂应贮存于铁皮柜或砂箱中。易挥发试剂应贮放在有通风设备的房间内。

④ 标准物质也应有专人管理，分类贮存。

⑤ 管理人员需经常检查试剂贮存情况，根据库存需要及时补充，对于贮藏室里的其他试剂也要定期检查是否变质和损耗，建立系统的存放、领用登记台账。

2. 化学试剂的安全使用

① 实验室内不宜存放过多的试剂，领用时应少量领取，对易燃品应限量贮存、严格管理，试剂应存放在阴凉通风处。

② 剧毒试剂应严格审批、完备领用手续，随用随领，严格控制领用量。按要求严格执行"五双制"（双人管理、双锁、双人运输、双人领发、双人使用），两人共同称量，登记用量。使用剩余部分要立即退回或放入上锁橱柜，严禁私自存放或携带出室外。

③ 取用化学试剂的器皿应洗涤干净，分开使用。倒出的化学试剂不准倒回，以免沾污。

④ 挥发性强的试剂必须在通风橱内取用。使用挥发性强的有机溶剂时要注意避免明火，绝不可用明火加热。

⑤ 配制各种试液和标准溶液必须严格遵守操作规程，配完后立即贴上标签，以免拿错用错，不得使用过期试剂。

⑥ 用有机溶剂配制的贮备标准溶液不宜长期大量存放在冰箱内（乙醚、石油醚等挥发性极强的有机溶剂不能放于冰箱保存，以免引起火灾），避免相互污染或发生危险。高浓度剧毒或有毒物质的贮备标准溶液应按有毒试剂使用管理规定妥善保管，不得随意放置。

⑦ 使用有毒试剂（如氰化物、铅盐、六价铬盐、汞的化合物和砷的化合物等）时，严禁进入口内或接触伤口。

⑧ 进行灼烧、蒸发等工作时，分析人员不能擅自离开。能产生腐蚀性气体的物质或易燃烧的物质均不得放入烘箱内。

3. 压缩和液化气体的安全使用

（1）常见气体的分类 根据性质，实验室中使用的气体通常包括下列三类（每一类都标明其特有的危险）。

① 高压气瓶中的气体，压力大约为14.7MPa或30.0MPa，如氧气、氮气、氢气和甲烷属于此类气体。

② 压力气瓶中液化或溶解的气体，如液化石油气、丙烷、乙烯、乙炔、氯气、氨气和二氧化硫属于此类气体。

压力在 100kPa～20MPa，置于有夹层的真空容器中的冷冻气体，如冷冻氮气、氦气、液态空气、二氧化碳、氧气、氮气等属于此类气体。

常用气瓶标识见表 1-5。

表 1-5　常用气瓶标识

充装气体	化学式（或符号）	体色	字样	字色
氧	O_2	淡（酞）蓝	氧	黑
氦	He	银灰	氦	深绿
氢	H_2	淡绿	氢	大红
乙炔	C_2H_2	白	乙炔不可近火	大红
氨	NH_3	淡黄	液氨	黑
氩	Ar	银灰	氩	深绿
二氧化碳	CO_2	铝白	液化二氧化碳	黑
二氧化硫	SO_2	银灰	液化二氧化硫	黑
二氧化氮	NO_2	白	液化二氧化氮	黑
氮	N_2	黑	氮	白
氮（液体）	N_2	黑	液氮	白
甲烷	CH_4	棕	甲烷	白
空气	Air	黑	空气	白

（2）压缩和液化气体（不包括低温气体）的安全使用操作要求

① 使用前应辨认和确定气体的有效标签，不能去除气瓶上由供应商提供的气瓶特性标签；使用气体时，气瓶的输出阀和调节器的扳手或钥匙应安置在气瓶输出阀上，便于出现危险时快速关闭气阀。

② 气体在使用前所接触的物质应与其化学性质相适应；当检测氧气系统是否漏气时，泄漏检测溶液应与氧气相适应；若气体具有腐蚀性或毒性，应急装备应随手可用，如防毒面具、呼吸装置、复苏器和解毒剂，同时还应对操作人员进行相应的培训；对于气瓶中的易燃性气体，气瓶应垂直放置于通风良好的地方，不能在有潜在着火源的地方释放；当释放液化气体时，应穿防护服，戴绝缘手套、眼罩和面罩。

第三节　环境监测常用仪器

一、常用的玻璃仪器操作注意事项

1. 烧杯

① 烧杯可在垫石棉网的热源上加热，或放在电热板上，用烧杯加热液体时，液量不应超过烧杯容积的 1/3。

② 不应干烧，也不应用火焰直接加热烧杯。烧杯盛反应液时，不能超过其容积的 2/3。

③ 加热腐蚀性药品时，应避免液滴溅出伤人。不可用烧杯加热蒸发浓酸（如盐酸、硫酸、硝酸、醋酸等）、浓碱、汞等物质，以免产生强烈的腐蚀性蒸气或有毒蒸气。

④ 不应使用烧杯长期盛放化学药品。当烧杯中盛有大量易燃有机液体时不应加热。

⑤ 向烧杯内放入固体物时，应防止固体物撞破容器底部。操作时，应把容器略微倾斜，然后使固体物沿烧杯壁慢慢滑入。

2. 量筒和量杯

① 量筒和量杯在使用前均应清洗干净。

② 量入式量筒进行干燥后，方可使用。

③ 使用时，将待测液体加入至标称容量刻线或所需刻线下几毫米，应用滴管缓慢滴入液体，调整液面的最低点与刻线上缘线相切。

④ 量杯和量筒不能用于加热。

⑤ 不能量取热的液体。

⑥ 不能用作反应容器。

⑦ 不能放在烘干箱中烘干。

3. 容量瓶

① 使用容量瓶前要进行磨口密合性实验，检查容量瓶是否漏水。容量瓶加水至标志处，塞紧磨口塞，倒立 2min，观察是否漏水，如不漏水，再将瓶直立，将磨口塞转动 180° 后再倒立 2min，如果仍不漏水，方可使用。

② 容量瓶在被使用后，应及时洗净，塞上塞子，如长期不用容量瓶，应在磨口瓶塞和瓶口之间夹上白纸条，以防粘连。

③ 容量瓶的磨口瓶塞应配套使用，不能互换。为防止磨口瓶塞坠落摔碎，或者换错，应用塑料绳把瓶塞拴在瓶颈上。容量瓶的塞子不能随意放在桌上。

④ 容量瓶不能用直接火焰加热或在电炉上加热，也不能放在烘箱中烘烤及量取热的液体。热溶液应冷却后再盛放到容量瓶中。

⑤ 容量瓶只能用来配制溶液，不能用来长期贮存溶液，更不能贮存强碱溶液。

4. 烧瓶和锥形瓶

① 烧瓶、锥形瓶不能用火焰直接加热，应隔着石棉网加热。圆底烧瓶与石棉网应有距离。

② 向烧瓶内放入固体物时，应把容器略微倾斜，然后使固体物慢慢滑入。

③ 圆底烧瓶一般用作加热条件下的反应器或蒸馏器。如欲在烧瓶上安装冷凝器等较重的配件，则应选用短颈厚口的烧瓶；多口烧瓶一般用作反应器；加热磨口锥形瓶时应打开瓶塞。

5. 比色管和消解管

① 比色管和消解管在使用前，应用蒸馏水或去离子水清洗后，再用无水乙醇清洗一遍沥干后使用。

② 使用时，将用烧杯配制好的水溶液通过漏斗缓慢倒入比色管或消解管中，至刻度线以下 1cm 处，用滴管缓慢滴入配制好的水溶液，调整液面，使弯液面的最低点与刻度线的上缘相切。

③ 比色管不能直接加热。非标准磨口塞应原配。管壁不可用去污粉刷洗。

6. 滴定管

① 滴定管使用之前应进行清洗，清洗的方法是将滴定管（包括旋塞阀和流液口）用水清洗后，再用待用的试剂（液）涮洗三次。清洗后的滴定管垂直夹在装置架上，过渡容器放在滴定管流液嘴的下方，此时流液嘴与过渡容器器壁不能接触。

② 玻璃活塞应涂凡士林。

③ 酸式滴定管不能盛放碱类溶液。碱式滴定管不能盛放氧化性溶液（如 $KMnO_4$、I_2等）。在平常的滴定分析中（而不是久置溶液），除了强碱溶液外，一般均可以采用酸式滴定管进行滴定。酸、碱滴定管不能互换使用。

④ 滴定管使用之前应进行试漏。试漏时，滴定管活塞不涂油脂，注水到最高标线，垂直静置 15min，如果阀渗漏的水不超过最小分度值，则可使用。

⑤ 使用碱式滴定管前应检查橡胶管是否老化，玻璃珠大小是否恰当（玻璃珠过大，操作不方便，溶液流出速度太慢；玻璃珠过小，则会漏水），不合适时应及时更换。

⑥ 向滴定管中注入标准溶液时，应先使用标准溶液将滴定管润洗 3 遍。注入标准溶液后，滴定管内尖端部分不应有气泡。

7. 吸量管（单标线吸量管、分度吸量管）

① 吸量管使用前应先用水清洗，再用待用液体涮洗。

② 用吸耳球在吸量管的上端口将液体吸入至刻线上几毫米，迅速用手指按住吸量管上端口，缓慢松开手指使吸量管内的液体缓慢流出至弯液面的最低点与刻度线的上缘相切。

③ 将吸量管移至接受容器的上方，并使流液口靠在容器内壁，彻底松开手指，让液体全部自然流出。

④ 在吸量管流液口与容器器壁脱离之前，应遵守规定的等待时间，通常吸量管挂壁液体至流液嘴的等待时间为 3s。

⑤ 吸量管流液嘴处的余液不应排出。若吸量管标注有"吹出"的字样，则应将余液排出，作为量出容量的一部分。

⑥ 不可把吸量管管尖的倒棱碰坏。若有损坏，不应再用。

⑦ 不应使用吸量管加热及量取热的液体。

8. 分液漏斗

分液漏斗使用前，应在玻璃阀上涂凡士林或硅油，插入阀座转动，使之均匀透明。使用时，应顶住漏斗球体，转动玻璃阀，以防阀芯脱落或移位，造成渗漏。长期不用时，应在阀芯与阀座之间夹衬纸条，以免粘连。

9. 干燥器

① 搬动干燥器时，应同时拿住盖子和器体。

② 盖子与器体的磨砂部位应涂上一薄层凡士林或硅油。

③ 揭盖、合盖都应一手拿住盖柄，一手按住器体，沿着器体上沿推动。揭开的盖子应仰面放，不要把涂上凡士林或硅油的部位弄脏。

④ 干燥器盛放干燥剂的量不要过多，干燥剂不应与放入的坩埚底部接触。

⑤ 干燥器上部内壁应保持清洁，不应沾有干燥剂。

⑥ 重量分析化学实验中，当坩埚灼烧完毕时，应稍待片刻，再将它放入保干器。待放入 2～3min 后，应稍稍推开盖子，放出热空气，再盖严。

二、常用的监测仪器

（一）pH计

1. pH计的结构及工作原理

（1）pH计的结构　pH计又称酸度计，主要由测量电极和pH计两部分组成。pH计由阻抗转化器、放大器、功能调节器和显示器等部分组成，如图1-1所示。测量电极包括指示电极和参比电极。常用的指示电极有玻璃电极、氢电极、氢醌电极等。常使用的参比电极为银/氯化银电极、甘汞电极等。

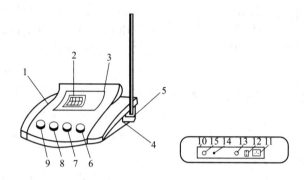

图1-1　PHS-3C型酸度计结构示意图

1—机箱外壳；2—显示屏；3—面板；4—机箱底；5—电极杆插座；6—定位调节旋钮；7—斜率补偿调节旋钮；
8—温度补偿调节旋钮；9—选择开关旋钮；10—仪器后面板；11—电源插座；12—电源开关；
13—保险丝；14—参比电极接口；15—指示电极插座

（2）pH计的工作原理　根据指示电极与参比电极组成的工作电池在溶液中测得的电位差，并利用待测溶液的pH值与工作电池的电势大小之间的线性关系，再通过电流计转换成pH单位数值来实现测量。

常用的测量方法为比较法。首先用参比电极、指示电极和pH缓冲溶液组成电池，其电动势输入pH计时，对仪器进行校准。然后换以被测溶液和同一对电极组成电池，电池电动势也输入pH计中。经比较，pH计显示值即为被测溶液的pH值。

2. 使用方法

（1）校准　尽管pH计种类很多，但其校准方法一般采用两点校准法，在校准前应特别注意待测溶液的温度，调节pH计面板上的温度补偿旋钮，使其与待测溶液的温度一致。另外，不同的温度下，标准缓冲溶液的pH值是不一样的。标准缓冲溶液的pH值应选择相应温度下的精确数值。

（2）测量　经过校准的pH计，即可用来测定样品的pH值。用蒸馏水清洗电极，用滤纸吸干电极球部后，把电极插在盛有被测样品的烧杯内，轻轻摇动烧杯，待读数稳定后，显示被测样品的pH值。

3. 电极的保养维护

目前，实验室使用的电极大多是复合电极，如图1-2所示。其优点是使用方便，不受氧化性或还原性物质的影响，而且平衡速度快，使用时将电极加液口上所套的橡胶套和下端的

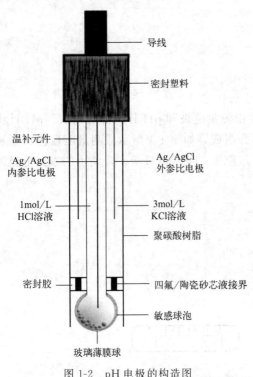

图 1-2　pH 电极的构造图

导线
密封塑料
温补元件
Ag/AgCl 内参比电极
Ag/AgCl 外参比电极
1mol/L HCl溶液
3mol/L KCl溶液
聚碳酸树脂
密封胶
四氟/陶瓷砂芯液接界
敏感球泡
玻璃薄膜球

橡胶套全取下，以保持电极内氯化钾溶液的液压差。

（1）复合电极的使用

① 电极使用前应检查玻璃电极前端的球泡，正常情况下，电极应该透明且无裂纹，球泡内要充满溶液，不能有气泡存在。

② 测量浓度较大的溶液时，尽量缩短测量时间，用后仔细清洗，防止被测液黏附在电极上而污染电极。

③ 清洗电极后不要用滤纸擦拭玻璃膜，而应用滤纸吸干，避免损坏玻璃薄膜，防止交叉污染，影响测量精度。

④ 测量中，注意电极的银/氯化银内参比电极应浸入球泡内氯化物缓冲溶液中，避免酸度计显示部分出现数字乱跳现象。使用时注意将电极轻轻甩几下，赶走留在电极里的空气及气泡。

⑤ 复合电极不用时，可充分浸泡在 3mol/L KCl 溶液中，切忌用洗涤液或其他吸水性试剂浸洗。

⑥ 电极不能用于强酸强碱或其他腐蚀性溶液，严禁在脱水性介质如无水乙醇、重铬酸钾等中使用。

（2）复合电极的维护及保养

① pH 复合电极的使用，很多情况下出现测量不准或无法正常测量的现象，都是由电极本身失效或性能下降造成的，最容易出现问题的是外参比电极的液接界处，液接界处的堵塞是产生误差的主要原因。

② 第一次使用或长时间停用的 pH 电极，在使用前必须在 3mol/L KCl 溶液中浸泡 24h。测量完后电极插到装有 KCl 溶液的护套中，经常观察电极棒内 KCl 溶液的量，要及时添加，一般不要少于一半。上部塞子测量时拔出，不测量时塞上。

③ 复合电极的保质期为一年，出厂一年后，不管是否使用，其性能都会受到影响。

④ 电极应避免长期浸在蒸馏水、蛋白质溶液或酸性氟化物溶液中，避免与有机硅油接触。

（二）浊度计　　　　　　　　🦍 操作视频

1. 浊度计的工作原理与结构

浊度计中通过样品的光线被散射到各个方向，其散射光的强度由多个因素决定：入射波长、颗粒的大小和形状、折射系数和液体颜色。浊度计的光学系统包括一个钨灯光源、一个 90°散射光检测器、一个 180°透射光检测器。

在正比浊度测量范围内，仪器的微处理器通过到达两个检光器的光强计算出浊度值，有效地修正了颜色的干扰，具有色度补偿。同时也具有光源自动补偿功能，避免了光源波动引起的干扰。在非正比浊度测量范围内，浊度值通过 90°散射光检测器上的信号得出，在低浊度范围内具有很好的准确性。

浊度的检测限是由杂散光的强度决定的。杂散光是指不是由悬浮颗粒引起的散射。光路设计有效地减少了杂散光，使仪器在低浊度测量时能保证优良性质。

2. 浊度计比色皿的保存、使用及保养维护

① 比色皿应避免各种划痕或裂痕。一旦有可见划痕不能继续使用。

② 比色皿应定期酸洗，然后用去离子水清洗数次。在空气中干燥后加塞保存，防止灰尘污染。手持比色皿时手尽量在比色皿的顶部（白色刻度线以上）。

③ 比色皿在使用之前应保证其内外均无污染、损伤，在放入测量池之前应保证外壁干燥、洁净。将测量池的标记和比色皿上的标志相对应。

④ 比色皿一定要加盖后才能放入测量池，以免样品溢流污染测量池。在校准和测量过程中一定要盖上测量池保护盖。

（三）声级计　　🔬 操作视频

1. 声级计的结构和原理

声级计由传声器，放大器，A、B、C 三种计权网络和检波器及指示装置组成，见图 1-3。

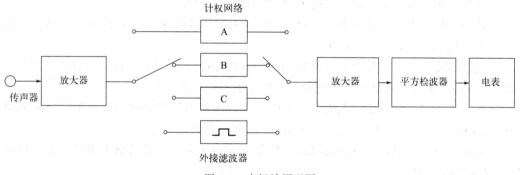

图 1-3　声级计原理图

传声器将声音转换成电信号，经前置放大器变换阻抗，然后送到输入衰减器，传声器与衰减器相匹配。衰减器衰减较强的信号，再输入放大器进行定量放大，放大器将输出信号加到计权网络中，对信号进行频率计权，计权处可外接滤波器做频谱分析，然后再经衰减器减到定额值，由放大器将信号放大到一定的幅值，送到有效值检波器检波后，送出有效值电压，在指示表头上给出噪声声级的数值，指示器的数值以 dB 为单位，表示声压级分贝值。

计权网络计权，A 计权用于测量低声级声，如人耳所感觉噪声量；B 计权用于中等声级声；C 计权用于测量非常响的声音，如机械噪声。现在也有 D 计权，专门用于测量飞机噪声。

仪器上有阻尼开关，反映人耳听觉动态的特性，分快挡"F"及慢挡"S"。使用时根据所测信号的特点和测量目的，选择挡位。快挡"F"时间常数小，用于测量起伏不大的稳定噪声；慢挡"S"时间常数小，用于测量起伏超过 4dB 的噪声。

2. 声级计的保养与维护

① 声级计外部和传声器膜片均应保持清洁，传声器膜片不得用手触摸。

② 传声器不用时应干燥保存，长期不用时应每月通电 2h，雨季应每周通电 2h。

③ 使用完毕后应及时将电池取出。

④ 声级计应定期送计量部门检定。

（四）电导率仪

1. 电导率仪的结构及工作原理

电导率仪由主机、电导电极、电源系统及电极支架等部分组成。用来测量溶液电导的电极称为电导电极，电导电极一般由两片平行的铂片组成，铂片的面积和两片之间的距离可根据不同的要求来设计。当通过电极表面的电流密度达到某一数值时，电极将发生极化现象，引起很大的测量误差。为减小极化效应，通常采用增大电极面积的方式减小电流密度。因此，常在电导电极上镀一层致密的铂黑以增大电极的面积。电导电极按一定的几何形状固定起来，构成电导池。电导测量的准确度与电导池常数 Q 有密切关系，当测定条件与电导池的几何形状确定以后，Q 值一般可以测出。电导池的形式很多，为了防止因通电放热而改变被测介质的温度，电导池通常被设计成能盛放比较多的液体的形式，或者将电导池设计成细而长的管状结构，以便于快速进行热交换，从而恒定被测介质的温度。

2. 使用方法

① 连接电极接线，将电源插座接于 220V 的电源插孔中。

② 准备溶液：取下电导电极保护套，将所要测定的溶液置于小烧杯中，浸入电导电极。

③ 按下电源开关，预热 20min。

④ 选择测定条件：将补偿调节旋钮调到"溶液温度"（常用室温温度代替）；调节"常数调节"旋钮使电极常数显示值与电极杆上所标示的常数值一致。

⑤ 测定：先用蒸馏水清洗电极，滤纸吸干，再用被测溶液清洗一次，把电极浸入被测溶液中，用玻璃棒搅拌溶液，使溶液均匀，读出溶液的电导率值。

⑥ 测量结束后，关机，拔掉电源线，用蒸馏水清洗电极，然后取下电极，套上电极保护套，将仪器放在指定的地方。

注：仪器的电极常数设置、转换系数设置、温度系数设置和电导电极常数的标定，需参考具体设备的使用说明。

3. 仪器保养维护

① 为避免电极受损，在关机前将其从溶液中拿出。

② 不要用蒸馏水、去离子水、纯化水长时间浸泡电极。

③ 在将电极从一种溶液移入另一种溶液中之前，用蒸馏水清洗电极。用纸巾将水吸干，切勿擦拭电极。

④ 小心使用电极，切勿将之用作搅拌器。在拿放电极时，勿接触电极膜。

（五）大气采样器　　　　　　　　　　　　　🐎 操作视频

1. 大气采样器（NO_x、SO_2）的结构与工作原理

大气采样器主要由收集器、流量计和采样泵三部分组成。辅助设备主要有干燥装置、流量调节控制器、电子时间控制器等。收集器是气样的捕集装置，通常根据环境空气中气态污染物的理化特点及监测分析方法的检测限采用相应的收集器，如装有吸收液的多孔玻璃筛板

吸收管。流量计是测量气体流量的仪器。流量是计算采集气体体积必知的参数。常用的流量计有限流孔流量计、孔口流量计和转子流量计。采样泵是提供采样动力的装置，通常根据所需采样体积、采样流量、所用收集器及采样点的条件进行选择。

2. 注意事项

① 仪器长时间不用，使用前对仪器充电。

② 仪器不能用于易燃易爆场所。

③ 当仪器显示低电量时，仪器自动停止，已采样数据有效，需及时充电。

（六）紫外可见分光光度计　　　　🎥 操作视频

1. 仪器结构及工作原理

紫外可见分光光度计由光源、单色器、吸收池、检测器以及数据处理、记录（计算机）等部分组成。

紫外可见分光光度计按其结构与测量操作方式的不同可分为单光束分光光度计（图 1-4）和双光束分光光度计（图 1-5）。单光束分光光度计固定在某一波长，分别测量空白、样品或参比的透光率或吸光度，比较适用于单波长的含量测定。双光束分光光度计是光路分成样品和参比两光束，并先后到达检测器，检测器信号经调制分离成两光路对应信号，测得的是透过样品溶液和参比溶液的光信号强度之比。由于有两束光，所以对光源波动、杂散光、噪声等影响都能部分抵消，克服了单光束仪器光源不稳引起的误差，并且可以方便地对全波段进行扫描。

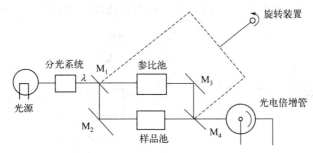

图 1-4　单光束分光光度计光路示意图
M_1、M_3—反射镜；M_2、M_4—扇形镜

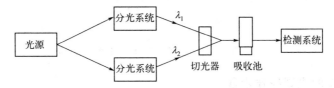

图 1-5　双光束分光光度计光路示意图

2. 紫外可见分光光度计的使用

① 打开主机电源，仪器将进行自检并初始化，初始化正常结束后，系统将进入仪器操作主画面。

② 仪器经过 15～30min 的预热，示值稳定后，根据检测项目，选择各功能进行操作测量。

③ 测定时多次读数，同一试样取多次读数的平均值。

④ 测定完毕，打开样品室，取出比色皿放回比色盒中，盖上样品室盖，关掉电源，切断总电源。

3. 紫外可见分光光度计的维护

① 仪器应置于适宜的工作场所，环境温度 15～30℃，室内相对湿度不大于 80%。仪器应置于稳定的工作台上，不应该有强振动源，周围无强电磁干扰、有害气体及腐蚀性气体。

② 每次使用后，应检查样品室是否积存有溢出溶液，经常擦拭样品室，以防废液对部件或光路系统的腐蚀。

③ 仪器使用完毕后，应盖好防尘罩，可在样品室及光源室内放置硅胶袋防潮，开机时一定要取出。

④ 长期不使用仪器时，要注意环境的温度、湿度，定期更换硅胶，建议每隔一个月开机运行 1h。

（七）气相色谱仪

1. 仪器结构与工作原理

气相色谱仪由气路系统、进样系统、柱分离系统、检测系统和数据采集系统等部分组成。其工作流程如图 1-6 所示。载气经过流量调节阀稳流和转子流量计检测流量后到样品汽化室，待分析样品在汽化室汽化后被载气带入色谱柱，由于样品中各组分的沸点、极性或吸附性能不同，经分离后依次进入检测器，检测器将信号经放大后检测，记录样品色谱图。根据色谱图上峰的保留时间进行定性分析，根据峰面积或峰高进行定量分析。

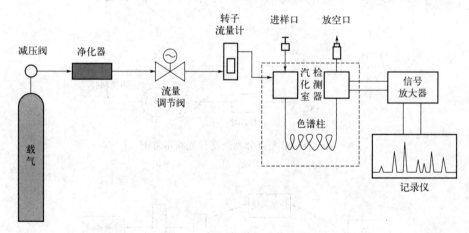

图 1-6　气相色谱仪工作流程

2. 气相色谱仪的主要操作步骤

① 依次打开气体发生器、气体净化器、仪器主机、电脑进入 Windows 界面，启动工作站，连接主机，待仪器自动进行初始化，自检结束后即可开始工作。

② 进入菜单，设置实验所需的各种参数。

③ 按已设定的参数和程序，使基线走平。

④ 根据要求给仪器进样，按开始键，仪器自动检测。

⑤ 根据试验所得结果进行分析，获得相关信息，产生报告。

⑥ 退出工作站，关掉电脑及主机电源，按要求关闭气体发生器（或气体钢瓶）开关。

3. 气相色谱仪的日常维护

为保证气相色谱仪能够正常运行，需要对气相色谱仪进行定期维护。

① 气源检查　检查发生器或者气体钢瓶是否处于正常状态；检查脱水过滤器、活性炭以及脱氧过滤器，定期更换其中的填料。

② 管线泄漏检查　定期检查管线是否泄漏，可将肥皂沫滴到接口处检查。

③ 汽化室的维护　汽化室包括进样室螺帽、隔垫吹扫出口、载气入口、分流气出口、进样衬管。进样室螺帽、隔垫吹扫出口、载气入口及分流气出口4个部件需按厂家要求定期清洗，拆卸并放在盛有丙酮溶液的烧杯中浸泡并超声2h，晾干后使用；进样衬管需定期清洗，先用洗液清洗，然后用丙酮溶液浸泡，再用电吹风吹干备用，及时添加石英棉。

④ 检测器的维护　检测器的收集器、检测器接收塔、火焰喷嘴、检测器基部、色谱柱螺帽等处，须用丙酮清洗，一般超声2h，至清洗干净，清洗后用电吹风吹干备用。

⑤ 柱温箱的维护　柱温箱的外壳、容积区间，可用脱脂棉蘸乙醇擦洗。

（八）高效液相色谱仪

1. 仪器结构和工作流程

高效液相色谱仪（HPLC）由高压输液泵、进样器、色谱柱、检测器、积分仪或数据处理系统等部分组成。其工作流程如图1-7所示。高压泵将溶剂瓶中流动相经进样器送入色谱柱，流经进样器时，带走注入样品，通过色谱柱进行分离，不同组分的分离情况取决于各组分在两相间的分配系数、吸附能力、亲和力等情况的不同，按先后顺序进入检测器，记录仪将检测器的信号记录下来，得到液相色谱图。

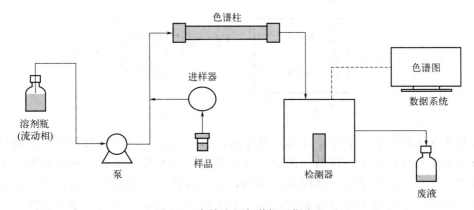

图1-7　高效液相色谱仪工作流程

2. 高效液相色谱仪的日常维护

整个系统中所用的溶剂、溶液均应先经过过滤，超声脱气后方可使用。经常检查溶剂过滤器，通常每6个月清洗或更换一次。检测过程中如发现损坏、变色应立即进行清洗，如清洗效果不好则更换新的溶剂过滤器。

（1）泵

① 放置了一天（或以上）的水相或含水相的流动相如需再用，需用微孔滤膜重新过滤。

② 流动相禁止使用氯仿、三氯（代）苯、二氯甲烷、四氢呋喃、甲苯等；慎重使用四氯化碳、乙醚、异丙醚、酮、甲基环己胺等，以免对柱塞密封圈造成腐蚀。

（2）柱温箱

① 柱温箱使用温控过程中，尽量不要打开前门，否则传感器会报警，提示出现故障。

② 尽量避免在低流速下设定较高温度，易造成色谱柱的塌陷或老化。

（3）检测器

① 检测器的紫外灯或可见灯在长期打开的情况下，一定要保证有溶液流经检测池。若不需要检测样品，可设置一个较低的流速（如 0.1mL/min），不再使用仪器时应关闭灯的电源。

② 检测器的氘灯或钨灯不要经常开关，连续两次开关之间应至少间隔 15min，否则灯过热易导致烧坏。

（九）离子色谱仪

1. 仪器结构及原理

离子色谱仪（IC）的系统构成与 HPLC 基本相同，仪器由淋洗液输送、进样器、分离柱、抑制或衍生系统、检测器、数据处理 6 个部分组成，如图 1-8 所示。

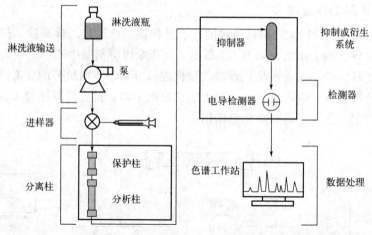

图 1-8 离子色谱仪的系统组成

泵驱动淋洗液在系统中稳定流动，当样品进入六通阀，切换到与分析柱连通时，样品被淋洗液带到分析柱上，样品中的离子在柱头和固定相发生交换，从而富集。淋洗液继续流动，样品中的离子根据其吸附力不同，在分析柱上不断进行交换，从而达到离子的分离。分离出来的离子经过抑制器，淋洗液被抑制器中和，从而背景得到降低，经过电导检测器，产生电流变化，被检测系统收集，送到数据处理系统进行处理，得到色谱图和结果。

2. 离子色谱仪的使用注意事项

① 离子色谱仪中使用的流动相应用高纯度试剂制备，使用的水应为去离子水。

② 定量测定前，应先用 0.22μm 滤膜过滤供试品溶液。

③ 启动泵前，检查淋洗液和色谱柱是否适合本次试验，色谱柱的进出口位置要与流动相方向一致。

④ 打开抑制器电流开关时，注意抑制器内是否有水流。

⑤ 当淋洗液中含有有机溶剂时，应在停止泵之前，用不含有机溶剂的淋洗液清洗系统30min 以上。

（十）总有机碳测定仪

1. 仪器的结构与工作原理

总有机碳（TOC）测定仪由气源、进样器、流速控制器、紫外灯（紫外氧化法）或燃烧管（催化燃烧法）、光源、检测器以及数据处理、记录（计算机）等部分组成。其测定流程如图 1-9 所示。

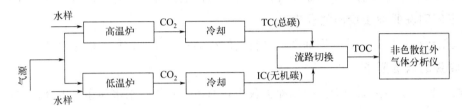

图 1-9 TOC 的测定流程

紫外氧化法的工作原理：使用 UV 灯照射待测样品，水会分解成羟基和氢基，羟基将有机碳物质氧化生成 CO_2 和 H_2O，检测新生成的 CO_2 以计算出总有机碳含量。需通过添加硫酸盐等提高氧化能力。

催化燃烧法的工作原理：水样由双路计量泵的一路打入分配管中，气液分离后液体由双路计量泵的另一路送进高温燃烧管中燃烧，高温催化氧化，使有机化合物和无机碳酸盐均转化成二氧化碳。高温炉燃烧的助燃气来源于高温燃烧管旁温度稍高的干燥空气。这部分空气由另一泵抽取，经过滤器除去其中具有氧化、还原性质的杂质，再经高效碱石灰除去空气中的 CO_2，最终吹入高温炉中助燃。燃烧生成的气体有两种，即 CO_2 和 H_2O。这些气体经两个冷凝器和一个过滤器后即可除去其中的全部 H_2O 及杂质。最后，燃烧生成的纯 CO_2 进入红外分析仪对 CO_2 含量进行测定，测得水中的总碳和无机碳。

2. 总有机碳测定仪的日常维护

① 总有机碳测定仪对环境的温度和湿度有一定的要求：环境温度在 20℃左右，相对湿度在 60% 以下。

② 样品进样量的多少也会影响测试结果的准确性，一般进样量越大，曲线的峰值越高，但过多的进样量会导致燃烧效率低下或不完全。

③ 标准溶液的配制必须准确。载气的纯度直接影响测量结果的准确性。

④ 测定样品为液体时，如测量超过 50mg/L TOC 的样品，必须稀释，否则极有可能污染管路；定期检查更换燃烧管及其内部附件。

三、实验中器皿的洗涤

玻璃器皿的清洁与否直接影响实验结果的准确性与精密度。因此，必须十分重视玻璃仪器的清洗工作。

（一）常用玻璃器皿的洗涤方法

1. 常规洗涤法

（1）一般玻璃仪器　一般的玻璃仪器，应先用自来水冲洗 1～2 遍除去灰尘后，用毛刷蘸取洗涤剂或去污粉仔细刷净内外表面，尤其应注意容器磨砂部分。然后边用水冲，边刷洗至看不出有洗涤液时，用自来水冲洗 3～5 次，再用蒸馏水或去离子水充分冲洗 3 次。洗净的清洁玻璃仪器壁上应能被水均匀润湿（不挂水珠）。

（2）玻璃量器　对于玻璃量器中的污染物，先用机械的方法去除，如用毛刷刷，或用清水摇动（如果有必要，加入一些滤纸碎片）。用适当的溶剂可除去油或油类物质，然后注入低泡沫清洁剂并用力摇动，用自来水冲洗，直到清洁剂全部冲净，再用蒸馏水冲洗干净。

2. 不便刷洗的玻璃仪器的洗涤法

可根据污垢的性质选择不同的洗液进行浸泡或共煮，再按常规方法用水冲净。

3. 特殊的清洁要求

器皿首先用水和洗涤剂清洗，以除去灰尘和油污，并用自来水冲净，再分别按特殊清洁要求清洗。

① 对用于光谱分析的玻璃器皿，如分光光度计上的比色皿，用于测定有机物之后，应用有机溶剂洗涤，必要时可用硝酸浸洗。但要避免用重铬酸钾洗液洗涤，以免重铬酸盐附着在玻璃上。用酸浸后，先用水冲净，再用去离子水或蒸馏水洗净晾干，不宜在较高温度的烘箱中烘干。如应急使用需要除去比色皿内的水分时，可先用滤纸吸干大部分水分后，再用无水乙醇或丙酮洗涤除尽残存水分，晾干即可使用。

注：此类器皿切忌用毛刷刷洗。

② 对测定痕量铬的玻璃器皿，不应用铬酸洗液洗涤，最好以（1∶1）硝酸或等容积的浓硝酸-硫酸混合液来清洗。对用于测磷酸盐的玻璃仪器，不得使用含磷的洗涤剂。对用于测氨和凯氏总氮的玻璃仪器，应用无氨水洗涤。

③ 测定水中痕量有机物，如有机氯杀虫剂类时，其玻璃仪器需用铬酸洗液浸泡 15min 以上，再用水、蒸馏水洗净。用于有机物分析的采样瓶，应用铬酸洗液、自来水、蒸馏水依次洗净，最后以重蒸的丙酮、乙烷或氯仿洗涤数次，瓶盖也用同样方法处理。

（二）常用洗涤剂

实验室中常用合成洗涤剂、洗液和有机溶剂等清洗玻璃仪器。

1. 合成洗涤剂

生活中经常用到的洗洁精、餐洗剂和洗衣粉等，是洗涤仪器时首选的洗涤剂，具有较强的去污能力，能将玻璃仪器壁上的一般油污洗净，而且使用安全。其配法是取适宜洗涤剂溶于温水中配成 1%～2% 的水溶液，若用洗衣粉，则可配成 5% 的热水溶液。此洗液用于洗涤玻璃器皿效果很好，并且使用安全方便，不腐蚀衣物。在油污较少时，用刷子蘸取配好的洗衣粉溶液或稀释好的洗洁精、餐洗剂等刷洗玻璃仪器，然后再用自来水冲洗，检查仪器是否洗净，若器壁不挂水珠，再用少量蒸馏水冲洗三次，控干水备用。

2. 洗液

洗液主要用于清洗不易或不应直接刷洗的玻璃仪器，如吸管、容量瓶、比色管、凯氏定氮仪等。此外，长久不用的玻璃仪器以及刷不下来的污垢也可用洗液来清洗，利用洗液与污物发生化学反应，氧化破坏有机物从而除去污垢。

下面对实验室常用的洗液的配制和使用方法作简要介绍，见表1-6。

表1-6　常用洗液的配制及使用方法

洗液名称	配制方法	用途和用法	注意事项
强酸性氧化剂洗液——铬酸洗液	将20g重铬酸钾（工业纯）溶于40mL热水中，冷却后，于搅拌下缓缓加入360mL浓的工业硫酸，冷却后转移至小瓶中备用	用于去除器壁残留油污，用少量洗液刷洗或浸泡一夜，洗液可重复使用	① 具有强腐蚀性，防止烧伤皮肤和衣物。 ② 用毕回收，可反复使用，贮存时瓶塞要盖紧，以防吸水失效。 ③ 如该液转变成绿色，则失效，可加入浓硫酸后继续使用。 ④ 洗涤废液经处理解毒后方可排放
碱性高锰酸钾洗液	将4g高锰酸钾溶于水中，加入10g氢氧化钠，用水稀释至100mL	洗涤油污或其他有机物	① 洗后容器沾污处有褐色二氧化锰析出，再用浓盐酸或草酸洗液、硫酸亚铁、亚硫酸钠等还原剂去除 ② 洗液不应在所洗的器皿中长期存留
碱性乙醇洗液	将25g氢氧化钾溶于最少量的水中，再用工业纯的乙醇稀释至1L	适用于洗涤玻璃器皿上的油污。水溶液加热（可煮沸）使用，其去油效果较好	煮的时间太长会腐蚀玻璃
碱性洗液	10%氢氧化钠水溶液或乙醇溶液	水溶液加热（可煮沸）使用，其去油效果较好	煮的时间太长会腐蚀玻璃，一般不得超过20min
有机溶剂	如苯、甲苯、二甲苯、丙酮、酒精、氯仿等	可洗去油污或可溶于该溶剂的有机物质	使用时要注意其毒性及可燃性
纯酸洗液	（1:1）盐酸、（1:1）硫酸、（1:1）硝酸或浓硫酸与浓硝酸的等体积混合液	① 用于去除水垢或盐类结垢。 ② 用于去除微量的离子（Hg、Pt等重金属杂质），浸泡或浸煮器皿	浸煮器皿加热温度不宜太高，以免浓酸挥发或分解
草酸洗液	取5～10g草酸溶于100mL水中，加入少量浓盐酸	用于洗涤 $KMnO_4$ 洗液洗涤后在玻璃器皿上产生的 MnO_2 污渍	必要时可加热使用

第四节　环境监测实验室废物处理

环境监测实验过程中产生的废液、废气、废渣等废物，具有成分复杂、动态随机等特点，管理、处置不当会危害人体健康，甚至造成责任事故。实验人员应学习并掌握实验室废物管理规定，具有环境保护意识、绿色发展理念，清楚处置废物的特定设施和处理程序。

实验中产生的"三废"应分类收集、存放和集中处理，确保不扩大污染，避免交叉污染。所有实验废物的收集、标识、贮存和处置应按国家及地方法规进行。存储化学废物的容器应置于通风良好且便于运送的区域。存放废物的区域应具有防烟、防火等设施，必要时增加防火隔离设施。

一、实验室废物的分类方法

实验室废物按形态来分主要有废气、废液、固体废物。

1. 废气来源和分类

实验室产生的废气主要来源于试剂和样品的挥发物、分析过程中间产物、泄漏和排空的标准气与载气等。根据对人体的危害不同，实验室的废气主要有两类：一类是刺激性气体，是指对眼和呼吸道黏膜有刺激作用的气体，常见的刺激性气体有氯气、氨气、氮氧化物、氟化氢、二氧化硫和三氧化硫等；另一类是窒息性气体，是指能造成机体缺氧的有毒气体，如氮气、甲烷、乙烷、乙烯、一氧化碳、氰化氢、硫化氢等。

2. 废液来源和分类

实验室产生的废液包括一般废水以及多余的样品、分析残液、失效的贮藏液和洗液等化学性实验废液。一般废水来源于冷却水、清扫用水、一般实验用水和 3 次以上的清洗废水。实验废液根据其中所含主要污染物性质，可分为有机和无机两大类。有机废液中包括含卤素有机溶剂类（含脂肪族卤素类化合物，如氯仿、二氯甲烷、氯代甲烷、四氯化碳等；或含芳香族卤素类化合物，如氯苯、氯甲苯等）、不含卤素有机溶剂类。无机废液中包括重金属废液、含氰废液、含汞废液、含氟废液以及各种酸性废液、碱性废液。

3. 固体废物来源和分类

实验室产生的固体废物包括多余样品、分析产物、消耗或破损的实验用品（玻璃器皿、器材）、残留或失效的化学试剂等。实验室固体废物分为一般固体废物和危险废物，按照《国家危险废物名录》和《危险废物鉴别标准 通则》（GB 5085.7—2019），主要对毒性、腐蚀性、易燃性、反应性等内容进行鉴别分类。危险废物必须按《中华人民共和国固体废物污染环境防治法》和《废弃危险化学品污染环境防治办法》中的相关规定处理或委托有危险废物处置资质的单位进行处理。

二、实验室废物的收集和贮存

（一）常见废物收集和贮存方法

1. 常见废物收集

① 实验室废物应依据不同性质进行分类收集，不具相容性的实验室废物应分别收集贮存。

② 实验室所产生的废物由检测人员根据废物类别分类，分别倒于实验室指定的贮存容器内收集。

③ 易燃、易爆、有剧毒的化学物品在使用中及使用后的废渣、废液由实验操作人员及时妥善处理、分类后才能倒入指定的容器内，严禁乱放乱丢。

④ 实验使用后的培养基、标本和菌种保存液应经有效消毒后放置在指定的容器内。

⑤ 废物收集后，应将化学废物标识清楚、分类并贮存在贴标签的容器内。

2. 常见废物贮存

由于部分实验室废物化学成分复杂，因此一定要将其保存在专门的房间或场所内，一定要是避光、低温、通风、干燥的地方，勿堆高或放于近火源处。废物贮存场所应有专人管理，并有泄漏防护设施，以避免遭他人取用或意外泄漏造成危害。

无论采用何种容器收集废物，均应在容器表面粘贴标签，标签上应注明内容物的名称及含量、产生时间、贮存时间和产生该物的实验者姓名。不具兼容性的废液应分别贮存，不兼容的容器不可混贮。废液兼容表应悬挂于实验室明显的处所，并公告周知。

(二) 常见实验室废物收集和贮存中的注意事项

1. 容器与包装

实验室废物应装在设计及构造适当的密闭容器内，如不锈钢桶、塑料桶和玻璃瓶。塑料容器材质可选择聚乙烯（PE）、聚丙烯（PP）、聚氯乙烯（PVC）、高密度聚乙烯（HDPE）或其他近似的材质。

2. 废物兼容性

实验室废物应根据其物理和化学性质分类保存。例如有机固体废物、无机固体废物、有机废液、无机废液、酸、碱、盐、烃类、醇（酚）类、醚类、醛（酮）类、羧酸类等。

一个容器内，一般不得存放不同化学反应产生的相同溶剂，不得存放不同溶剂（即使理论上它们之间不会发生化学反应）。实验室常见的不能相互混合的废物见表1-7。

表1-7　不能相互混合的实验室废物

序号	种类	
1	过氧化物	有机物
2	氢氟酸、盐酸等挥发性酸	不挥发性酸
3	铵盐、挥发性胺	强碱
4	浓硫酸、磺酸、羧基酸、聚磷酸	其他酸
5	硫化物、氰化物、次氯酸盐	酸
6	铜、铬及多种重金属	酸类、氧化物（如硝酸）

小提示

① 存放酸时，应远离活泼金属（如钠、钾、镁等）、易燃有机物、相遇后会产生有毒气体的物质（如氰化物、硫化物等）；

② 存放碱时，应远离酸及一些性质活泼的物质；

③ 易燃物应避光保存，并远离一切有氧化作用的酸，或能产火花火焰的物质，且贮存量不可太多。

三、实验室废物的处置要求

1. 废气的处置

少量的有毒气体可通过通风橱或通风管道直接排出室外，通风管道应高于周围建筑物5m，使排出的气体易被空气稀释。大量的有毒气体应在废气排放口采取相应的净化措施，如氮氧化物、二氧化硫等酸性气体用碱液吸收，可燃性有机废气可于燃烧炉中通氧气完全燃烧。

废气净化的方法有很多，有冷凝法、燃烧法、吸收法、吸附法等。实际应用中要根据废气的性质，选择适当的净化方法。

2. 废液的处置

冷却水、清扫用水、一般实验用水、三次以上的清洗废水等一般废液以及地表水等样品，没有太大污染性，可直接排放，降低处理成本。

高浓度样品、分析残液和产物、失效的贮藏液和洗液等化学性实验废液，特别是含有危险化学物质的废液，须经过净化处理，达到标准后排放。净化方法可分为物理法、物理化学法、化学法、生物化学法等多种方法。酸、碱性废液一般采用中和法处理，重金属废液一般采用硫化法或转化法进行沉淀处理，有机溶剂类废液一般采用蒸发浓缩法处理。

在实际废液处理中，往往要通过试验进行比较，确定出有效、经济合理的处理方法。对于成分复杂、数量较多的实验室废水，多选用几种方法组成的处理系统，以达到排放标准。实验室废物的预处理方法和处理方法见表1-8。

表 1-8　实验室废物的预处理方法和处理方法

实验室废物类型	预处理方法	处理方法
垃圾	—	垃圾箱
弱酸	稀释，中和	下水道排放，固化处理
弱碱	稀释，中和	下水道排放，固化处理
浓酸	稀释，中和	下水道排放，实验室包装，固化处理
浓碱	稀释，中和	下水道排放，实验室包装，固化处理
易燃的非卤化有机溶剂	—	焚烧，实验室包装，固化处理
易燃的卤化有机溶剂	—	焚烧，实验室包装，固化处理
难燃的非卤化有机溶剂	—	焚烧，实验室包装，固化处理
难燃的卤化有机溶剂	—	焚烧，实验室包装，固化处理
有机酸	中和	下水道排放，焚烧，实验室包装
有机碱	中和	下水道排放，焚烧，实验室包装
无机氧化物	稀释，还原	下水道排放，实验室包装
有机氧化物	稀释，还原	下水道排放，实验室包装
有毒金属	稀释，还原	下水道排放，实验室包装，固化处理
有毒有机物	稀释，氧化	下水道排放，实验室包装，固化处理
还原剂溶液	稀释，氧化	下水道排放，实验室包装，固化处理
助燃物	—	消防队或公安局处置
含氰化物、硫化物或氨的废物	稀释，氧化	下水道排放或实验室包装
爆炸物	—	消防队或公安局处置
放射物	—	特殊废物处理
传染物	灭菌，消毒	焚烧，实验室包装
多氯联苯	碱分解法	焚烧

3. 固体废物的处置

① 实验室固体废弃化学品的预处理主要包括破碎、筛分、粉磨、溶解、分离等工序。实验室固体废弃化学品产生者可采用物理法、化学法或两者相结合的方法对其中的目标物质进行提取、分离或无害化预处理（例如废弃电池化学品中的贵金属提取）。

② 对危险性较大的实验室固体废弃化学品（如连二亚硫酸钠、叠氮化钠、固体强氧化剂等）不应擅自进行预处理，应交给具有相应处理资质的废弃化学品经营者进行转运和处理。

 拓展阅读

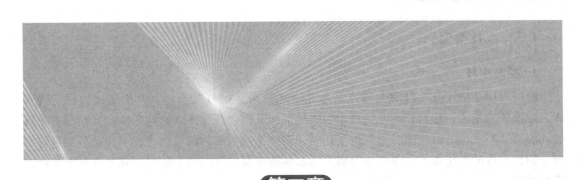

第二章

环境监测样品采集、保存与预处理

第一节　水样的采集、运输与保存

一、水样的采集

（一）水样采集的标准与原则

对水样进行监测分析，首先要采集水样。目前，我国采用的国内标准主要有《水质 采样方案设计技术规定》（HJ 495—2009）、《水质 采样技术指导》（HJ 494—2009）、《水质采样 样品的保存和管理技术规定》（HJ 493—2009）及《生活饮用水标准检验方法》（GB/T 5750—2023）等。

水样采集和保存的主要原则是：水样必须具有足够的代表性。水样中各种组分的含量必须能反映采样水体的真实情况，监测数据能真实代表某种组分在该水体中的存在状态和水质状况，为了得到具有真实代表性的水样，就必须在具有代表性的时间、地点，并按照规定的采样方法采集有效样品。另外，水样在采集和保存过程中不能受到任何意外的污染。

（二）采样前的准备

地表水、地下水、废水和污水采样前，要根据监测项目的性质、采样方法的要求和待测组分的特性，选择适宜材质的盛水容器和采样器，对采样器具的材质要求化学性能稳定，大小和形状适宜，容器壁不吸附欲测组分，容易清洗并可反复使用。另外，采样容器应可适应环境温度的变化，抗震性能强。有机物和某些微生物检测用的样品容器不能用橡胶塞，碱性的液体样品不能用玻璃塞。

采集表层水时，可用桶、瓶等容器直接采取，一般将其沉至水面下 0.3～0.5m 处采集。采集深层水样时，可用简易采水器、深层采水器、采水泵、自动采水器等。

盛水器（水样瓶）一般由聚四氟乙烯（PTFE）、聚乙烯、石英玻璃和硼硅玻璃等材料制成。塑料容器常用作测定金属和无机物水样的容器；玻璃容器常用作测定有机物和生物类的水样容器。每个监测指标对水样容器的要求不尽相同。对于有些监测项目，如油类项目，盛水器往往作为采水器。

（三）水样类型

1. 瞬时水样

瞬时水样是指在某一时间和地点从水体中随机采集的分散水样。对于组成较稳定的水体，或水体的组成在相当长的时间和相当大的空间范围内变化不大时，采瞬时样品具有很好的代表性。当水体的组成随时间发生变化时，则要在适当时间间隔内进行采样，分别进行分析，测出水质的变化程度、频率和周期。当水体的组成发生空间变化时，就要在各个相应的部位采样。

2. 混合水样

混合水样分为时间混合水样和流量比例混合水样。前者是指在同一采样点上于不同时间所采集的瞬时样的混合样。此类水样在观察某一时段平均浓度时非常有用，但不适用于被测组分在贮存过程中发生明显变化的水样，如挥发酚、油类、硫化物等。

如果污染物在水中的分布随时间而变化，必须采集流量比例混合水样，即按一定的流量采集适当比例的水样（例如每10t采样100mL）混合而成。通常使用流量比例采样器完成水样的采集。

3. 综合水样

把从不同采样点同时采集的各个瞬时水样混合起来所得到的样品称作综合水样，综合水样在各点的采样时间虽然不能同步进行，但越接近越好，以便得到可以对比的资料。

综合水样是获得平均浓度的重要方式，有时需要把代表断面上的各点，或几个污水排放口的污水按相对比例流量混合，取其平均浓度。

什么情况下采综合水样，视水体的具体情况和采样口而定。例如，为几条排污河渠建设综合处理厂，从各河道取水样分析就不如综合水样更为科学合理，因为各股污水的相互反应可能对设施的处理性能及其成分产生显著的影响。不可能对相互作用进行数学预测，取综合水样可能提供更加有用的资料。相反，有些情况取单样才合理，如湖泊和水库在深度与水平方向常常出现组分上的变化，而此时，大多数的平均值或总值的变化不显著，局部变化明显。在这种情况下，综合水样就失去意义。

4. 平均污水样

对于排放污水的企业而言，生产的周期性影响着排污的规律性。为了得到有代表性的污水样（往往要求得到平均浓度），应根据排污情况进行周期性采样。不同的工厂、车间生产周期时间长短不相同，排污的周期性差别也很大。一般来说，应在一个或几个生产或排放周期内，按一定的时间间隔分别采样。对于性质稳定的污染物，可对分别采集的样品进行混合后一次测定；对于不稳定的污染物，可在分别采样、分别测定后取平均值。

生产的周期性也影响污水的排放量，在排放流量不稳定的情况下，可将一个排污口不同时间的污水样，依照流量的大小，按比例混合，可得到平均比例混合的污水样。这是获得平均浓度最常采用的方法，有时需将几个排污口的水样按比例混合，用以代表瞬时综合排污浓度。

注：在污染源监测中，随污水流动的悬浮物或固体微粒，应看成是污水样的一个组成部分，不应在分析前滤除。油、有机物和金属离子等，可能被悬浮物吸附，有的悬浮物中就含有被测定的物质，如选矿、冶炼废水中的重金属。所以，分析前必须摇匀取样。

（四）地表水样和地下水样的采集

1. 水样的采集方法

（1）表层水　在河流、湖泊等可以直接汲水的场合，可用适当的容器如水桶采样。从桥上等地方采样时，可将系着绳子的聚乙烯桶或带有坠子的采样瓶投于水中汲水。要注意不能混入漂浮于水面上的物质。

（2）一定深度的水　在湖泊、水库等处采集一定深度的水时，可用直立式或有机玻璃采水器。这类装置是在下沉过程中水就从采样器中流过，当达到预定的深度时，容器能够闭合而汲取水样。

在河水流动缓慢的情况下，采用上述方法时，最好在采样器下系上适宜重量的坠子，当水深流急时要系上相应重的铅鱼，并配备绞车。

（3）泉水、井水

① 对于自喷的泉水，可在涌口处直接采样。采集不自喷泉水时，将停滞在抽水管中的水汲出，新水更替之后，再进行采样。

② 从井水采集水样，必须在充分抽汲后进行，以保证水样能代表地下水水源。

（4）自来水或抽水设备中的水　采集这些水样时，应先放水数分钟，使积留在水管中的杂质及陈旧水排出，然后再采集水样。采样前，应先用水样洗涤采样器容器、盛样瓶及塞子2～3次（油类除外）。

2. 地表水采样的注意事项

① 采样时不可搅动水底部的沉积物。

② 采样时应保证采样点的位置准确。必要时使用定位仪（GPS）定位。

③ 认真填写"水质采样记录表"，采样结束前应核对采样计划、记录与水样，如有错误或遗漏，应立即补采或重采。

④ 如采样现场水体很不均匀，无法采到有代表性的样品，则应详细记录不均匀的情况和实际采样情况，供使用该数据者参考，并将此现场情况向环境保护行政主管部门反映。

⑤ 测定油类的水样，应在水面至水的表面下300mm采集柱状水样，并单独采样，全部用于测定。采样瓶（容器）不能用采集的水样冲洗。

⑥ 测溶解氧、生化需氧量和有机污染物等项目时的水样，必须注满容器，不留空间，并用水封口。

⑦ 如果水样中含沉降性固体（如泥沙等），则应分离除去。分离方法为：将所采水样摇匀后倒入筒形玻璃容器（如1～2L量筒）中，静置30min，将已不含沉降性固体但含有悬浮性固体的水样移入盛样容器中并加入保存剂。测定总悬浮物和油类的水样除外。

⑧ 测定湖库水COD、高锰酸盐指数、叶绿素a、总氮、总磷时的水样，静置30min后，用吸管一次或几次移取水样，吸管进水尖嘴应插至水样表层50mm以下位置，再加保存剂保存。

⑨ 测定油类、BOD_5、DO、硫化物、余氯、粪大肠菌群、悬浮物、放射性等项目时要单独采样。

（五）污水水样的采集

1. 污水水样的采集方法

① 污水的监测项目按照行业类型有不同要求　在分时间单元采集样品时，测定 pH 值、COD、BOD_5、DO、硫化物、油类、有机物、余氯、粪大肠菌群、悬浮物、放射性等项目的样品，不能混合，只能单独采样。

② 不同监测项目要求　对不同的监测项目应选用的容器材质，加入的保存剂及其用量与保存期，应采集的水样体积和容器及其洗涤方法等见表 2-1。

表 2-1　污水水样不同监测项目要求

项目	采样容器①	保存剂用量	保存期	采样量② mL	容器洗涤③	备注
浊度	G、P		12h	250	I	尽量现场测定
色度	G、P		12h	250	I	尽量现场测定
pH 值	G、P		12h	250	I	尽量现场测定
电导	G、P		12h	250	I	尽量现场测定
悬浮物	G、P		14h	500	I	低温避光保存
碱度	G、P		12h	500	I	低温避光保存
酸度	G、P		30 d	500	I	低温避光保存
COD	G	加 H_2SO_4，pH≤2	2 d	500	I	
高锰酸盐指数	G		2 d	500	I	低温避光保存
DO	溶解氧瓶	加入硫酸锰、碱性 KI、叠氮化钠溶液，现场固定	24h	250	I	尽量现场测定
BOD_5	溶解氧瓶	溶解氧瓶	12h	250	I	低温避光保存
TOC	G	加 H_2SO_4，pH≤2	7 d	250	I	
F^-	P		14d	250	I	低温避光保存
Cl^-	G、P		30 d	250	I	低温避光保存
Br^-	G、P		14d	250	I	低温避光保存
I^-	G、P	NaOH，pH＝12	14d	250	I	
SO_4^{2-}	G、P		30d	250	I	低温避光保存
PO_4^{3-}	G、P	NaOH，H_2SO_4 调 pH＝7，$CHCl_3$ 0.5%	7 d	250	IV	
总磷	G、P	HCl，H_2SO_4，pH≤2	24h	250	IV	
氨氮	G、P	H_2SO_4，pH≤2	24h	250	I	
亚硝酸盐氮	G、P		24h	250	I	低温避光保存
硝酸盐氮	G、P		24h	250	I	低温避光保存
凯氏氮	G		1 m	250		低温避光保存
总氮	G、P	H_2SO_4，pH≤2	7 d	250	I	
硫化物	G、P	1L 水样中加 NaOH 至 pH＝9，加入 5% 抗坏血酸 5mL、饱和 EDTA（乙二胺四乙酸）3mL，滴加饱和 Zn(Ac)$_2$ 至胶体产生，常温避光	24h	250	I	

项目	采样容器[①]	保存剂用量	保存期	采样量[②] mL	容器洗涤[③]	备注
总氰	G、P	NaOH，pH≥9	12h	250	I	
B	P	1L 水样中加浓 HNO_3 10mL	14d	250	I	
Na、K	P	1L 水样中加浓 HNO_3 10mL	14d	250	II	
Ca、Mg	G、P	1L 水样中加浓 HNO_3 10mL	14d	250	II	
Cr(Ⅵ)	G、P	加 NaOH 调 pH=8～9	14d	250	III	
Fe、Mn、Ni、Be	G、P	1L 水样中加浓 HNO_3 10mL	14d	250	III	
Pb、Cd、Cu、Zn	G、P	1L 水样中加浓 HNO_3 10mL[④]	14d	250	III	
As	G、P	1L 水样中加浓 HNO_3 10mL，DDTC 法，HCl 2mL	14d	250	I	
Se	G、P	1L 水样中加浓 HCl 2mL	14d	250	III	
Ag	G、P	1L 水样中加浓 HNO_3 2mL	14d	250	III	
Hg	G、P	1L 水样中加浓 HCl 10mL	14d	250	III	
Sb	G、P	HCl，0.2%（氢化物法）	14d	250	III	
油类	G	加入 HCl 至 pH≤2	7 d	250	II	
农药类	G	加入抗坏血酸 0.01～0.02g 除去残余氯	24h	1000	I	低温避光保存
除草剂类	G	同上	24h	1000	I	低温避光保存
邻苯二甲酸酯类	G	同上	24h	1000	I	低温避光保存
挥发性有机物	G	用（1∶10）HCl 调至 pH≤2，加入 0.01～0.02g 抗坏血酸除去残余氯	12h	1000	I	低温避光保存
甲醛	G	加入 0.2～0.5g/L 硫代硫酸钠除去残余氯	24h	250	I	低温避光保存
酚类	G	用 H_3PO_4 调至 pH≤2，加入 0.01～0.02g 抗坏血酸除去残余氯	24h	1000	I	低温避光保存
阴离子表面活性剂	G、P		24h	250	IV	
微生物	G	加入硫代硫酸钠至 0.2～0.5g/L，除去残余氯，4℃下保存	12h	250	I	低温避光保存
生物	G、P	当不能现场测定时用甲醛固定	12h	250	I	低温避光保存

注：① G 为硬质玻璃瓶；P 为聚乙烯瓶（桶）。

② 为单项样品的最少采样量。

③ I ～IV 表示四种洗涤方法，如下。

　I：洗涤剂洗一次，自来水洗三次，蒸馏水洗一次。对于采集微生物和生物的采样容器，须经 160℃ 干热灭菌 2h。经灭菌的微生物和生物采样容器必须在两周内使用，否则应重新灭菌；经 121℃ 高压蒸汽灭菌 15min 的采样容器，如不立即使用，应于 60℃ 下将瓶内冷凝水烘干，两周内使用。采集细菌监测项目水样时不能用水样冲洗采样容器，不能采混合水样，应单独采样后 2h 内送实验室分析。

　II：洗涤剂洗一次，自来水洗二次，（1∶3）HNO_3 荡洗一次，自来水洗三次，蒸馏水洗一次。

　III：洗涤剂洗一次，自来水洗二次，（1∶3）HNO_3 荡洗一次，自来水洗三次，去离子水洗一次。

　IV：铬酸洗液洗一次，自来水洗三次，蒸馏水洗一次。若采集污水样品可省去用蒸馏水、去离子水清洗的步骤。

④ 如用溶出伏安法测定，可改用 1L 水样加 19mL 浓 $HClO_4$。

③ 自动采样　自动采样用自动采样器进行，有时间等比例采样和流量等比例采样。当污水排放量较稳定时可采用时间等比例采样，否则必须采用流量等比例采样。所用的自动采样器必须符合生态环境部颁布的污水采样器技术要求。

④ 实际采样位置的设置　实际的采样位置应在采样断面的中心。当水深大于 1m 时，应在表层下 1/4 深度处采样；水深小于或等于 1m 时，在水深的 1/2 处采样。

2. 污水采样的注意事项

① 用样品容器直接采样时，必须用水样冲洗三次后再进行采样。但当水面有浮油时，采油的容器不能冲洗。

② 采样时应注意除去水面的杂物、垃圾等漂浮物。

③ 在选用特殊的专用采样器（如油类采样器）时，应按照该采样器的使用方法采样。

④ 采样时应认真填写"污水采样记录表"，表中应有以下内容：污染源名称、监测目的、监测项目、采样点位、采样时间、样品编号、污水性质、污水流量、采样人姓名及其他有关事项等。具体格式可由各省制定。

⑤ 凡需现场监测的项目，应进行现场监测。其他注意事项可参见地表水质监测的采样部分。

二、水样的运输与保存

水样从采集到分析的过程中，由于物理、化学和生物的作用，会发生各种变化。微生物的新陈代谢活动和化学作用能引起水样组分、浓度的变化，如好氧微生物的活动会使水样中的有机物发生变化，CO_2 含量的变化会影响 pH 值和总碱度的测定值，悬浮物在采样器、水样容器表面上产生的胶体吸附现象或溶解性物质被溶出等都会使水样的组分发生变化，所以水样在运输时必须针对水样的不同情况和待测物的特性实施保护措施，防止碰撞、破损、丢失，并力求缩短运输时间，最大限度地降低水样的水质变化，尽快将水样送至实验室进行分析。

（一）水样的运输

水样采集后，应根据不同的分析要求，分装成数份，并分别加入保存剂。对每一份样品都应附一张完整的水样标签。水样标签可以根据实际情况进行设计，一般包括采样目的、监测点数目和位置、监测日期和时间、采样人员等。标签使用不褪色的墨水填写，并牢固地贴于盛装水样的容器外壁上。另外，要做好以下几点。

① 塞紧采样容器口塞子，必要时用封口胶、石蜡封口（测油类的水样不能用石蜡封口）。

② 为避免水样在运输过程中因振动、碰撞而损失或沾污，最好将水样瓶装箱，并用泡沫塑料或纸条挤紧。

③ 需冷藏的样品，应配备专门的隔热容器，放入制冷剂，将样品瓶置其中。

④ 冬季应采取保温措施，以免冻裂样品瓶。

（二）水样的保存

1. 导致水质变化的因素

水样采集后，应尽快送到实验室分析。样品久放，受下列因素影响，某些组分的浓度可能会发生变化。

（1）生物因素 微生物的代谢活动，如细菌、藻类和其他生物的作用可改变许多被测物的化学形态，它们可影响许多测定指标的浓度，主要反映在 pH 值、溶解氧、生化需氧量、二氧化碳、碱度、硬度、磷酸盐、硫酸盐、硝酸盐和某些有机化合物的浓度变化上。

（2）化学因素 测定组分可能被氧化或还原，如六价铬在酸性条件下易被还原为三价铬，低价铁可被氧化成高价铁。铁、锰等价态的改变可导致某些沉淀与溶解、聚合物产生或解聚作用的发生，如多聚无机磷酸盐、聚硅酸等。所有这些，均能导致测定结果与水样实际情况不符。

（3）物理因素 测定组分被吸附在容器壁上或悬浮颗粒物的表面上，如溶解的金属或胶状的金属；某些有机化合物以及某些易挥发组分的挥发损失。

2. 水样保存方法

（1）冷藏或冷冻 冷藏或将水样迅速冷冻，贮存于暗处，可以抑制生物活动，减缓物理挥发作用和化学反应速率。

（2）加入化学保存剂

① 控制溶液 pH 值 测定金属离子的水样常用硝酸酸化至 pH 值为 $1\sim2$，既可以防止重金属的水解沉淀，又可以防止金属在器壁表面上的吸附，同时在 pH 值为 $1\sim2$ 的酸性介质中还能抑制生物的活动。用此法保存，大多数金属可稳定数周或数月。测定乳化物的水样需加氢氧化钠调至 pH＝12。测定六价铬的水样应加氢氧化钠调至 pH＝8，因为在酸性介质中，六价铬的氧化电位高，易被还原。保存总铬的水样，则应加硝酸或硫酸至 pH 值为 $1\sim2$。

② 加入抑制剂 为了抑制生物作用，可在样品中加入抑制剂。如在测氨氮、硝酸盐氮和 COD 的水样中，加氯化汞或加入三氯甲烷、甲苯作防护剂以抑制生物对亚硝酸盐、硝酸盐、铵盐的氧化还原作用。在测酚水样中用磷酸调溶液的 pH 值，加入硫酸铜以控制苯酚分解菌的活动。

③ 加入氧化剂 水样中痕量汞易被还原，引起汞的挥发性损失，加入硝酸-重铬酸钾溶液可使汞维持在高氧化态，汞的稳定性大为改善。

④ 加入还原剂 测定硫化物的水样，加入抗坏血酸对保存有利。含余氯水样能氧化氰离子，可使酚类、烃类、苯系物氯化生成相应的衍生物，为此在采样时加入适量的硫代硫酸钠予以还原，除去余氯干扰。

样品保存剂如酸、碱或其他试剂在采样前应进行空白试验，其纯度和等级必须达到分析的要求。

3. 水样的保存条件

不同监测项目样品的保存条件见表 2-1，可作为水环境监测保存样品的一般条件。

此外，由于地表水、废水（或污水）样品的成分不同，同样的保存条件很难保证对不同类型样品中待测物都是可行的。因此，在采样前应根据样品的性质、组成和环境条件，检验保存方法或选用的保存剂的可靠性。经研究表明，污水或受纳污水的地表水在测定重金属 Pb、Cd、Cu、Zn 等时，往往需要加酸，使酸度达到 1%，才能保证重金属不沉淀或不被容器壁吸附。

第二节　大气样品的采集

一、环境空气质量监测点位的布设

1. 监测点位布设的一般原则

① 具有较好的代表性，应能客观反映一定空间范围内的环境空气质量水平和变化规律。

② 同类型监测点设置条件尽可能一致，使各个监测点获取的数据具有可比性。

③ 在布局上反映城市主要功能区和主要空气污染源的空气质量现状及变化趋势，从整体出发合理布局。

④ 应结合城市建设规划考虑监测点的布设，使确定的监测点能兼顾未来城市空间格局变化趋势。

⑤ 监测点位置一经确定，原则上不应变更，以保证监测资料的连续性和可比性。

2. 监测点位数目的确定

世界卫生组织（WHO）和美国环保署等对城市环境空气质量监测点数的确定均进行了详细的描述，主要采用以人口数量为基础的经验法，以污染程度和面积为基础的经验法，按人口和功能区进行布点的布点法。2013 年环境保护部（现生态环境部）颁布实施的《环境空气质量监测点位布设技术规范（试行）》（HJ 664—2013）也是以人口为基础，兼顾监测区域面积和人口数量确定监测点位数。

3. 监测点位具体位置的要求

根据《环境空气质量监测点位布设技术规范（试行）》（HJ 664—2013）的要求，在确定环境空气监测点位具体位置时，监测点周围环境应符合以下要求。

① 应采取措施保证监测点附近 1000m 内的土地使用状况相对稳定。

② 点式监测仪器采样口周围、监测光束附近或开放光程监测仪器发射光源到监测光束接收端之间不能有阻碍环境空气流通的高大建筑物、树木或其他障碍物。从采样口或监测光束到附近最高障碍物之间的水平距离，应为该障碍物与采样口或监测光束高度差的两倍以上，或从采样口至障碍物顶部与地平线夹角应小于 30°。

③ 采样口周围水平面应保证 270°以上的捕集空间，如果采样口一边靠近建筑物，采样口周围水平面应有 180°以上的自由空间。

④ 监测点周围环境状况相对稳定，所在地质条件需长期稳定和足够坚实，所在地点应避免受山洪、雪崩、山林火灾和泥石流等局地灾害影响，安全和防火措施有保障。

⑤ 监测点附近无强大的电磁干扰，周围有稳定可靠的电力供应和避雷设备，通信线路容易安装和检修。

⑥ 区域点和背景点周边向外的大视野需 360°开阔，1～10km 方圆距离内应没有明显的视野阻断。

⑦ 应考虑监测点位设置在机关单位及其他公共场所时，保证通畅、便利的出入通道及条件，在出现突发状况时，可及时赶到现场进行处理。

二、样品的采集

根据被测污染物在空气和废气中存在的状态，分成气态、颗粒态和两种状态共存的污染物。

(一) 气态污染物的采样方法

1. 直接采样法

当空气中被测组分浓度较高或所用的分析方法灵敏度很高时，可选用直接采取少量气体样品的采样法。用该方法测得的结果是瞬时或者短时间内的平均浓度，而且可以比较快地得到分析结果。直接采样法有以下几种。

(1) 注射器采样　用 100mL 的注射器直接连接一个三通活塞。采样时，先用现场气体抽洗 3～5 次，然后抽样 100mL，密封进样口，将注射器进气口朝下，垂直放置，使注射器的内压略大于大气压。要注意样品存放时间不宜太长，一般要当天分析完。

(2) 塑料袋采样　常用的塑料采样袋有聚乙烯袋、聚氯乙烯袋和聚四氟乙烯袋等，还可以用金属衬里（铝箔等）的袋子采样，既能防止样品的渗透，又可以减小对被测组分的吸附。使用前要作气密性检查：充足气后，密封进气口，将其置于水中，不应冒气泡。使用时用现场气样冲洗 3～5 次后，再充进样品，夹封袋口，带回实验室分析。

(3) 固定容器法采样　固定容器法也是采集少量气体样品的方法，常用的设备有两种。一种是用耐压的玻璃瓶或不锈钢瓶，采样前抽至真空。采样时打开瓶塞，被测空气自行充进瓶中。使用真空采样瓶要注意的是必须进行严格的漏气检查和清洗（按说明书进行操作）。另一种是以置换法充进被测空气的采样管，采样管的两端有活塞。在现场用二联球打气，使通过采气管的被测气体量至少为管体积的 6～10 倍，充分置换掉原有的空气，然后封闭两端管口。采样体积即为采气管的容积。

2. 有动力采样法

有动力采样法也称富集（浓缩）采样法，这种方法是用抽气泵使空气样品通过吸收瓶（管）中的吸收介质，使空气样品中的待测污染物浓缩在吸收介质中。吸收介质通常是液体和多孔状的固体颗粒物，其不仅浓缩了待测污染物，提高了分析灵敏度，而且有利于去除干扰物质和选择不同原理的分析方法。常用的有动力（浓缩）采样法包括溶液吸收法、填充柱采样法和低温冷凝浓缩法。

(1) 溶液吸收法　该方法是采集气态和蒸气态及某些气溶胶态污染物的常用方法。根据需要，吸收管分别设计为气泡吸收管、多孔玻板吸收管、多孔玻柱吸收管、多孔玻板吸收瓶和冲击式吸收管等。由于溶液吸收法的吸收效率受气泡直径、吸收液体高度、尖嘴部的气泡速度等因素的影响，为了提高吸收效率，尤其是对雾状气溶胶的吸收效率，目前常采用的两种溶液吸收管是冲击式吸收管和多孔玻板吸收管。

① 冲击式吸收管　适用于采集气溶胶态物质和易溶解的气体样品，不适用于气态和蒸气态物质的采集，因为气态和蒸气态物质的气体分子的惯性很小，在快速抽气的情况下，容易随空气一起跑掉，只有在吸收液中溶解度很大或与吸收液反应速率很快的气体分子才能被完全吸收。采集时让气体样品以很快的速度冲击到盛有吸收液的瓶底部，使雾状气溶胶颗粒因惯性作用被冲撞到瓶底部，再被瓶中吸收液阻留。

② 多孔玻板吸收管（瓶） 采样时，让气体样品通过多孔玻板，使其分散成极细小的气泡进入吸收液中，使雾状气溶胶一部分在通过多孔筛管时被弯曲的孔道所阻留，然后被洗入吸收液中；另一部分在通过多孔筛管后形成很细小的气泡，被吸收液吸收。所以多孔玻板吸收管不仅对气态和蒸气态污染物的吸收效率较高，而且对与其共存的气溶胶也有很高的采样效率。

（2）填充柱采样法 填充柱是用一个内径约 3～5mm、长 5～10cm 的玻璃管或塑料管，内装颗粒状或纤维状的固体填充剂制成的。填充剂可以用吸附剂，或在担体上涂渍某种化学试剂。

采样时，当气样以一定流速通过填充柱时，气体中被测组分因吸附、溶解或化学反应等作用而被阻留在填充剂上，从而达到浓缩采样的目的。采样后，通过解吸或溶剂洗脱，使被测组分从填充剂上释放出来进行测定。根据填充剂阻留作用原理，可分为吸附型、分配型和反应型三种。

填充柱采样法的特点与应注意的事项如下。

① 时间 可以长时间采样，可用于空气中污染物日平均浓度的测定。而溶液吸收法因吸收液在采气过程中有液体蒸发损失，一般情况下不适宜进行长时间的采样。

② 固体填充剂 选择合适的固体填充剂对蒸气和气溶胶都有较高的采样效率。而溶液吸收法对气溶胶的采样效率往往不高。

③ 稳定性 污染物浓缩在填充剂上的稳定性，一般都比吸收在溶液中要好得多，有时可放几天，甚至几周。在现场使用填充柱采样比溶液吸收管方便得多，样品发生再污染、洒漏的机会要少得多。

④ 吸附效率 填充柱的吸附效率受温度等因素的影响较大，一般而言，温度升高，最大采样体积将会减小。水分和二氧化碳的浓度较待测组分大得多，用填充柱采样时对它们的影响要特别留意，尤其对湿度（含水量）。由于气候等条件的变化，湿度对最大采样体积的影响更为严重，必要时，可在采样管前接一个干燥管。

⑤ 采样效率 实际上，为了检查填充柱采样管的采样效率，可在一根管内分前、后段填装滤料，如前段装 100mg，后段装 50mg，中间用玻璃棉相隔。但前段采样管的采样效率应在 90％以上。

（3）低温冷凝浓缩法 空气中某些沸点比较低的气态物质，如烯烃类、醛类等可采用低温冷凝浓缩法进行采样。这类物质在常温下用固体吸附剂很难完全阻留，而用制冷剂将其冷凝下来，浓缩效果较好。

低温冷凝浓缩法是将 U 形或蛇形采样管插入冷阱中，采样管的一端接在过滤管上作为气体进口，另一端接于连有流量计的抽气动力上进行采样，经低温采样，被测组分冷凝在采样管中，如用气相色谱法进行测定，可将采样管与仪器进样口连接，撤离冷阱，在常温下或加热气化，通入载气，吹入色谱柱中进行分离和测定。

低温冷凝法采样，在不加填充剂的情况下，制冷温度至少要低于被浓缩组分的沸点 80～100℃，否则效率很差。这是因为空气样品在冷却时凝结形成很多小雾滴，有一部分被测物随气流被带走。若加入填充剂可起到过滤雾滴的作用。因此，这时对温差的要求可以降低一些。常用的制冷剂有冰-盐水、干冰-乙醇以及半导体制冷剂（−40～0℃）等。

3. 被动式采样法

被动式采样法是基于气体分子扩散或渗透原理采集空气中气态或蒸气态污染物的一种采

样方法，由于它不用任何电源或抽气动力，所以又称无泵采样法。这种采样器体积小，非常轻便，用于个体接触剂量评价的监测；也可放在待测场所，连续采样，间接用于环境空气质量评价的监测。目前，常用于室内空气污染和个体接触量的评价监测。

（二）颗粒物的采样方法

空气中颗粒物质的采样方法主要有滤料阻留法和自然沉降法。自然沉降法主要用于采集颗粒物粒径大于 $30\mu m$ 的尘粒；滤料阻留法根据粒子切割器和采样流速等的不同，分别用于采集空气中不同粒径的颗粒物，或利用等速跟踪排气流速的原理，采集烟尘和粉尘。

1. 滤料阻留法

该方法是将过滤材料（滤纸、滤膜等）放在采样夹上，用抽气装置抽气，则空气中的颗粒物被阻留在过滤材料上，称量过滤材料上富集的颗粒物质量，根据采样体积，可计算出空气中颗粒物的浓度。

滤料采集空气中气溶胶颗粒物基于直接阻截、惯性碰撞、扩散沉降、静电引力和重力沉降等作用。滤料的采集效率除与自身性质有关外，还与采样速度、颗粒物的大小等因素有关。低速采样，以扩散沉降为主，对细小颗粒物的采集效率高；高速采样，以惯性碰撞作用为主，对较大颗粒物的采集效率高。

常用的滤料有纤维状滤料，如滤纸、玻璃纤维滤膜、过氯乙烯滤膜等；筛孔状滤料，如微孔滤膜、核孔滤膜、银薄膜等。选择滤膜时，应根据采样目的，选择采样效率高、性能稳定、空白值低、易于处理和利于采样后分析测定的滤膜。

2. 自然沉降法

这种方法是利用物质的自然重力、空气动力和浓差扩散作用采集大气中的被测物质，如自然降尘量、硫酸盐化速率、氟化物等大气样品的采集。这种采样方法不需要动力设备，简单易行，且采样时间长，测定结果能较好地反映空气污染情况。

（三）综合采样法

空气中污染物多数都不是以单一状态存在的，往往同时存在于气态和颗粒物中，将不同采样方法相结合的综合采样法，能将不同状态的污染物同时采集下来。

例如在滤料阻留法的采样夹后接上气体吸收管或填充柱，则颗粒物收集在滤料上，而气体污染物收集在吸收管或填充柱中。

第三节　土壤样品的采集与加工

一、土壤采样点位的布设

（一）监测点位布设的一般原则

土壤环境是一个开放的缓冲动力学体系，与外环境之间不断地进行物质和能量交换，但又具有物质和能量相对稳定以及分布均匀性差的特点。为使布设的采样点具有代表性和典型性，应遵循下列原则。

① 合理地划分采样单元。在进行土壤监测时，往往监测面积较大，需要划分若干个采样单元，同时在不受污染源影响的地方选择对照采样单元。同一采样单元的差别应尽可能缩小。

② 对于土壤污染监测，坚持"哪里有污染就在哪里布点"，并根据技术力量和财力条件，优先布设在那些污染严重、影响农业生产活动的地方。

③ 采样点不能设在田边、沟边、路边、堆肥周边及水土流失严重或表层土被破坏处。

（二）布设采样点数量

土壤监测布设采样点的数量要满足样本容量的基本要求，还要根据监测目的、调查精度及其区域环境状况等因素确定。一般要求每个监测单元最少设 3 个采样点。

（三）采样点布设方法

1. 对角线布点法

对角线布点法适用于面积较小、地势平坦的废（污）水灌溉或污染河水灌溉的田块。由田块进水口引一对角线，在对角线上至少分 5 等份，以等分点为采样点，如图 2-1(a) 所示。若土壤差异性大，可增加采样点。

2. 梅花形布点法

梅花形布点法适用于面积较小、地势平坦、土壤物质和污染程度较均匀的地块。中心分点设在地块两对角线交点处，一般设 5～10 个采样点，如图 2-1(b) 所示。

3. 棋盘式布点法

棋盘式布点法适用于中等面积、地势平坦、地形完整开阔，但土壤较不均匀的地块，一般设 10 个或 10 个以上采样点，如图 2-1(c) 所示。此法也适用于受固体废物污染的土壤，因为固体废物分布不均匀，此时应设 20 个以上的采样点。

4. 蛇形布点法

蛇形布点法适用于面积较大、地势不很平坦、土壤不够均匀的地块。布设采样点数目较多，如图 2-1(d) 所示。

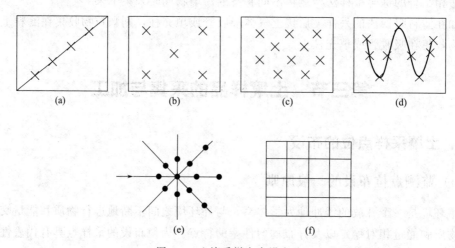

图 2-1　土壤采样点布设方法

5. 放射状布点法

放射状布点法适用于大气污染型土壤。以大气污染源为中心，向周围画射线，在射线上布设采样点。每个方向的布点数量根据污染的影响范围确定，如图 2-1(e) 所示。

6. 网格布点法

网格布点法适用于地形平缓的地块。将地块划分成若干均匀网状方格，采样点设在两条直线的交点处或方格的中心，如图 2-1(f) 所示。农用化学物质污染型土壤、土壤背景值调查常用这种方法。

二、土壤样品的采集

（一）土壤样品的类型、采样深度及采样量

1. 混合样品

如果只是一般地了解土壤污染状况，对种植一般农作物的耕地，只需采集 0～20cm 耕作层土壤；对种植果林类农作物的耕地，采集 0～60cm 耕作层土壤。将在一个采样单元内各采样点采集的土样混合均匀制成混合样，组成混合样的采样点数通常为 5～20 个。混合样量往往较大，需要用四分法弃取，最后留下 1～2kg，装入样品袋。

2. 剖面样品

如果要了解土壤污染深度，则应按土壤剖面层次分层采样。土壤剖面指地面向下的垂直土体的切面。在垂直切面上可观察到与地面大致平行的若干层具有不同颜色、性状的土层。

典型的自然土壤剖面分为 A 层（表层，又叫腐殖质淋溶层）、B 层（亚层，又叫淀积层）、C 层（风化母岩层，又叫母质层）和底岩层。采集土壤剖面样品时，需在特定采样点挖掘一个 1m×1.5m 左右的长方形土坑，深度在 2m 以内，一般要求达到母质层或地下水潜水层即可。盐碱地地下水位较高，应取样至地下水位层；山地土层薄，可取样至风化母岩层。根据土壤剖面颜色、结构、质地、疏松度、温度、植物根系分布等划分土层，并进行仔细观察，将剖面形态、特征自上而下逐一记录。随后在各层最典型的中部自下而上逐层用小土铲切取一片片土样，每个采样点的取样深度和取样量应一致。将同层土样混合均匀，各取 1kg 土样，分别装入样品袋。土壤剖面采样点不得选在土类和母质交错分布的边缘地带或土壤剖面受破坏的地方；剖面的观察面要向阳。

土壤背景值调查也需要挖掘土坑，在剖面各层次典型中心部位自下而上采样，但不可混淆层次，混合采样。

（二）采样时间和频率

为了解土壤污染状况，可随时采集样品进行测定。如需同时掌握在土壤上生长的作物受污染的状况，可在季节变化或作物收获期采集。《农田土壤环境质量监测技术规范》（NY/T 395—2012）规定，一般土壤在农作物收获期采样测定，必测项目一年测定一次，其他项目 3～5 年测定一次。

（三）采样注意事项

① 采样的同时，填写土壤样品标签、采样记录、样品登记表。土壤样品标签一式两份，

一份放入样品袋内，一份扎在袋口，并于采样结束时在现场逐项检查。

② 测定重金属的样品，尽量用竹铲、竹片直接采集样品，或用铁铲、土钻挖掘后，用竹片刮去与金属采样器接触的土壤部分，再用竹铲或竹片采集土样。

三、土壤样品保存

对于易分解或易挥发等不稳定组分的样品要采取低温保存的运输方法，并尽快送到实验室分析测试。

应当按照材质、密封类型和大小仔细选择容器。宜对容器的相关性能进行确认，例如能保护样品免遭污染，并避免样品遭受光线和空气的影响。应遵循适当的清洁和消毒程序。

测试项目需要新鲜样品的土样，采集后用可密封的聚乙烯或玻璃容器在 4℃ 以下避光保存，样品要充满容器。避免用含有待测组分或对测试有干扰的材料制成的容器盛装和保存样品，测定有机污染物用的土壤样品要选用玻璃容器保存。具体保存条件见表 2-2。

分析取用后的剩余样品一般保留半年，预留样品一般保留 2 年。特殊样品、珍稀样品、仲裁样品、有争议样品一般要永久保存。

保存样品应足够多，以对所需样品量最多的参数进行至少 5 次测试。此外，为保证统一性，建议保存至少 50g 样品。

土壤一旦被冻结，分样进行重复分析将十分困难，因此，需冷冻一些分量较少的分样。准备分样时，应保证样品的均匀性。

不改变土壤性质的保存条件，如果保存条件发生冲突，有必要在不同条件下保存两个或多个分样。

表 2-2　新鲜样品的保存条件和保存时间

测试项目	容器材质	温度/℃	可保存时间/d	备注
金属（汞和六价铬除外）	聚乙烯、玻璃	<4	180	
汞	玻璃	<4	28	
砷	聚乙烯、玻璃	<4	180	
六价铬	聚乙烯、玻璃	<4	1	
氰化物	聚乙烯、玻璃	<4	2	
挥发性有机物	玻璃（棕色）	<4	7	采样瓶装满装实并密封
半挥发性有机物	玻璃（棕色）	<4	10	采样瓶装满装实并密封
难挥发性有机物	玻璃（棕色）	<4	14	

四、土壤样品的加工

现场采集的土壤样品经核对无误后，进行分类装箱，运往实验室加工处理。在运输中严防样品的损失、混淆和沾污，并派专人押运，按时送至实验室。

样品加工又称样品制备，其处理程序是风干、磨碎、过筛、混合、分装，制成满足分析要求的土壤样品。加工处理的目的是：除去非土部分，使结果能代表土壤本身的组成；有利于样品较长时间的保存，防止发霉、变质；通过磨碎、混合，使分析时称取的样品具有较高的代表性。

加工处理工作应在向阳（勿使阳光直射土样）、通风、整洁、无扬尘、无挥发性化学物质的房间内进行。

1. 样品风干

在风干室将潮湿土样倒在白色搪瓷盘内或塑料膜上，摊成约 2cm 厚的薄层，用玻璃棒间断地压碎、翻动，使其均匀风干。在风干过程中，拣出碎石、沙砾及植物残体等杂质。

2. 磨碎与过筛

如果进行土壤颗粒分析及物理性质测定等物理分析，取风干样品 100～200g 于有机玻璃板上，用木棒、木辊再次压碎，经反复处理使其全部通过 2mm（10 目）孔径筛，混匀后储于广口玻璃瓶内。

如果进行化学分析，土壤颗粒的粒度影响测定结果的准确度，即使对于一个混合均匀的土样来说，由于土粒大小不同，其化学成分及其含量也有差异，应根据分析项目的要求处理成适宜大小的土壤颗粒。一般处理方法是：将风干土样在有机玻璃板或木板上用锤、辊、棒压碎，并除去碎石、沙砾及植物残体后，用四分法分取所需土样量，使其全部通过 0.84mm（20 目）孔径尼龙筛。过筛后的土样全部置于聚乙烯薄膜上（充分混匀），用四分法分成两份，一份交样品库存放，用于土壤 pH 值、土壤交换量等项目的测定；另一份继续用四分法分成两份，一份备用，另一份磨至全部通过 0.25mm（60 目）或 0.149mm（100 目）孔径尼龙筛，充分混合均匀后备用。通过 0.25mm（60 目）孔径尼龙筛的土壤样品，用于农药、土壤有机质、土壤总氮量等项目的测定；通过 0.149mm（100 目）孔径尼龙筛的土壤样品用于元素分析。

3. 样品分装

样品装入样品瓶或样品袋后，及时填写标签，一式两份，瓶内或袋内一份，外贴一份。

4. 注意事项

① 制样过程中，采样时的土壤标签与土壤始终放在一起，严禁混错，样品名称和编码始终不变。

② 制样工具每处理一份样后，擦抹（洗）干净，严防交叉污染。

③ 测定挥发性或不稳定组分，如挥发酚、氨氮、硝酸盐氮、氰化物等时，需用新鲜土样。

五、土壤样品的预处理

土壤样品组分复杂，污染组分含量低，并且处于固体状态。在测定之前，往往需要处理成液体状态，将待测组分转变为符合测定方法要求的形态、浓度，并消除共存组分的干扰。土壤样品的预处理方法主要有分解法和提取法，前者用于元素的测定，后者用于有机污染物和不稳定组分的测定。

未冷冻的土壤样品长时间存放后，可发生颗粒的垂直方向再分配，建议在合适的混样器中对其进行重新混合。对于大样品，在混样器中进行重新混合可能不够充分，建议在一张塑料片上把样品铺成一个薄层，再反复折叠和展开来混合样品。

对于冷冻样品，应限定解冻条件，因为这会影响生物参数、微生物参数和有机参数的测定。样品应在原来的塑料袋或容器中解冻。

（一）土壤样品分解方法

土壤样品分解方法有酸分解法、碱熔分解法、高压釜密闭分解法、微波炉加热分解法等。分解的作用是破坏土壤的矿物质晶格和有机质，使待测元素进入样品溶液中。

1. 酸分解法

酸分解法也称消解法，是测定土壤中重金属常选用的方法。

分解土壤样品常用的混合酸消解体系有盐酸-硝酸-氢氟酸-高氯酸、硝酸-氢氟酸-高氯酸、硝酸-硫酸-高氯酸、硝酸-硫酸-磷酸等。为了加速土壤中待测组分的溶解，还可以加入其他氧化剂或还原剂，如高锰酸钾、五氧化二钒、亚硝酸钠等。

用盐酸-硝酸-氢氟酸-高氯酸分解土壤样品的操作要点是：取适量风干土样于聚四氟乙烯坩埚中，用水润湿，加适量浓盐酸，于电热板上低温加热，蒸发至少量，加入适量浓硝酸，继续加热至近黏稠状，再加入适量氢氟酸并继续加热，为了达到良好的除硅效果，应不断摇动坩埚。最后，加入少量高氯酸并加热至白烟冒尽。对于含有机质较多的土样，在加入高氯酸之后加盖消解。分解好的样品应呈白色或淡黄色（含铁较高的土壤），倾斜坩埚时呈不流动的黏稠状。用水冲洗坩埚内壁及盖，温热溶解残渣，冷却后定容至要求体积（根据待测组分含量确定）。这种消解体系能彻底破坏土壤矿物质晶格，但在消解过程中要控制好温度和时间。如果温度过高、消解样品时间短或将样品溶液蒸干，会导致测定结果偏低。

2. 碱熔分解法

碱熔分解法是将土壤样品与碱混合，在高温下熔融使样品分解的方法。所用器皿有铝坩埚、瓷坩埚、镍坩埚和铂金坩埚等。常用的熔剂有碳酸钠、氢氧化钠、过氧化钠、偏硼酸锂等。其操作要点是：称取适量土样于坩埚中，加入适量熔剂（用碳酸钠熔融时应先在坩埚底垫上少量碳酸钠或氢氧化钠），充分混匀，移入马弗炉中高温熔融。熔融温度和时间视所用熔剂而定，如用碳酸钠于 $900\sim920℃$ 下熔融 30min，用过氧化钠于 $650\sim700℃$ 下熔融 $20\sim30$min 等。熔融后的土样冷却至 $60\sim80℃$，移入烧杯中，于电热板上加水和（1:1）盐酸加热浸取，中和并酸化熔融物，待大量盐类溶解后，滤去不溶物，滤液定容，供分析测定。

碱熔分解法具有分解样品完全，操作简便、快速，而且不产生大量酸蒸气的特点，但由于使用试剂量大，引入了大量可溶性盐，也易引进污染物质。另外，有些重金属如镉、铬等在高温下易挥发损失。

3. 高压釜密闭分解法

该方法是将土样用水润湿，加入混合酸并摇匀，放入严格密封的聚四氟乙烯坩埚内，置于不锈锅套筒中，放在烘箱内加热（一般不超过 180℃）分解。该方法具有用酸量少、易挥发元素损失少、可同时进行批量样品分解等特点。

4. 微波炉加热分解法

该方法是将土壤样品和混合酸放入聚四氟乙烯容器中，置于微波炉内加热使土样分解的方法。由于微波炉加热是以土样与酸的混合液作为发热体，从内部加热使土样分解，热量几乎不向外部传导损失，所以热效率非常高，并且利用微波能激烈搅拌和充分混匀土样，使其加速分解，所以，用微波炉加热分解法分解一般土壤样品，经几分钟便可达到良好的分解效果。

（二）土壤样品提取方法

测定土壤中的有机污染物、受热后不稳定的组分，以及进行组分形态分析时，需要采用一定的提取方法。提取溶剂常用有机溶剂、水和酸。

1. 有机污染物的提取

测定土壤中的有机污染物，一般用新鲜土样。称取适量土样放入锥形瓶中，放在振荡器上，振荡提取。对于农药、苯并［a］芘等含量低的污染物，为了提高提取效率，常用索氏提取法。常用的提取剂有环己烷、石油醚、丙酮、二氯甲烷、三氯甲烷等。

2. 无机污染物的提取

土壤中易溶无机物组分、有效态组分，可用酸或水提取。例如，用 0.1mol/L 盐酸振荡提取镉、铜、锌，用蒸馏水提取造成土壤酸度的组分，用无硼水提取有效态硼等。

（三）净化和浓缩

土壤样品中的待测组分被提取后，往往还存在干扰组分，或提取组分浓度达不到分析方法测定要求，需进一步净化或浓缩。常用净化方法有色谱分离法、蒸馏法等，浓缩方法有K-D 浓缩器法、蒸发法等。

土壤样品中的氰化物、硫化物常用蒸馏-碱溶液吸收法分离。

第三章

环境监测数据处理与质量保证

第一节　环境监测数据的统计处理与结果表述

环境监测中所得到的数据，是客观评价环境质量状况、反映污染治理成效、实施环境管理与决策的基本依据，其来源须具备真实性、科学性和权威性。监测过程中往往需要对测定的数据进行运算和处理，得出最终的数据，数据的规范表示形式对准确并充分地传达监测结果信息起着重要的作用。

一、监测数据的处理

 拓展阅读

监测结果不仅要准确地测量、记录，而且还要正确地计算，因此表示测定结果的数字位数应当恰当。

1. 有效数字

为确保数据应有的准确度，应从正确地记录原始数据开始，对任何一个有计算意义的数据都要审慎地估量，正确地记载量值的有效位数。

有效数字是指在检验工作中所能得到的有实际意义的数值。其最后一位数字欠准是允许的，这种由可靠数字和最后一位不确定数字组成的数值，即为有效数字。

有效数字与通常数学上的数字的概念不同，一般数字仅反映数值的大小，而有效数字既反映测量数值的大小，还反映测量数值的准确程度。

小知识

实验室通用的计量器具可记取的位数

万分之一天平——小数点后第四位，即万分位。

分光光度计——吸光值记到小数点后第三位，即千分位。

玻璃量器——记取的有效数字位数须根据量器的允许误差和读数误差决定。

---

2. 数值修约规则

在同一份报告中应按规定保留有效数字位数，计算的数据需要修约时，应遵守《数值修约规则与极限数值的表示和判定》（GB/T 8170—2008）中的有关规定，可总结为：四舍六入五考虑，五后非零则进一，五后皆零视奇偶，五前为偶应舍去，五前为奇则进一。

注：拟修约数字应在确定修约间隔或指定修约位数后一次修约获得结果，不得多次按进舍规则连续修约。

3. 有效数字的特殊要求

① 检出限一般保留 1 位有效数字，而且只入不舍。必要时采用科学计数法进行表达。

② 标准偏差和相对标准偏差一般保留 2 位有效数字。重复性限 r 和再现性限 R 小数位数应与检出限保持一致，但一般不超过 2 位有效数字。

③ 相对误差一般保留 2 位有效数字，加标回收率保留 3 位有效数字。

④ 在一系列操作中，使用多种计量仪器时，有效数字以最少的一种计量仪器的位数表示。

⑤ 分析结果的有效数字所能达到的位数，不能超过方法检出限的有效位数。

4. 有效数字运算规则

各种测量、计量的数据需要修约时，应遵守下列规则。

① 加减运算：运算时，可先取各数据比小数点后位数最少者多留一位小数，进行加减，最终计算结果中保留的小数位数，应与参加运算的有效数字中小数位数最少者相同。

② 乘除运算：在乘除法中，所得积与商的有效数字位数，根据有效数字位数最少者来进行修约。修约后，保留的有效数字位数应与参加运算的几个有效数字中有效位数最少者相同。

③ 对数运算：对数的有效数字位数仅取决于小数部分（尾数）数字的位数，整数部分只代表该数的方次。

④ 平方、立方、开方运算：计算结果的有效数字位数应和原数的相同。

另外，来自一个正态总体的一组数据多于 4 个时，其平均值的有效数字位数可比原数的增加一位；用于表示方法或分析结果精密度的标准差，其有效数字的位数一般只取一位，当测定次数较多时可取两位，而且最多只能取两位；在运算过程中，为减少舍入误差，其他数值的修约可以暂时多保留一位，等运算得到结果时，再根据有效位数弃去多余的数字。

二、可疑数据的取舍

与正常数据不是来自同一分布总体，明显偏离实验结果的测量数据，称为离群数据。可能会影响实验结果，但尚未经检验断定其是离群数据的测量数据，称为可疑数据。

在数据处理时，必须剔除离群数据以使测量结果更符合客观实际。正确数据总有一定的分散性，如果人为地删去一些误差较大但并非离群的测量数据，由此得到精密度很高的测量结果，并不符合客观实际。因此对可疑数据的取舍必须遵循一定的原则。

测量中若发现明显的系统误差和过失，则由此产生的数据应随时剔除。而可疑数据的取舍应采用统计方法判别，即离群数据的统计检验。常用的检验方法有以下两种。

1. 狄克松（Dixon）检验法

该法适用于一组测量值的一致性检验和剔除离群值。本法中对最小可疑值和最大可疑值进行检验的公式因样本容量（n）不同而异，检验方法如下。

① 将一组测量数据按从小到大的顺序排列为 x_1、x_2、$\cdots$、x_n，x_1 和 x_n 分别为最小可疑值和最大可疑值。

② 按表 3-1 中的计算式求 Q 值。

③ 根据给定的显著性水平（α）和样本容量（n），从表 3-2 中查得临界值（Q_α）。

④ 若 $Q \leqslant Q_{0.05}$，则可疑值为正常值；若 $Q_{0.05} < Q \leqslant Q_{0.01}$，则可疑值为偏离值；若 $Q > Q_{0.01}$，则可疑值为离群值。

> **例：** 一组测量值按从小到大的顺序排列为 14.65、14.90、14.91、14.92、14.95、14.96、14.99、15.01、15.01、15.02。检验最小值 14.65 和最大值 15.02 是否为离群值。
>
> **解：** 检验最小值 $x_1 = 14.65$，$n = 10$，$x_2 = 14.90$，$x_{n-1} = 15.01$，则：
>
> $$Q = \frac{x_2 - x_1}{x_{n-1} - x_1} = \frac{14.90 - 14.65}{15.01 - 14.65} = 0.69$$
>
> 查表 3-2，当 $n = 10$，给定显著性水平 $\alpha = 0.01$ 时，$Q_{0.01} = 0.597$。$Q > Q_{0.01}$，故最小值 14.65 为离群值，应予以剔除。
>
> 检验最大值 $x_n = 15.02$，有：
>
> $$Q = \frac{x_n - x_{n-1}}{x_n - x_2} = \frac{15.02 - 15.01}{15.02 - 14.90} = 0.083$$
>
> 查表 3-2 可知，$Q_{0.05} = 0.477$。$Q < Q_{0.05}$，故最大值 15.02 为正常值。

表 3-1　狄克松检验法 Q 值计算式

n 值范围	可疑数据为最小值 x_1 时	可疑数据为最大值 x_n 时	n 值范围	可疑数据为最小值 x_1 时	可疑数据为最大值 x_n 时
3~7	$Q = \dfrac{x_2 - x_1}{x_n - x_1}$	$Q = \dfrac{x_n - x_{n-1}}{x_n - x_1}$	11~13	$Q = \dfrac{x_3 - x_1}{x_{n-1} - x_1}$	$Q = \dfrac{x_n - x_{n-2}}{x_n - x_2}$
8~10	$Q = \dfrac{x_2 - x_1}{x_{n-1} - x_1}$	$Q = \dfrac{x_n - x_{n-1}}{x_n - x_2}$	14~25	$Q = \dfrac{x_3 - x_1}{x_{n-2} - x_1}$	$Q = \dfrac{x_n - x_{n-2}}{x_n - x_3}$

表 3-2　狄克松检验法临界值（Q_α）

n	显著性水平（α） 0.05	0.01	n	显著性水平（α） 0.05	0.01
3	0.941	0.988	15	0.525	0.616
4	0.765	0.889	16	0.507	0.595
5	0.642	0.780	17	0.490	0.577
6	0.560	0.698	18	0.475	0.561
7	0.507	0.637	19	0.462	0.547
8	0.554	0.683	20	0.450	0.535
9	0.512	0.635	21	0.440	0.524
10	0.477	0.597	22	0.430	0.514
11	0.576	0.679	23	0.421	0.505
12	0.546	0.642	24	0.413	0.497
13	0.521	0.615	25	0.406	0.489
14	0.546	0.641			

2. 格鲁布斯（Grubbs）检验法

此法适用于检验多组测量值均值的一致性和剔除多组测量值中的离群均值，也可用于检验一组测量值的一致性和剔除一组测量值中的离群值，方法如下。

① 有 1 组测量值，每组 n 个测量值的均值分别为 $\overline{x}_1$、$\overline{x}_2$、$\cdots$、$\overline{x}_i$、$\cdots$、$\overline{x}_l$，其中最大均值记为 $\overline{x}_{\max}$，最小均值记为 $\overline{x}_{\min}$。

② 由 1 个均值计算总均值 $(\overline{\overline{x}})$ 和标准偏差 $(s_{\overline{x}})$：

$$\overline{\overline{x}} = \frac{1}{l}\sum_{i=1}^{l}\overline{x}_i \tag{3-1}$$

$$s_{\overline{x}} = \sqrt{\frac{1}{l-1}\sum_{i=1}^{l}(\overline{x}_i - \overline{\overline{x}})^2} \tag{3-2}$$

③ 可疑均值为最大均值 $(\overline{x}_{\max})$ 时，按下式计算统计量 (T)：

$$T = \frac{\overline{x}_{\max} - \overline{\overline{x}}}{s_{\overline{x}}} \tag{3-3}$$

④ 可疑均值为最小均值 $(\overline{x}_{\min})$ 时，按下式计算统计量 (T)：

$$T = \frac{\overline{\overline{x}} - \overline{x}_{\min}}{s_{\overline{x}}} \tag{3-4}$$

⑤ 若 $T \leqslant T_{0.05}$，则可疑均值为正常均值；若 $T_{0.05} < T \leqslant T_{0.01}$，则可疑均值为偏离均值；若 $T > T_{0.01}$，则可疑均值为离群均值，即剔除含有该均值的一组数据。

表 3-3 格鲁布斯检验法临界值 (T_{α})

n	显著性水平 (α)		n	显著性水平 (α)	
	0.05	0.01		0.05	0.01
3	1.153	1.155	15	2.409	2.705
4	1.463	1.492	16	2.443	2.747
5	1.672	1.749	17	2.475	2.785
6	1.822	1.944	18	2.504	2.821
7	1.938	2.097	19	2.532	2.854
8	2.032	2.221	20	2.557	2.884
9	2.110	2.322	21	2.580	2.912
10	2.176	2.410	22	2.603	2.939
11	2.234	2.485	23	2.624	2.963
12	2.285	2.050	24	2.644	2.987
13	2.331	2.607	25	2.663	3.009
14	2.371	2.695			

例：10 个实验室分析同一种样品，各实验室 5 次测量的平均值按从小到大的顺序排列为 4.41、4.49、4.50、4.51、4.64、4.75、4.81、4.95、5.01、5.39，检验最大均值 5.39 是否为离群均值。

解：

$$\overline{\overline{x}} = \frac{1}{l}\sum_{i=1}^{l}\overline{x}_i = 4.746$$

$$s_{\overline{x}} = \sqrt{\frac{1}{l-1}\sum_{i=1}^{l}(\overline{x}_i - \overline{\overline{x}})^2} = 0.305$$

$$\overline{x}_{max} = 5.39$$

则统计量：

$$T = \frac{\overline{x}_{max} - \overline{\overline{x}}}{s_{\overline{x}}} = \frac{5.39 - 4.746}{0.305} = 2.11$$

当 $l = 10$、给定显著水平 $\alpha = 0.05$ 时，查表 3-3，临界值 $T_{0.05} = 2.176$。
$T < T_{0.05}$，故 5.39 为正常均值，即均值为 5.39 的一组测量值为正常值。

三、监测结果的表述

环境监测实验中所得到的许多物理、化学和生物学数据，是描述和评价环境质量的基本依据。监测数值反映客观环境的真实值，但真实值很难测定，总体均值可以认为接近真值，然而实际测定的次数是有限的，所以常用有限次的监测数据来反映真实值，其结果表达方式如下。

1. 常用监测结果表达方法

（1）用算术平均值（$\overline{x}$）表示测量结果与真值的集中趋势 测量过程中排除系统误差和过失后，只存在随机误差，根据正态分布的原理，当测定次数无限多（$n \to \infty$）时的总体均值（μ）应与真值（x_t）很接近，但实际测量次数有限。因此，样本的算术平均值表示测量结果与真值的集中趋势，是表达监测结果最常用的方式。

（2）用算术平均值和标准偏差表示测量结果的精密度（$\overline{x} \pm s$） 算术平均值代表集中趋势，标准偏差表示离散程度。算术平均值代表性的大小与标准偏差的大小有关，即标准偏差大，算术平均值代表性小，反之亦然。故而监测结果常以（$\overline{x} \pm s$）表示。

（3）用（$\overline{x} \pm s$，C_V）表示结果 标准偏差大小还与所测均值水平或测量单位有关。不同水平或单位的测量结果之间，其标准偏差是无法进行比较的，而变异系数是相对值，故可在一定范围内用来比较不同水平或单位的测量结果之间的差异。

2. 与方法检出限有关的有效测定结果表示

《地下水环境监测技术规范》（HJ 164—2020）和《污水监测技术规范》（HJ 91.1—2019）规定：当测定结果高于分析方法检出限时，报实际测定结果值；当测定结果低于分析方法检出限时，报所使用方法的检出限值，并在其后加标志位 L。

另外，对于某一类污染物的测定，如果每个分项项目的监测结果均小于方法检出限，在填报总量的结果时，可表述为"未检出"并备注出每个分项项目的方法检出限；当其中某一个或某几个分项的监测结果大于方法检出限时，总量的结果为所有分项之和，低于方法检出限的分项以 0 计。

四、均值置信区间和 t 值

均值置信区间是考察样本均值（$\overline{x}$）与总体均值（μ）之间的关系，即以样本均值代表总体均值的可靠程度。正态分布理论是从大量数据中得出的。当从同一总体中随机抽取足够量的大小相同的样本，并对它们测量得到一批样本均值时，如果原总体是正态分布，则这些样本均值的分布将随样本容量（n）的增大而趋向于正态分布。

样本均值（$\bar{x}$）与总体均值（μ）之间的关系用下式表示：

$$\mu = \bar{x} \pm t\,\frac{s}{\sqrt{n}} \tag{3-5}$$

式中　t——t 检验值；

　　　　s——样本标准差；

　　　　n——样本数。

式中的 $\bar{x}$、s 和 n 通过测量可得，与样本容量（n）和置信度有关，而后者可以直接要求指定。当 n（自由度 $n' = n-1$）一定时，要求置信度越大则 t 值越大，其结果的数值范围越大。而置信度一定时，n 越大 t 值越小，结果的数值范围越小。置信度不是一个单纯的数学问题，置信度过大反而无实用价值，例如：100％的置信度，则数值范围的区间为 $[-\infty, +\infty]$。通常采用 90％～95％置信度 [P（双侧概率）对应为 0.10～0.05]。

t 值表（双侧）见表 3-4。

表 3-4　t 值表（双侧）

自由度 (n')	P（双侧概率）					自由度 (n')	P（双侧概率）				
	0.200	0.100	0.050	0.020	0.010		0.200	0.100	0.050	0.020	0.010
1	3.078	6.31	12.71	31.82	63.66	19	1.33	1.73	2.09	2.54	2.86
2	1.89	2.92	4.30	6.96	9.92	20	1.33	1.72	2.09	2.53	2.85
3	1.64	2.35	3.18	4.54	5.84	21	1.32	1.72	2.08	2.52	2.83
4	1.53	2.13	2.78	3.75	4.60	22	1.32	1.72	2.07	2.51	2.82
5	1.84	2.02	2.57	3.37	4.03	23	1.32	1.71	2.07	2.50	2.81
6	1.44	1.94	2.45	3.14	3.71	24	1.32	1.71	2.06	2.49	2.80
7	1.41	1.89	2.37	3.00	3.50	25	1.32	1.71	2.06	2.49	2.79
8	1.40	1.84	2.31	2.90	3.36	26	1.31	1.70	2.06	2.48	2.78
9	1.38	1.83	2.26	2.82	3.25	27	1.31	1.70	2.05	2.47	2.77
10	1.37	1.81	2.23	2.76	3.17	28	1.31	1.70	2.05	2.47	2.76
11	1.36	1.80	2.20	2.72	3.11	29	1.31	1.70	2.05	2.46	2.76
12	1.36	1.78	2.18	2.68	3.05	30	1.31	1.70	2.04	2.46	2.75
13	1.35	1.77	2.16	2.65	3.01	40	1.30	1.68	2.02	2.42	2.70
14	1.35	1.76	2.14	2.62	2.98	60	1.30	1.67	2.00	2.39	2.66
15	1.34	1.75	2.13	2.60	2.95	120	1.29	1.66	1.98	2.36	2.62
16	1.34	1.75	2.12	2.58	2.92	∞	1.28	1.64	1.96	2.33	2.58
17	1.33	1.74	2.11	2.57	2.90	自由度 (n')	0.100	0.050	0.025	0.010	0.005
18	1.33	1.73	2.10	2.55	2.88		P（双侧概率）				

例：测定某废水中氧化物浓度得到数据 $n = 4$，$x = 15.30\mathrm{mg/L}$，$s = 0.10\mathrm{mg/L}$，求置信度分别为 90％和 95％时的置信区间。

解：$n' = n - 1 = 3$。

置信度为 90％时，查表得 $t = 2.35$，则

$$\mu = 15.30 \pm 2.35 \times \frac{0.10}{\sqrt{4}} = 15.30 \pm 0.12 (\mathrm{mg/L})$$

即 90％的可能为 15.18～15.42mg/L。

同理，置信度为 95％时，查表得 $t = 3.18$，则

$$\mu = 15.30 \pm 3.18 \times \frac{0.10}{\sqrt{4}} = 15.30 \pm 0.16 (\mathrm{mg/L})$$

即 95％的可能为 15.14～15.46mg/L。

第二节　环境实验室的质量控制与质量保证

从质量保证和质量控制的角度出发，为了使监测数据能够准确地反映环境质量现状，预测污染的发展趋势，要求环境监测数据具有代表性、准确性、精密性、可比性和完整性，环境监测结果的"五性"反映了对环境监测工作的质量要求。

一、方法特性指标

根据《环境监测分析方法标准制订技术导则》（HJ 168—2020）和《化学分析方法验证确认和内部质量控制要求》（GB/T 32465—2015），方法特性指标包括以下几种。

（一）空白检测

使用方法给出的程序，检测试剂空白、不含目标组分的样品空白和标准溶液空白，以了解试剂、基质、器皿等因素所导致的污染情况。对这些污染情况加以评估，采取措施确保由污染所导致的背景值足以低至可接受的水平。

评估污染情况是否可被接受的标准是：空白样的响应值应小于对应的方法检出限（method detection limit，MDL）。

（二）方法检出限

方法检出限指用特定分析方法在给定的置信度内可从样品中定性检出待测物质的最低浓度或最小量。方法检出限的一般确认方法有空白试验中检测出目标物和空白试验中未检测出目标物两种。

> **小知识**
>
> 在分光光度法中，一般以扣除空白值后与 0.010 吸光度相对应的浓度值为检出限。
>
> 气相色谱中，最小检出量指检测器恰能产生与噪声相区别的响应信号时所需进入色谱柱的物质的最小量，一般认为刚好能辨别的响应信号为仪器噪声的两倍。

（三）测定范围

测定范围指测定下限和测定上限之间的范围。

1. 测定下限

测定下限指在限定误差能满足预定要求的前提下，用特定分析方法能够准确定量测定待测物质的最低浓度或最小量。一般情况下以 4 倍检出限作为测定下限。

2. 测定上限

测定上限指在限定误差能满足预定要求的前提下，用特定分析方法能够准确定量测定待测物质的最高浓度或最大量。有条件时，结合方法校准曲线的上限、适宜的稀释倍数以及一定条件下的吸附富集容量等因素，提出方法测定上限。

（四）准确度

准确度指被测量的测得的量值与其真值间的一致程度。

评价方式有两种，一种是通过分析标准物质，由所得结果来确定数据的准确度（标准物品对比分析）；另一种是加标回收法，是目前实验室中最常用的方法，一般加标量应为样品数量的 10%～20%。

（五）精密度

精密度指在规定条件下独立测试结果间的一致程度，它反映分析方法或测定系统存在的随机误差的大小。精密度通常用极差、平均偏差和相对平均偏差、标准偏差和相对标准偏差表示。

精密度常用术语有平行性、重复性、再现性。

（1）平行性　在同一实验室中，当分析人员、分析设备和分析时间都相同时，用同一分析方法对同一样品进行双份或多份平行样测定结果之间的符合程度。

（2）重复性　在同一实验室中，当分析人员、分析设备和分析时间中的任一项不相同时，用同一分析方法对同一样品进行双份或多份平行样测定结果之间的符合程度。

（3）再现性　又称"复现性"，是指用相同的方法，对同一样品在不同条件下获得的单个结果之间的一致程度，不同条件是指不同实验室、不同分析人员、不同设备、不同（或相同）时间。

（六）正确度

正确度指多次重复测量所测得的量值的平均值与一个参考量值的一致程度。

（七）不确定度

不确定度指表征合理地赋予被测量值的分散性，与测量结果相联系的参数。

① 此参数可以是标准差或其倍数，或是说明了置信区间的半宽度。

② 不确定度由多个分量组成，对每一分量均要评定其标准不确定度。评定方法分为 A、B 两类。A 类评定是用对观测列进行统计分析的方法，以实验标准差表征；B 类评定则用不同于 A 类的其他方法，以估计的标准差表征。

③ 测量结果应理解为被测量的最佳估计值，而所有的不确定度分量均贡献给了分散性，包括那些由系统效应引起的分量。

④ 必要时列出不确定度的主要分量，给出扩展不确定度。

（八）校准曲线的线性及回归分析

校准曲线是描述待测物质浓度或量与相应的测量仪器响应量或其他指标量之间的定量关系曲线。包括标准曲线和工作曲线，前者用标准溶液系列直接测量，没有经过水样的预处理过程，这对于废水样品或基体复杂的水样往往造成较大误差，而后者所使用的标准溶液经过了与水样相同的消解、净化、测量等全过程。

1. 校准曲线测定与绘制要求

（1）校准曲线工作范围确定　实验时应根据校准曲线的线性范围和样品预处理后预计的浓度或含量范围确定校准曲线工作范围。使用时，只能用实测的线性范围，不得将校准曲线任意外延。

（2）校准标准点的选择　应在校准曲线浓度范围内，均匀布置 6 个或以上的校准标准点（包括空白或一个低浓度标准点）。不同浓度点的校准标准液要单独配制，不能通过稀释同一母液获得。

（3）校准曲线的测定　校准曲线每个浓度点至少要重复测定 2 次，建议 3 次或更多。

（4）校准曲线的绘制　测量后，先做空白校正，即将测得的仪器响应值扣除空白的响应值，然后绘制曲线。计算相关系数截距 a、斜率 b，得到直线方程，标准系列的浓度值应均匀分布在直线范围内，由此得到的相关系数 r 应不小于 0.997（校准曲线的相关系数只舍不入）。

注：校准曲线的斜率常随环境因素（如实验室温度）及试剂批号、贮存时间等实验条件的改变而发生变化，因此样品测定与标准曲线同时操作最为理想。

2. 校准曲线质量检验

校准曲线 $y=a+bx$ 的相关系数一般应大于或等于 0.999；截距 a 一般应小于或等于 0.005（减测试空白后计算）。当 a 大于 0.005 时，将截距 a 与 0 作 t 检验，当置信水平为 95% 时，若无显著差异，也为合格。否则需从分析方法、仪器设备、量器、试剂和操作等方面查找原因，采取纠正措施消除影响因素后重新制作校准曲线。如果要求校准曲线通过 0 点，还应进行是否通过 0 点的检验。

二、质量控制图的绘制及使用

质量控制图是指以概率论及统计检验为理论基础而建立的一种既便于直观判断分析质量，又能全面连续地反映分析测定结果波动状况的图形。它是一种简单有效的统计方法，可用于环境监测中日常监测数据的有效性检验。实验室内质量控制图是监测常规分析过程中可能出现的误差，控制分析数据在一定的精密度范围内，保证常规分析数据质量的有效方法。

1. 控制图绘制要求

① 建立控制图时，实验室应确认分析系统是稳定的，能出具准确可靠的检测结果。同时应根据核查频次的要求确定控制的浓度或含量点。应在再现性条件下重复检测 25 次以上，并确保有 20 个以上的合格数据，才能利用这些结果建立控制图。

② 质控样品应以盲样的形式混入检测样品中，确保检测人员以正常的程序实施检测，以便反映检测过程的实际状况。

③ 建立控制图维护体系，管理者以及技术运作管理层应定期对控制图进行审查。如果分析系统发生了实质性改变，实验室应重新建立控制图。

2. 控制图的使用

控制图是实验室进行内部质量控制最重要的工具之一，其基础是将控制样品与待测样品放在一个分析批中一起进行分析，然后将控制样品的结果（即控制值）绘制在控制图上。实验室可以根据控制图中控制值的分布及变化趋势评估分析过程是否受控、分析结果是否可以接受。

在控制图中，如果所有控制值都落在上下警告限之间，表明分析程序在规定的限值范围内运行，可以报告待测样品的分析结果。如果控制值落在上下行动限之外则说明分析程序有问题，不得报告待测样品的分析结果，而应采取纠正行动，识别误差的来源并予以消除。如果控制值落在警告限之外但在行动限之内，则应根据特定的规则进行评估。

第四章

环境监测实验安全

第一节　现场监测安全知识

现场监测是环境保护、环境监测工作的前沿。工作现场环境复杂，监测人员与各类污染物、分析设备、化学试剂接触较多，会对监测人员的健康、安全造成影响。因此，监测工作的危险识别、安全防护与安全管理就显得尤为重要。

一、现场监测的危险识别

现场监测的危险识别主要分为高空作业的风险识别、废气采样风险识别、水上（废水）监测风险识别。高空作业可能存在坠落与砸伤的危险。废气监测可能存在高温烟气烫伤，监测因子基本对人体有毒、有害，经呼吸道、皮肤均有可能产生伤害，严重的还可能致命。水上作业存在溺水的风险，固定剂使用不当易灼伤与腐蚀皮肤。

二、现场监测的安全防护

现场监测的安全防护包括现场监测前、现场监测过程中和现场监测后三个部分。

监测前，监测人员根据监测中已知的有毒有害污染物种类，摆置好药品，防止溶液喷溅。对于不明化学品监测，要尽可能做到全方位接触性防护。准备好防护口罩、橡胶手套、手电、消毒药品等。一般无挥发性化学污染物，主要进行手防护、身体防护。挥发性化学污染物除做好必要的手防护、身体防护外，还要对呼吸系统、视力器官进行保护。

监测过程中，禁止戴隐形眼镜、吸烟、饮食。手上有水或潮湿时，请勿接触电器或电器设备。生物性防护，全过程要戴防护手套、口罩，穿防护服。采样的时候，动作要放缓慢，防止喷溅。对辐射的防护要做好时间防护、距离防护及屏蔽保护，尽可能阻止放射性物质经食入、吸入、皮肤黏膜或伤口等途径进入体内。

监测结束后，应进行必要的清洗和消毒，做好个人卫生，避免将有毒有害物质带进自己的生活场所。

三、现场监测的安全管理

现场监测的安全管理必须要做好对应的准备工作，全力保障作业环境和作业流程的安全，即做好装备安全、现场环境的安全分析、安全告知、安全保障、安全巡查，以及最终的安全确认。

第二节　实验室安全知识

环境监测实验室是研究环境质量、进行实验分析、控制环境污染的重要场所，在运行过程中可能会涉及电气、机械、化学、微生物等危险因素，进行实验时必须重视安全问题，遵守安全守则，掌握安全防护知识，严格按照安全操作规程进行实验，降低实验中的安全风险。

一、实验室用火安全

着火是化学实验室特别是有机化学实验室里最容易发生的事故，其多数是由加热设备使用不慎或处理低沸点有机溶剂时操作不当引起的。实验人员应切实遵守安全规章制度，有效防范事故的发生。

① 实验室内不宜存放过多的易燃品，在火焰、电加热器或其他热源附近严禁放置易燃物。

② 易灼热的物品不能直接放置在实验台上，温度较高时应先放置在石棉网上。

③ 蒸发、蒸馏或回流易燃液体时，严禁用明火直接加热或用明火加热水浴，应根据沸点高低分别用水浴、沙浴或油浴等加热，实验过程中分析人员不得擅自离开。

④ 使用烘箱时不能超过允许温度，使用结束后应立即关掉电源。酒精灯、喷灯、电炉等加热器使用完毕后也应立即关闭。

⑤ 烘箱、马弗炉等加热设备应放置在水泥台面上或砂石台面上，严禁在烘箱内存放、干燥、烘焙有机物。

⑥ 实验室内不得使用明火取暖，严禁吸烟。

二、实验室用气安全

环境监测实验室经常要用到高压储气钢瓶、冷冻液化气体和其他多种气体，如乙炔、氢气、氮气、液氮等。掌握用气相关常识和操作规程十分重要。

① 气瓶应专气专用，不可随意灌装，要由专业单位人员进行操作；气瓶内的气体不可用尽，一般要保留 0.05Pa 以上的残留压力，以防外界空气进入钢瓶。

② 装有气体的气瓶应当放在阴凉、干燥、远离热源的位置，装有易燃易爆气体的气瓶要远离火源、电源；气瓶在搬运过程中首先要固定好，搬运时要保持平稳，整个过程对气瓶都要轻拿轻放。

③ 各种气体、气压表不可混用；气体在使用前应检查仪器设备是否正常、检查气瓶是否存在泄气情况，使用后要关好阀门；开启气体阀门时，操作人员必须站到气压表一侧，不能将身体的任何一个部位对准气瓶的总阀门，以免阀门或气压表冲出，造成人员受伤。

④ 平时注意实验室通风。

⑤ 使用冷冻液化气体时，需戴防寒手套、防护面罩、防护眼镜。冷冻液化气罐需在通风良好处贮存。

三、实验室用电安全

人体若通过 50Hz、25mA 以上的交流电会呼吸困难，100mA 以上则会致死。因此，安全用电尤为重要。在实验室用电过程中必须严格遵守以下操作规程。

① 所有电源的裸露部分都应有绝缘装置，如电线接头处应裹上绝缘胶布，发现已损坏的插座、插头或绝缘不良的电线应及时更换。

② 不能用潮湿的手开、关电源，接触仪器设备时不能带电插、拔、接电气线路。

③ 实验之前先检查仪器设备，再接通电源；实验结束后先关闭仪器设备，再关闭电源。实验人员离开实验室或遇突然断电时应关闭电源，尤其要关闭加热电器的电源开关。

④ 仪器设备使用过程中发生过热现象应立即停止使用。

⑤ 插座请勿接太多插头，以免超负荷引起电器火灾。

⑥ 多个大功率仪器不得共用一个接线板。

⑦ 实验室仪器设备及线路设施的安装改造必须由专职人员负责，必须严格按照安全用电规程实施，禁止乱接、乱拉电线，不得私自拆装、改装电线。

⑧ 实验室内禁止使用电热水壶、热得快等加热设备。

四、实验室用水安全

实验室内用水的环节主要是纯水机制水、蒸馏及回流装置中的冷凝水，虽不像火、气、电那样复杂，但在使用中也要引起重视。

① 使用冷凝管时，先由冷凝管下口缓缓通入冷水，自上口流出引至水槽中。蒸馏及回流完毕应先停止加热，然后再停止通水。

② 在加热蒸馏及回流过程中分析人员不得擅自离开，实验结束后应立即关闭电源和水源。

③ 分析人员要经常检查实验装置，对冷凝管中老化的橡胶管、纯水机中老化的滤芯套管及时进行更换，防止在实验过程中漏水。

④ 实验室的洗眼装置、喷淋装置等设施要保持完好状态，保证在发生事故时的应急救援作用。

⑤ 离开实验室时要认真检查各实验室的水龙头是否关好，发现不安全因素要及时报告。

五、实验室化学药品的正确使用和安全防护

1. 实验室中易燃易爆化学试剂

（1）实验室常用的易燃易爆化学试剂　实验室常用的易燃易爆化学试剂见表 4-1。

表 4-1　实验室常用的易燃易爆化学试剂

类别	主要特性	举例
爆炸物品	爆炸威力大、速度快，爆炸时释放大量热能并伴随大量气体	硝酸钾、氯酸钾、苦味酸、硝化甘油
强氧化剂	遇热分解，经摩擦、撞击易爆炸，大多数遇酸、有机物、易燃物能发生激烈反应	氯酸盐、硝酸盐、有机过氧化物、过氧化钠、高氯酸钾、高锰酸钾、过硫酸钾、重铬酸钾、溴酸钠

续表

类别	主要特性	举例
自燃物品	燃点低,易氧化生热,在潮湿、高温影响下分解发热自燃	黄磷、氢化钠
遇水燃烧物品	遇水、酸或受潮可燃烧	钾、钠、钠汞齐、碳化钙、锌粉、保险粉
易燃固体	燃点低,与强氧化剂、氧化性酸发生反应燃烧,对火种、热源、摩擦或撞击较敏感	红磷、H发泡剂、二硝基甲苯、硫黄、镁、铝粉
易燃液体	在常温下容易燃烧的液态物质,闪点低,挥发性大,着火能量小,易爆炸,是实验室内常用的有机试剂	烃、胺、醇、烯、腈、醚、酮、酯、醛类,如苯、氯苯、二硫化碳、氯仿、正己烷、石油醚等

（2）易燃易爆化学试剂安全防护措施

① 挥发性的溶剂（特别是有机溶剂），应放在带排气装置的阴凉房间内并安装报警装置，不得存放于冰箱内；易燃易爆物品应远离火源，避免高温。

② 开启具有易挥发性药品的瓶子时，瓶口不要对着自己和他人的脸部，而且最好在通风橱内进行。

③ 易挥发或易燃的试剂需要加热时，必须在水浴或沙浴上进行，严禁用火焰或电炉直接加热。如需往热的蒸馏器里添加物料时，要先停火，待稍冷后再进行。

④ 严禁把氧化剂与可燃性的物品一起研磨，不要在纸上称量过氧化物。

⑤ 易爆炸品（如高氯酸、过氧化氢、苦味酸、高压气瓶等），应放在低温处保存，不得与其他易燃品混放在一起。在移动或启用这类物品时，不得激烈振动。开启高压气瓶时应缓慢，出口不能对着人。

2. 实验室中腐蚀性化学试剂

由于环境监测实验室日常运作中经常使用到强酸、强碱、强还原剂、强氧化剂，这些化学物品接触人体时会发生剧烈化学反应，从而对人体有强烈的腐蚀性，必须加以防范。

（1）实验室常用的腐蚀性化学试剂　能对人体呼吸器官、皮肤和黏膜等造成严重腐蚀性损伤的化学物质称为腐蚀性化学毒物。常见的腐蚀性化学毒物主要有：强氧化性腐蚀性化学毒物，如硝酸、硫酸、高氯酸等；无机碱腐蚀性化学毒物，如氢氧化钠、氢氧化钾、氢氧化钙、氢氧化铵等能严重损伤机体组织、皮肤和毛织物品，还有如硫化钠等具有高毒性；有机酸腐蚀性化学毒物，如甲酸、乙酸、三氯乙醛、苯磺酰氯等具有很强的腐蚀性。腐蚀性化学试剂对人体有腐蚀作用，易产生化学灼伤，可使局部组织坏死，有些还有强烈刺激性和致敏性等，不可轻视。

（2）腐蚀性化学毒物安全防护措施

① 进行有毒物质实验时，要在通风橱内操作并保持室内有良好的通风。室内散逸大量有毒气体时，应立即打开门窗加强换气，室内不应滞留未佩戴防护衣帽的人员。

② 检验物品的气味时，只能拂气轻嗅，不得在容器口上猛吸。

③ 有机溶剂多属于有毒物品，只要实验允许，应尽量选用毒性弱的溶剂。

④ 严禁在实验室饮食和吸烟，避免手和有机试剂直接接触，实验后、进食前，必须充分洗手，不要用热水洗涤。

⑤ 不能随意倾倒有毒物品及有毒废液。

六、实验中常见事故的紧急处理

实验室应配备医疗箱，医疗箱内应至少放有灭菌棉签、75％酒精、碘伏、灭菌纱布、橡皮膏、创可贴、手术剪、烫伤膏等。实验室发生安全事故，应积极采取措施进行应急处置，然后将伤者送医院治疗。

（一）实验室机械事故的处理

实验过程中普通刺伤、切割伤或擦伤，严格按照血液安全规定进行操作，不慎受伤时，立即对伤口进行处理，挤出受伤部位的血液，使用碘伏或酒精进行皮肤消毒，立即送到医院进行处理。要记录受伤原因及相关血液标本，并保留完整适当的原始记录。

玻璃创伤后若伤口中有玻璃碎片，应先用消过毒的镊子取出玻璃碎片，在伤口上用消毒药水消毒后，用止血粉外敷，再用纱布包扎。伤口较大、流血过多时可用纱布压住伤口止血，并立刻送医务室或医院治疗。

（二）实验室电气事故的处理

1. 急救原则

要动作迅速，切不可惊慌失措，要争分夺秒、千方百计地使触电者脱离电源，并将触电者移到安全的地方；要争取时间，在现场安全地方就地抢救触电者；抢救的方法和施行的动作姿势要正确、要坚持。

2. 急救方法

首先使伤员脱离电源，现场对症救治，可采用口对口（鼻）人工呼吸法、胸外心脏挤压法；同时对外伤及时处理。

3. 断电灭火

当电器设备发生火灾或引燃附近可燃物时首先要切断电源。室内发生电器火灾应尽快拉脱总开关，并及时用灭火器材（二氧化碳或四氯化碳灭火器等）进行扑救。室外的高压输电线路起火时，要及时打电话给变电站或供电所，尽快切断电源。

（三）实验室热能事故的处理

1. 实验室热能的危害类型

实验室热能的危害有烫伤和火灾两种类型。

2. 实验室热能事故的处理措施

（1）烫伤或灼伤　烫伤后切勿用水冲洗，一般可在伤口处擦烫伤膏或去医务室处理。轻度烫伤，可用高锰酸钾或苦味酸溶液揩洗灼伤处，再擦上凡士林或烫伤油膏；重度烫伤，应立即送医院治疗。

（2）火灾　切断电源要注意以下问题。

① 切断电源时应使用绝缘工具操作。

② 切断电源的地点要选择得当，防止切断电源后影响灭火工作。

③ 要注意拉闸的顺序。

④ 当剪断低压电源导线时，剪断位置应选在电源方向的支持绝缘子附近，以免断线线头下落造成触电伤人，发生接地短路。

⑤ 剪断非同相导线时，应在不同部位剪断，以免造成人为短路。

⑥ 如果线路带有负荷，应尽可能先切除负荷，再切断现场电源。

断电灭火要注意以下问题。

① 灭火人员应尽可能站在上风侧进行灭火。

② 灭火时若发现有毒烟气，应戴防毒面具。

③ 若灭火过程中，灭火人员身上着火，应就地打滚或撕脱衣服，不应用灭火器直接向灭火人员身上喷射，可用湿麻袋或湿棉被覆盖在灭火人员身上。

④ 灭火过程中应防止停电，以免给灭火带来困难。

⑤ 灭火过程中，应防止上部空间可燃物着火落下危害人身和设备安全。在屋顶上灭火时，要防止坠落及坠入"火海"中。

⑥ 室内着火时，切勿急于打开门窗，以防空气对流从而加重火势。

（四）实验室化学事故的处理

1. 急救措施

（1）皮肤接触

① 经皮肤吸收的毒物或腐蚀造成皮肤灼伤的毒物，应立即脱去受污染的衣物，用大量清水冲洗，也可用微温水冲洗，时间不少于15min，冲洗越早、越彻底越好，然后用肥皂水洗净，用能中和毒物的液体湿敷。及时给予医疗护理。

② 皮肤上溅上强酸或强碱，应立即用大量清水冲洗。若是浓硫酸则应先用干布擦去，然后用大量水冲洗，再用3%碳酸氢钠溶液（或稀氨水）洗。若碱灼伤，需先用质量分数为2%的醋酸（或硼酸）洗，最后在皮肤上涂些凡士林。

③ 氢氟酸烧伤皮肤时，先用质量分数为10%的碳酸氢钠溶液（或质量分数为2%的氯化钙溶液）洗涤，再用二份甘油与一份氧化镁制成的糊状物涂在纱布上掩盖患处，同时在烧伤的皮肤下注射质量分数为10%的葡萄糖溶液。

④ 四氯化碳损害皮肤时，可用质量分数为2%的碳酸氢钠溶液或质量分数为1%的硼酸溶液冲洗。

⑤ 冷冻液化气体烫伤皮肤时，用温水使受冻部位复温，不得搓擦冻伤处。严重时立即就医。

（2）眼睛接触　先用大量水冲洗几分钟，然后就医。

（3）吸入　保持呼吸道通畅，呼吸新鲜空气，休息。及时给予医疗护理。若吸入氯、氯化氢气体，可吸入少量酒精和乙醚的混合蒸气以解毒。若吸入硫化氢气体感到不适或头晕时，应立即到室外呼吸新鲜空气。

金属汞易挥发，它通过人的呼吸进入人体内，逐渐积累会引起慢性中毒，所以不能把汞洒落在桌上或地上，一旦洒落，必须尽可能收集起来，并将硫黄粉盖在洒落的地方，使汞转变成不挥发的硫化汞。

（4）食入

① 误服吞咽中毒除及时反复漱口、除去口腔毒物外，应当进行以下救护：催吐、洗胃、清泻。

② 四氯化碳有轻度麻醉作用，对肝和肾有严重损害，如遇中毒症状（恶心、呕吐）应立即离开现场，按一般急救处理。

③ 毒物进入口内，把 5～10mL 稀硫酸铜溶液加入一杯温水中，内服后，将手指伸入咽喉部催吐，然后立即送医院。

（5）着火

① 灭火前首先切断电源及一切可燃物料的来源和火势蔓延的途径。

② 及时了解和掌握着火物的品名、密度、水溶性以及有无毒害、腐蚀、淋溢、喷溅等危险性，以便采取相应的灭火和防护措施。

③ 电气设备着火，不能用水和泡沫灭火器扑救，应使用二氧化碳、干粉灭火器。

④ 扑救有毒场所事故，需站在上风侧，如污染严重时，应佩戴防毒面具。

⑤ 高温设备、管道表面着火，不得直接浇水，应使用蒸汽氮气和二氧化碳等灭火器灭火。

⑥ 汽油、苯等着火，不能直接向火焰浇水，应在罐壁淋水降温，采用大量泡沫进行灭火。若酒精、苯或乙醚等引起着火，应立即用湿布或砂土（实验室应备有灭火砂箱）等灭火。

⑦ 甲醇、乙醇等可溶于水的物质着火，不能直接用水和普通泡沫扑救，而应采用抗醇溶泡沫或二氧化碳、干粉等灭火；精密仪器、仪表、档案资料着火，选用二氧化碳灭火，不得使用砂子、酸碱灭火剂。

⑧ 氧化物着火，不能使用水和四氯化碳及酸性灭火剂；性质不稳定，容易分解和变质以及有杂质而容易引起自热自聚燃烧、爆炸危险的物品，应该及时进行检查，按规定内容测量、化验控制指标，防止自燃或爆炸。

2. 迅速抢救生命

中毒脱离染毒区后，应在现场立即着手急救。心跳停止的，立即拳击心脏部位的胸壁或（和）胸外心脏按压；直接对心脏注射肾上腺素。剧毒品可用史氏人工呼吸法。人工呼吸与胸外心脏按压可同时交替进行，直至恢复自主心搏和呼吸。急救操作不可动作粗暴，以防造成新的损伤。眼部溅入毒物，应立即用清水冲洗，或将脸部浸入满盆清水中，张眼并不断摆动头部，稀释洗去毒物。

3. 撤离

① 判断毒源与风向，沿上风或侧上风路线，朝着远离毒源的方向迅速撤离现场。

② 如果来不及撤离或在无个人防护器材的情况下，应迅速转移到坚固且密封性能好的建筑物内，以避免化学毒物的伤害。

③ 脱离污染区后，立即脱除受污染的衣物，对于皮肤、毛发甚至指甲缝中的污染，都要注意清除。对能由皮肤吸收的毒物及化学灼伤，应在现场用大量清水或其他备用的解毒液、中和液冲洗。毒物经口侵入体内，应及时彻底洗胃或催吐，除去胃内毒物，并及时以中和药物、解毒药物减少毒物的吸收。

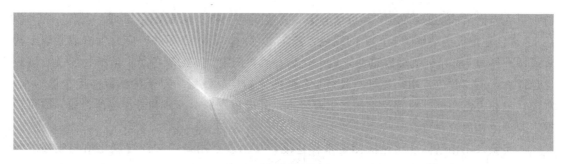

第五章

水环境监测

实验一　水样色度、浊度、悬浮物、pH 值的测定

📚 学习目标　　📖 授课视频　　🔬 操作视频　　📚 教学课件　　❀ 思维导图

1. 学会水样的色度、浊度、悬浮物、pH 值的测定原理与方法、监测操作技术，在监测过程中注意采取适当的质量控制措施。

2. 熟悉水样的采集、保存技术。

3. 熟练数据处理方法，对结果正确表达，合理分析，给予自己的实验结果正确的评价。

色　度

一、自主学习导航

纯水是无色透明的，当水中存在某些物质时，水会表现出一定的颜色。天然水中存在腐殖质、泥土、浮游生物、铁和锰等金属离子，均可使水体着色。纺织、印染、造纸、食品、有机合成工业的废水中，常含有大量的染料、生物色素和有色悬浮微粒等，这些物质常常是使水体着色的主要污染源。有色废水排入天然水体中后，减弱水体的透光性，影响水生生物的生长。

1. 方法选择

较清洁的、带有黄色调的天然水和饮用水的色度测定，可采用铂钴标准比色法，以度数表示结果，此法操作简单，标准色列的色度稳定，易保存。对污染较严重的地面水和工业废水可用稀释倍数法，用文字描述样品的颜色特征，如颜色（红、橙、黄、绿、蓝、紫、白、灰、黑）、深浅（无色、浅色、深色）、透明度（透明、浑浊、不透明），并以稀释倍数表示结果。两种方法应独立使用，一般没有可比性。

2. 实验原理

水的色度（colority）定义为"由溶解物质和不溶解悬浮物产生的表观颜色，是改变透射可见光光谱组成的光学性质"，可区分为"真实颜色"和"表观颜色"，即"真色"和"表色"。真色是指仅由溶解物质产生的颜色，测定真色时，若水样浑浊，应放置澄清后取上清液或用孔径为 $0.45\mu m$ 的滤膜过滤，也可经离心后再测定。水的表色是由溶解物质及不溶解性悬浮物产生的颜色，用未经过滤或离心分离的原始样品测定。对于清洁或浊度很低的水，水的真色和表色相近。对着色很深的工业废水，其颜色主要由胶体和悬浮物所造成，故可根据需要测定真色或表色。

本实验采用铂钴标准比色法测定水样色度，其原理是用氯铂酸钾与氯化钴配成标准色列，与水样进行目视比色。每升水中含有 1.00mg 铂和 0.50mg 钴时所具有的颜色称为 1 度，作为标准色度单位。

3. 方法的适用范围

本实验方法参考《水质 色度的测定》（GB 11903—89），适用于清洁水、轻度污染并略带黄色调的水，以及比较清洁的地面水、地下水和饮用水等。

4. 干扰及消除

如水样浑浊，则放置澄清，亦可用离心法或用孔径为 $0.45\mu m$ 的滤膜过滤以去除悬浮物。但不能用滤纸过滤，因为滤纸可吸附部分溶解于水的颜色。

5. 安全提示

本实验用氯化钴具有一定毒性，对环境有害（危险品标志：T、N），请注意安全使用。

6. 课前思考

学习生态环境部发布的《水质 色度的测定》（GB 11903—89）及《水质 色度的测定 稀释倍数法》（HJ 1182—2021），并思考以下问题：

① 怎样根据水质污染情况选择色度测定方法？

② 铂钴标准比色法和稀释倍数法是否有可比性？为什么？

③ HJ 1182—2021 和 GB 11903—89 中的稀释倍数法相比较做了哪些方面的调整？

二、实验准备

（一）仪器和试剂

操作评分表

1. 实验仪器

50mL 具塞比色管一组，其刻度线高度应一致。

2. 实验试剂

① 铂钴标准溶液：称取 1.246g 氯铂酸钾（K_2PtCl_6）（相当于 500mg 铂）及 1.000g 氯化钴（$CoCl_2 \cdot 6H_2O$）（相当于 250mg 钴），溶于 100mL 水中，加 100mL 盐酸，用水定容至 1000mL。此溶液色度为 500 度，保存在具塞玻璃瓶中，放于暗处。

② 实验用水：去离子水或纯水。

（二）样品的采集和保存

样品采集时应注意水样的代表性。所取水样，应无树枝、枯叶等漂浮杂物。将水样盛于清洁无色的玻璃瓶内，尽快测定，否则应在约 4℃下冷藏保存，48h 内测定。

三、实验操作

1. 标准色列的配制

分别向 50mL 比色管中加入 0、0.50mL、1.00mL、1.50mL、2.00mL、2.50mL、3.00mL、3.50mL、4.00mL、4.50mL、5.00mL、6.00mL 及 7.00mL 铂钴标准溶液，用水稀释至标线，混匀。各管的色度依次为 0 度、5 度、10 度、15 度、20 度、25 度、30 度、35 度、40 度、45 度、50 度、60 度和 70 度。密塞保存。

2. 水样的测定

① 分取 50.0mL 澄清透明水样于比色管中。如水样色度较大，可酌情少取水样，稀释至 50.0mL。

② 将水样与标准色列进行目视比较。观察时，可将比色管置于白瓷板或白纸上，使光线从管底部向上透过液柱，自管口垂直向下观察，记下与水样色度相同的铂钴标准色列的色度。

实验废液处理提示：本实验产生的废液含有害物质，应分类收集，妥善保管，委托有资质单位集中处理。

四、数据处理及评价

1. 结果计算

$$色度 = \frac{A \times 50}{B} \tag{5-1}$$

式中　A——稀释后水样相当于铂钴标准色列的色度；

　　　B——水样的体积，mL；

　　　50——水样稀释后的体积，即具塞比色管的容积，mL。

注：以色度的标准单位报告与试样最接近的标准溶液的值，在 0～40 度（不包括 40 度）的范围内准确到 5 度，40～70 度范围内准确到 10 度。

2. 结果评价

① 按实验报告要求记录实验结果，并分析结果的正确性。

② 根据水样来源，结合相关标准，进行结果评价。

五、实验注意事项

① 可用重铬酸钾代替氯铂酸钾配制标准色列，方法是：称取 0.0437g 重铬酸钾和 1.00g 硫酸钴溶于少量水中，加入 0.50mL 硫酸，用水稀释至 500mL，此溶液的色度为 500 度，不宜久存。

② 如果水样中有泥土或其他分散很细的悬浮物，经预处理而得不到透明水样时，则只测其表色。

浊 度

一、自主学习导航

浊度（turbidity）也称浑浊度，是反映水中的不溶性物质对光线透过时阻碍程度的指标。浊度通常仅用于天然水、饮用水和部分工业用水，而废（污）水中的不溶性物质含量高，一般要求测定悬浮物。水的浊度大小，不仅和水中存在颗粒物的含量有关，而且和其粒径大小、形状、颗粒表面对光的散射特性有密切关系。

1. 方法选择

测定浊度的方法有目视比浊法、分光光度法、浊度计测定法。

目视比浊法是将水样与硅藻土（或白陶土）配制的系列浊度标准液进行比较，来确定水样的浊度。规定 1mg 一定粒度的硅藻土（白陶土）在 1000mL 水中所产生的浊度，称为 1度。该法适用于饮用水和水源水等低浊度的水，最低检测浊度为 1 度。

分光光度法是在适当的温度下，硫酸肼与六亚甲基四胺聚合，生成白色高分子聚合物，以此作为浊度标准溶液，于 680nm 波长处测定其吸光度值，与在同样条件下测得的水样的吸光度比较，得知其浊度。本方法适用于天然水、饮用水及高浊度水的测定，最低检测浊度为 3 度。

浊度计测定法是依据浑浊液对光进行散射或透射的原理制成的。该法适用于地表水、地下水和海水中浊度的测定，方法检出限为 0.3NTU。

本实验采用浊度计测定法。

2. 实验原理

《水质 浊度的测定 浊度计法》（HJ 1075—2019）中对浊度的定义是：由于水中对光有散射作用物质的存在，而引起液体透明度降低的一种量度。水中悬浮微粒及胶体微粒会散射和吸收通过样品的光线，光线的散射现象产生浊度，利用样品中微粒物质对光的散射特性表征浊度，测量结果单位为 NTU（散射浊度单位 nephelometric turbidity units）。

其测定原理是：将一束稳定光源光线通过盛有待测样品的样品池，传感器处在与发射光线垂直的位置上，测量散射光强度。光束射入样品时产生的散射光的强度与样品中浊度在一定浓度范围内成比例关系。

3. 安全提示

实验中使用的硫酸肼有毒性和致癌性（危险标志：T、N），试剂配制应在通风橱内进行，操作时应按要求佩戴防护器具，避免接触皮肤和衣物。

4. 课前思考

学习《水质 浊度的测定 浊度计法》（HJ 1075—2019）及《水质 浊度的测定》（GB 13200—91），思考下列问题：

① 应如何根据样品的性质选择测定方法？

② 本实验的误差来源有哪些？在实验过程中应如何减小实验误差？

二、实验准备

(一) 仪器和试剂

1. 实验仪器

浊度仪。入射光波长 λ 为 860nm±30nm (LED 光源) 或 400~600nm (钨灯); 入射的平行光, 散焦不超过 1.5°。

2. 实验试剂

① 实验用水: 蒸馏水或其他纯水。其浊度应低于方法检出限, 否则须经孔径≤0.45μm 的滤膜过滤后使用。

② 浊度标准储备液: 4000NTU。称取 5.0g 六亚甲基四胺 ($C_6H_{12}N_4$) 和 0.5g (精确至 0.01g) 硫酸肼 ($N_2H_6SO_4$), 分别溶解于 40mL 实验用水中, 合并转移至 100mL 容量瓶中, 用实验用水稀释定容至标线。在 25℃±3℃下水平放置 24h, 制备成浊度为 4000NTU 的浊度标准储备液。在室温条件下避光可保存 6 个月。

③ 浊度标准使用液: 400NTU。将浊度标准储备液摇匀后, 准确移取 10.00mL 至 100mL 容量瓶中, 用实验用水稀释定容至标线, 摇匀, 制备成浊度为 400NTU 的浊度标准使用液。在 4℃以下冷藏条件下避光可保存 1 个月。

(二) 样品的采集和保存

样品应尽量现场测定。否则, 应在 4℃以下冷藏避光保存, 不超过 48h。

三、实验操作

1. 仪器自检

打开仪器预热 20min, 仪器进行自检, 之后进入测量状态。

2. 校准

将实验用水倒入样品池内, 对仪器进行零点校准。按照仪器说明书将浊度标准使用液稀释至不同浓度, 分别润洗样品池数次后, 缓慢倒至样品池刻度线, 按仪器提示或仪器使用说明书的要求进行标准系列校准。

注: 也可采用仪器配备的标准品进行校准。

3. 样品测定

① 将样品摇匀, 待可见的气泡消失后, 用少量样品润洗样品池数次。

② 将完全均匀的样品缓慢倒入样品池内, 至样品池的刻度线即可。持握样品池位置尽量在刻度线以上, 用柔软的无尘布擦去样品池外的水和指纹。

③ 检查样品池底部与仪器样品槽凹口相吻合, 并且样品池的标识对准仪器规定的位置, 待读数稳定后记录。

平行测定三次。清洗比色皿三次后干燥, 放入盒内。

注: 应根据样品的浊度大小选择相应测量范围的浊度仪, 超过仪器量程范围的样品, 可用实验用水稀释后测量。

4. 空白测定

按照与样品测定相同的测量条件进行实验用水的测定。

> **实验废液处理提示**：本实验产生的废液含有害物质，应分类收集，妥善保管，委托有资质单位集中处理。

四、数据处理及评价

1. 结果计算

一般仪器都能直接读出测量结果，无需计算。经过稀释的样品，读数乘稀释倍数，即为样品的浊度值。

注：当测定结果小于 10NTU 时，保留小数点后一位；测定结果大于等于 10NTU 时，保留至整数位。

2. 结果评价

① 按实验报告要求记录实验结果，并分析结果的正确性。

② 根据污水来源，结合排放标准，进行结果评价。

五、实验注意事项

① 经冷藏保存的样品应放置至室温后测量，测量时应充分摇匀，并尽快将样品倒入样品池内，倒入时应沿着样品池壁缓慢倒入，避免产生气泡。

② 仪器样品池的洁净度及是否有划痕会影响浊度的测量，应定期进行检查和清洁，若样品池有细微划痕，可通过涂抹硅油薄膜并用柔软的无尘布擦拭来去除。

③ 10NTU 以下样品建议选择入射光为 400～600nm 的浊度计，有颜色样品应选择入射光为 860nm±30nm 的浊度计。

悬浮物

一、自主学习导航

水样中的物质根据溶解度大小可分为溶解性物质和不溶性物质两类。悬浮物是指不能通过过滤器的不溶性物质，它包括不溶于水的泥沙、各种污染物、微生物及难溶无机物等。地表水中存在悬浮物将使水体浑浊，透光度降低，影响水生生物的呼吸、代谢，甚至导致鱼类窒息死亡。悬浮物多时，还可能造成河道阻塞。工业废水和生活污水中含大量无机、有机悬浮物，易堵塞管道、污染环境。因此，在水和废水的处理中，测定悬浮物具有特定意义，是水和废水监测的必测项目之一。

1. 方法选择

悬浮物可用滤纸法、滤膜法或石棉坩埚法测定。由于悬浮物的测定受滤器孔径大小、滤片面积和厚度以及截留在滤器上物质的数量和物理状态等复杂因素影响，难以控制，因此，悬浮物的测定方法只是为了实用而规定的近似方法，具有相对意义。当用滤纸法或石棉坩埚法测定时，结果和滤膜法有差异，报告结果时应注明测定方法。石棉坩埚法通常用于测定含酸或碱浓度较高的水样中的悬浮物。

本实验方法参考《水质　悬浮物的测定　重量法》（GB 11901—89），适用于地表水、地下水、生活污水和工业废水中悬浮物的测定。

2. 实验原理

水样中的悬浮物亦称非可滤性残渣，是指悬浮的泥沙、硅土、有机物和微生物等难溶于水的胶体或固体微粒，即指水样通过孔径为 $0.45\mu m$ 的滤膜，截留在滤膜上并于 $103\sim105℃$ 烘干至恒重的固体物质。按重量分析要求，对通过水样前、后的滤膜进行称量，算出一定量水样中颗粒物的质量，从而求出悬浮物的含量。

3. 实验影响因素讨论

烘干温度和时间对测定结果有很大影响。一方面，有机物挥发，吸着水、结晶水的变化和气体逸失而造成减重；另一方面，氧化造成增重。通常有两种烘干温度可供选择。$103\sim105℃$ 下烘干的悬浮物将保留结晶水和部分吸着水，碳酸氢盐将变成碳酸盐，而有机物挥发逸失较少，但不易赶尽吸着水，故达到恒重需时较长。而在 $(180\pm2)℃$ 烘干时，悬浮物的吸着水将除去，但尚存留部分结晶水，有机物将挥发逸失，但不能完全分解，部分碳酸盐可能分解为氧化物及碱式盐，某些氯化物和硝酸盐可能损失。

本实验选用滤纸过滤法，$103\sim105℃$ 下烘干至恒重。

4. 课前思考

本实验的误差来源有哪些？实验中应如何减小实验误差？

二、实验准备

（一）仪器和试剂

① 全玻璃微孔滤膜过滤器或玻璃漏斗、无齿扁嘴镊子。
② 吸滤瓶、真空泵。
③ 电子天平。
④ CN-CA 滤膜：孔径 $0.45\mu m$、直径 60mm。
⑤ 恒温箱。
⑥ 蒸馏水或同等纯度的水。

（二）样品的采集和保存

1. 采样

所用聚乙烯瓶或硬质玻璃瓶要用洗涤剂洗净。再依次用自来水和蒸馏水冲洗干净。在采样之前，再用即将采集的水样清洗三次。然后，采集具有代表性的水样 $500\sim1000mL$，盖严瓶塞。

注：漂浮或浸没的不均匀固体物质不属于悬浮物质，应从水样中除去。

2. 样品贮存

采集的水样应尽快分析测定。如需放置，应贮存在 4℃ 冷藏箱中，但最长不得超过 7 天。

注：样品贮存时不能加入任何保护剂，以防破坏物质在固、液间的分配平衡。

三、实验操作

1. 滤膜准备

将微孔滤膜放于事先恒重的称量瓶中，移入烘箱中于 103～105℃下烘干 1h 后取出，置于干燥器内冷却至室温，称其质量。反复烘干、冷却、称量，直至两次称量的质量差 ≤0.20mg。

2. 测定

量取充分混合均匀的试样 100mL 抽吸过滤，使水分全部通过已恒重的滤膜。再以每次 10mL 蒸馏水连续洗涤三次，继续吸滤以除去痕量水分。停止吸滤后，仔细取出载有悬浮物的滤膜放在原恒重的称量瓶里，移入烘箱中于 103～105℃下烘干 1h 后移入干燥器中，冷却到室温，称重。反复烘干、冷却、称重，直至两次称量的质量差≤0.4mg。

注：滤膜上截留过多的悬浮物可能夹带过多的水分，除延长干燥时间外，还可能造成过滤困难，遇此情况，可酌情少取试样。滤膜上悬浮物过少，则会增大称量误差，影响测定精度，必要时，可增大试样体积。一般以 5～100mg 悬浮物量作为量取试样体积的适用范围。

四、数据处理及评价

1. 结果计算

悬浮物含量 $\rho(\mathrm{mg/L})$ 按下式计算：

$$\rho = \frac{(m_A - m_B) \times 10^6}{V} \tag{5-2}$$

式中　ρ——水中悬浮物浓度，mg/L；

m_A——悬浮物＋滤膜＋称量瓶质量，g；

m_B——滤膜＋称量瓶质量，g；

V——试样的体积，mL。

2. 结果评价

按实验报告要求记录实验结果，并分析结果的正确性。

 拓展阅读

pH 值

一、自主学习导航

pH 值是水溶液中氢离子浓度（活度）的常用对数的负值，即 $-\lg[\mathrm{H}^+]$。天然水的 pH 值多在 6～9 范围内，这也是我国污水排放标准中的 pH 值范围。pH 值是水化学中常用的水质指标之一，在废水生化处理、评价有毒物质的毒性方面也具有一定的指导意义。由于 pH 值受水温影响而变化，测定时应在规定的温度下进行，可校正温度后进行。

1. 方法选择

通常采用电极法和比色法测定 pH 值。比色法简便，但受色度、浊度、胶体物质、氧化剂、还原剂及盐度的干扰。电极法基本上不受以上因素的干扰。

本实验采用电极法。

2. 实验原理

pH 值通过测量电池的电动势而得。该电池通常由参比电极和氢离子指示电极组成。溶液每变化 1 个 pH 单位，在同一温度下电位差的改变是常数，据此在仪器上直接以 pH 值的读数表示。

3. 适用范围

本实验参考《水质 pH 值的测定 玻璃电极法》（GB 6920—86）。本方法适用于地表水、地下水、生活污水和工业废水中 pH 值的测定，测定范围为 0～14。

 标准

4. 干扰和消除

① 在 pH 值小于 1 的强酸性溶液中，会产生酸误差；在 pH 值大于 10 的强碱性溶液中，会产生钠差。可采用耐酸碱 pH 电极测定，也可以选择与被测溶液的 pH 值相近的标准缓冲溶液对仪器进行校准以抵消干扰。

② 测定电解质含量低的样品时，应采用适用于低离子强度的 pH 电极测定；测定电解质含量高（盐度大于 5‰）的样品时，应采用适用于高离子强度的 pH 电极测定。

③ 测定含高浓度氟的酸性样品时，应采用耐氢氟酸的 pH 电极测定。

④ 温度影响电极的电位和水的电离平衡，仪器应具备温度补偿功能，温度补偿范围参见仪器说明。

5. 课前思考

学习生态环境部 2021 年发布实施的《水质 pH 值的测定 电极法》（HJ 1147—2020），并思考以下问题：

① 温度对 pH 值的测定有何影响？如何消除？

② 测量前如何对 pH 计进行校准？具体做法是什么？

二、实验准备

（一）仪器和试剂

1. 实验仪器

① 酸度计：精度为 0.01 个 pH 单位，具有温度补偿功能，pH 值测定范围为 0～14。

② 电极：分体式 pH 电极或复合 pH 电极。

2. 实验试剂

① 邻苯二甲酸氢钾（$C_8H_5KO_4$）：于 110～120℃下干燥 2h，置于干燥器中待用。

② 无水磷酸氢二钠（Na_2HPO_4）：于 110～120℃下干燥 2h，置于干燥器中待用。

③ 磷酸二氢钾（KH_2PO_4）：于 110～120℃下干燥 2h，置于干燥器中待用。

④ 四硼酸钠（$Na_2B_4O_7 \cdot 10H_2O$）：与饱和溴化钠（或氯化钠加蔗糖）溶液（室温）共同放置于干燥器中 48h，使四硼酸钠晶体保持稳定。

⑤ 标准缓冲溶液Ⅰ：c（$C_8H_5KO_4$）＝0.05mol/L，pH＝4.00（25℃）。称取 10.12g 邻苯二甲酸氢钾，溶于水中，转移至 1L 容量瓶中并定容至标线。

⑥ 标准缓冲溶液Ⅱ：c（Na_2HPO_4）＝0.025mol/L，c（KH_2PO_4）＝0.025mol/L， pH＝6.86（25℃）。分别称取 3.53g 无水磷酸氢二钠和 3.39g 磷酸二氢钾，溶于水中，转移至 1L 容量瓶中并定容至标线。

⑦ 标准缓冲溶液Ⅲ：c（$Na_2B_4O_7$）＝0.01mol/L，pH＝9.18（25℃）。称取 3.80g 四硼酸钠（$Na_2B_4O_7 \cdot 10H_2O$），溶于水中，转移至 1L 容量瓶中并定容至标线，在聚乙烯瓶中密封保存。

注：① 上述 pH 标准缓冲溶液于 4℃ 以下冷藏可保存 2～3 个月。发现有浑浊、发霉或沉淀等现象时，不能继续使用。

② 当被测样品 pH 值过高或过低时，可选用与其 pH 值相近的其他标准缓冲溶液。

⑧ pH 广泛试纸。

（二）实验前仪器准备

按照使用说明书对电极进行活化和维护，确认仪器正常工作。

● **小提示**

电极使用：由于不同复合电极构成各异，其浸泡方式也有所不同，有些电极要用蒸馏水浸泡，而有些则严禁用蒸馏水浸泡，须严格遵守操作手册，以免损伤电极。

电极受污染后处理：无机盐垢可用低于 1mol/L 的稀盐酸溶解，有机油脂类物质可用稀洗涤剂（弱碱性）除去，树脂高分子物质可用稀乙醇、丙酮、乙醚除去，蛋白质等沉淀物可用酸性酶溶液除去，颜料类物质等可用稀漂白液、过氧化氢除去。

采集样品于采样瓶中，样品充满容器后立即密封，2h 内完成测定。

三、实验操作

（一）仪器预热

根据仪器说明书要求，启动仪器，预热 20min 以上。

（二）溶液、仪器校准

1. 样品 pH 值粗测

使用 pH 广泛试纸粗测样品的 pH 值，根据样品的 pH 值大小选择两种合适的校准用标准缓冲溶液。两种标准缓冲溶液 pH 值相差约 3 个 pH 单位。样品 pH 值尽量在两种标准缓冲溶液 pH 值范围之间，若超出范围，样品 pH 值至少与其中一个标准缓冲溶液 pH 值之差不超过 2 个 pH 单位。

2. 仪器的温度补偿

手动进行温度补偿的仪器，将标准缓冲溶液的温度调节至与样品的实际温度相一致，用温度计测量并记录温度。校准时，将酸度计的温度补偿旋钮调至该温度上。

带有自动温度补偿功能的仪器，无须使标准缓冲溶液与样品保持同一温度，按照仪器说明书进行操作。

3. 仪器校准方法

采用两点校准法，按照仪器说明书选择校准模式，先用中性（或弱酸、弱碱）标准缓冲溶液校准，再用酸性或碱性标准缓冲溶液校准。

① 将电极浸入第一个标准缓冲溶液中，缓慢水平搅拌，避免产生气泡，待读数稳定后，调节仪器示值与标准缓冲溶液的 pH 值一致。

② 用蒸馏水冲洗电极并用滤纸边缘吸去电极表面水分，将电极浸入第二个标准缓冲溶液中，缓慢水平搅拌，避免产生气泡，待读数稳定后，调节仪器示值与标准缓冲溶液的 pH 值一致。

③ 重复①操作，待读数稳定后，仪器的示值与标准缓冲溶液的 pH 值之差应小于等于 0.05 个 pH 单位，否则重复步骤①和②，直至合格。

注：① 亦可采用多点校准法，按照仪器说明书操作。

② 酸度计 1min 内读数变化小于 0.05 个 pH 单位即可视为读数稳定。

（三）样品测定

用蒸馏水冲洗电极 2～3 次，并用滤纸边缘吸去电极表面水分，将电极浸入样品中，缓慢水平搅拌，避免产生气泡。待读数稳定后记下 pH 值。

测量完毕，用蒸馏水冲洗电极。

四、数据处理及评价

1. 结果测定

结果保留至小数点后 1 位，并注明样品测定时的温度。

注：当测量结果超出测量范围（0～14）时，以"强酸，超出测量范围"或"强碱，超出测量范围"报出。

2. 结果评价

① 按实验报告要求记录实验结果，并分析结果的正确性。

② 根据水样来源，结合相应标准，进行结果评价。

五、实验注意事项

① 本实验所用酸度计、电极应参照仪器说明书使用和维护。

② 测定 pH 值大于 10 的强碱性样品时，应使用聚乙烯烧杯。

③ 使用过的标准缓冲溶液不允许再倒回原瓶中。

④ 标准缓冲溶液配制的精确度应满足仪器的要求。

实验二　化学需氧量的测定
——重铬酸盐法、快速消解分光光度法

📚 学习目标　　　　　　　📖 授课视频　📚 教学课件　🔗 思维导图

1. 了解化学需氧量测定的标准方法、等效方法，根据废水性质，合理选择测定方法，并充分理解其局限性。

2. 学会化学需氧量（重铬酸盐法）的测定原理与方法、监测操作技术，以及监测过程中的质量控制措施。

3. 熟练数据处理方法，对结果能够正确表达、合理分析、正确评价。

化学需氧量的测定——重铬酸盐法

一、自主学习导航

化学需氧量（chemical oxygen demand，COD），是指在一定条件下，经重铬酸钾氧化处理时，水样中的溶解性物质和悬浮物所消耗的重铬酸盐对应的氧的质量浓度，以 $mg(O_2)/L$ 来表示。化学需氧量反映了水体受还原性物质污染的程度，也作为有机物相对含量的综合指标，是我国实施排放总量控制的指标之一。

水中还原性物质包括有机物、亚硝酸盐、亚铁盐、硫化物等。但化学需氧量只能反映能被氧化的有机物污染状况，不能反映例如多环芳烃、多氯联苯（PCBs）、二噁英类等不能被氧化的有机物污染状况。

水样的化学需氧量，可由于加入氧化剂的种类及浓度不同、反应溶液的酸度不同、反应温度和时间不同，以及催化剂的有无而获得不同的结果。因此，化学需氧量亦是一个条件性指标，测定时必须严格按操作步骤进行。

1. 实验原理

在强酸性条件下，用一定量的重铬酸钾氧化水样中还原性物质，过量的重铬酸钾以试亚铁灵作指示剂，用硫酸亚铁铵标准溶液回滴，由消耗的硫酸亚铁铵标准溶液量即可算出水样中还原性物质所消耗氧的量。

重铬酸钾作氧化剂时与有机物的反应：

$$2Cr_2O_7^{2-} + 16H^+ + 3C(代表有机物) \longrightarrow 4Cr^{3+} + 8H_2O + 3CO_2 \uparrow$$

过量的重铬酸钾以试亚铁灵为指示剂，以硫酸亚铁铵标准溶液回滴：

$$Cr_2O_7^{2-} + 14H^+ + 6Fe^{2+} \longrightarrow 6Fe^{3+} + 2Cr^{3+} + 7H_2O$$

水样中如含有氯离子会影响测定结果，可使用硫酸汞络合氯离子以排除干扰。

2. 方法的适用范围

本实验所用方法参照《水质 化学需氧量的测定 重铬酸盐法》（HJ 828—2017），此测定方法适用于地表水、生活污水和工业废水中化学需氧量的测定，不适用于含氯化物浓度大于 $1000mg/mL$（稀释后）的水中化学需氧量的测定。

当取样体积为 $10.0mL$ 时，本方法的检出限为 $4mg/L$，测定下限为 $16mg/L$。未经稀释的水样测定上限为 $700mg/L$，超过此限时须稀释后测定。

3. 实验影响因素分析

（1）水样保存及均化

① 水样的保存应使用玻璃容器，而且在盛装水样前应用水样淋洗，使瓶壁所吸附的成分与水样一致。

② 采集的水样须尽快分析，这是由于水样中存在微生物，会使有机物分解，引起 COD 的变化。若不能立即分析，可向水样中加入硫酸至水样 pH<2，并置于 4℃ 下，保存期不超过 5 天。

③ 测定 COD 要包括水中的溶解性物质和悬浮物，因此样品应尽量均化。否则将严重影响测定结果的准确度和精密度，而且取样量愈少，造成的随机误差就愈大。有研究借助水浴超声将水样中的大颗粒悬浮物变成粉末状且均匀分布的悬浮小颗粒，实现了样品的均化。

（2）加热温度及时间

① 加热温度：均匀加热，缓慢沸腾，但不暴沸。如出现暴沸，说明溶液中局部过热，会导致测定结果有误。暴沸的原因可能是加热过于激烈，或是防暴沸玻璃珠（沸石）的效果不好；如回流过程中未出现沸腾，溶液可能未被完全消解，会导致测定结果有误。

② 加热时间：从沸腾开始准确计时 2h。加热时间短通常会导致结果偏低。

③ 冷却时间：要严格控制好样品与空白样加热和冷却时间的一致性，否则，会影响结果的重现性，对测定结果的精密度和准确度均有较大影响。

（3）滴定终点判断

实验的滴定终点为溶液变为红褐色，但在滴定终点前一刻溶液蓝绿色会发生明显变化，说明此时六价铬与滴入的二价铁离子完全反应，溶液中已无六价铬，滴定时要捕捉到此处变化，再加半滴硫酸亚铁铵标准溶液，靠壁滴入溶液变为红褐色即为终点。当使用的标准溶液浓度不同时，终点的出现和判断略有不同。

4. 实验安全提示

本方法所用试剂重铬酸钾为强氧化剂（危险品标志：O），硫酸汞属于剧毒化学品（危险品标志：T＋、N），硫酸具有较强的化学腐蚀性（危险品标志：C），操作时应按规定要求佩戴防护器具，在通风橱内进行操作，需穿防护衣，佩戴防护手套，保护好面部，避免接触皮肤和衣服，若含硫酸溶液溅出，应立即用大量清水冲洗。向水中加入浓硫酸时，必须小心谨慎，边加入边搅拌。

5. 课前思考 📝 标准

① 学习 2017 年环保部发布的 HJ 828—2017 标准并思考以下问题：

a.《水质 化学需氧量的测定 重铬酸盐法》（HJ 828—2017）和原来 1989 年国家标准方法 GB 11914—89 的主要区别有哪些？

b. 国家修改标准的目的是什么？你认为此次修改好在哪里？修改后的标准还有哪些不环保因素存在？

② 化学需氧量测定时，有哪些影响因素可能会干扰测定，产生误差？应如何避免？

③ 硫酸-硫酸银的作用是什么？为什么必须从冷凝管上端加入？

④ 硫酸汞加入的作用是什么？是否必须加入？

⑤ 实验废液应如何处理？废液中银离子能否回收？

二、实验准备

（一）样品的采集和保存

采集的水样应置于玻璃瓶中，体积不得少于 100mL，并尽快分析。如不能立即分析时，应加入硫酸至 pH＜2，置于 4℃下保存，保存时间不超过 5 天。

（二）仪器和试剂

操作评分表

1. 实验仪器

① 回流装置：带有 250mL 磨口锥形瓶的全玻璃回流装置，冷却方式可选用水冷或风冷全玻璃回流装置，其他等效冷凝回流装置亦可。

② 加热装置：电炉或其他等效装置。

③ 一般实验室常用仪器和设备。

2. 实验试剂

① 重铬酸钾标准溶液Ⅰ：$c(1/6K_2Cr_2O_7)=0.250mol/L$。称取预先在 105℃下烘 2h 的基准或优质纯重铬酸钾 12.258g 溶于水中，稀释至 1000mL。

② 重铬酸钾标准溶液Ⅱ：$c(1/6K_2Cr_2O_7)=0.0250mol/L$。将重铬酸钾标准溶液Ⅰ稀释 10 倍。

③ 试亚铁灵指示液：溶解 0.7g 硫酸亚铁（$FeSO_4 \cdot 7H_2O$）于 50mL 水中，加入 1.5g 邻菲罗啉（$C_{12}H_8N_2 \cdot H_2O$）搅拌至溶解，稀释至 100mL，贮于棕色瓶内。

④ 硫酸亚铁铵标准溶液Ⅰ：$c[(NH_4)_2Fe(SO_4)_2 \cdot 6H_2O]\approx0.05mol/L$。称取 19.5g 硫酸亚铁铵溶于水中，边搅拌边缓慢加入 10mL 浓硫酸，冷却后稀释至 1000mL。临用前，用重铬酸钾标准溶液标定。

标定方法：准确吸取 5.00mL 重铬酸钾标准溶液于锥形瓶中，加水稀释至 50mL 左右，缓慢加入 15mL 浓硫酸，混匀。冷却后，加入 3 滴试亚铁灵指示液（约 0.15mL），用硫酸亚铁铵标准溶液滴定，溶液的颜色由黄色经蓝绿色至红褐色即为终点。

$$c(mol/L)=\frac{c(1/6K_2Cr_2O_7)V(K_2Cr_2O_7)}{V}$$

式中　$c(1/6K_2Cr_2O_7)$——$K_2Cr_2O_7$ 标准溶液浓度，mol/L；

　　　$V(K_2Cr_2O_7)$——$K_2Cr_2O_7$ 标准溶液体积，mL；

　　　V——硫酸亚铁铵标准溶液的用量，mL。

⑤ 硫酸亚铁铵标准溶液Ⅱ：$c[(NH_4)_2Fe(SO_4)_2 \cdot 6H_2O]\approx0.005mol/L$。将硫酸亚铁铵标准溶液Ⅰ稀释 10 倍，用重铬酸钾标准溶液Ⅱ标定。每日临用前标定。

⑥ 硫酸银-硫酸溶液：于 500mL 浓硫酸中加入 5g 硫酸银，放置 1~2d，不时摇动使其溶解。

⑦ 邻苯二甲酸氢钾标准溶液：$c(KHC_8H_4O_4)=0.2082mmol/L$。称取 105℃下干燥 2h 的邻苯二甲酸氢钾 0.4251g 溶于水，并稀释至 1000mL，混匀。以重铬酸钾为氧化剂，将邻苯二甲酸氢钾完全氧化的理论 COD 值为 1.176g（O_2）/g（即 1g 邻苯二甲酸氢钾耗氧 1.176g），故该标准溶液的理论值为 500mg/L。此溶液用于检查试剂的质量和操作技术时使用，用时新配。

⑧ 硫酸汞溶液：$\rho=200g/L$。称取 20g 硫酸汞，溶于 100mL 10% 硫酸溶液中，贮于滴瓶中。

三、实验操作

(一) 氯离子含量的粗判

氯离子含量粗判的目的是用简便快速的方法估算出水样中氯离子的含量，以确定硫酸汞的加入量。

1. 试剂配制

① 硝酸银溶液：$c(AgNO_3)=0.141mol/L$。称取 2.395g 硝酸银，溶于水中，移入 100mL 容量瓶中，定容，贮于棕色滴瓶中。

② 铬酸钾溶液：$\rho=50g/L$。称取 5g 铬酸钾，溶于少量蒸馏水中，滴加硝酸银溶液至有红色沉淀生成。摇匀，静置 12h，然后过滤并用蒸馏水将滤液稀释至 100mL。

③ 氢氧化钠溶液：$\rho=10g/L$。称取 1g 氢氧化钠溶于水中，稀释至 100mL，摇匀，贮于塑料瓶中。

2. 方法步骤

取 10.0mL 含氯水样于锥形瓶中，稀释至 20mL，用氢氧化钠溶液调至中性（pH 试纸判定即可），加 1 滴铬酸钾指示剂，用滴管滴加硝酸银溶液，并不断摇匀，直至出现砖红色沉淀，记录滴数，换算成体积，粗略确定水样中氯离子的含量。

为方便快捷地估算氯离子含量，先估算所用滴管滴下每滴液体的体积，根据化学分析中每滴体积（以下按 0.04mL 给出示例）粗略计算出氯离子含量，粗略换算如表 5-1 所示。

表 5-1　氯离子含量与滴数的粗略换算表

水样取样量/mL	氯离子测试浓度值/(mg/L)			
	滴数:5	滴数:10	滴数:20	滴数:50
2	501	1001	2503	5006
5	200	400	801	2001
10	100	200	400	1001

注：① 水样取样量大或氯离子含量高时，比较易于判断滴定终点，粗判误差相对较小。

② 硝酸银浓度比较高时，滴定操作一般会过量，测定的氯离子结果会大于理论浓度，由此会增加测定中硫酸汞的用量，但其对 COD 的测定无不利影响。

(二) 分析步骤

1. COD ≤ 50mg/L 的样品

（1）样品测定

① 取 10.0mL 水样于锥形瓶中，依次加入硫酸汞溶液、重铬酸钾标准溶液Ⅱ5.00mL 和几颗防暴沸玻璃珠，摇匀。将锥形瓶连接到回流装置冷凝管下端，从冷凝管上端缓慢加入 15mL 硫酸银-硫酸溶液以防止低沸点有机物的逸出，不断旋动锥形瓶使之混合均匀。打开加热开关，开始加热。自溶液开始沸腾起保持微沸回流 2h。

注：① 硫酸汞溶液按质量比 $m(HgSO_4):m(Cl^-)\geqslant20:1$ 的比例加入，最大加入量为 2mL。

② 若为水冷装置，应在加入硫酸银-硫酸溶液之前，通入冷凝水。

② 回流冷却后，自冷凝管上端加入 45mL 水冲洗冷凝管，取下锥形瓶。溶液冷却至室

温后，加入 3 滴试亚铁灵指示剂溶液，用硫酸亚铁铵标准溶液Ⅱ滴定，溶液的颜色由黄色经蓝绿色变为红褐色即为终点。记下硫酸亚铁铵标准溶液Ⅱ的消耗体积 V_1。

注：样品浓度低时，取样体积可适当增加。

（2）空白试验　按上述相同步骤以 10.0mL 重蒸馏水代替水样进行空白试验，记录下空白滴定时消耗硫酸亚铁铵标准溶液Ⅱ的体积 V_0。

注：空白试验中硫酸银-硫酸溶液和硫酸汞溶液的用量应与样品中的用量保持一致。

2. COD＞50mg/L 的样品

（1）样品测定　取 10.0mL 水样于锥形瓶中，依次加入硫酸汞溶液、重铬酸钾标准溶液Ⅰ5.00mL 和几颗防暴沸玻璃珠，摇匀。其他操作与 COD≤50mg/L 的样品测定相同。

待溶液冷却至室温后，加入 3 滴试亚铁灵指示剂溶液，用硫酸亚铁铵标准溶液Ⅰ滴定，溶液的颜色由黄色经蓝绿色变为红褐色即为终点。记录硫酸亚铁铵标准溶液Ⅰ的消耗体积 V_1。

注：对于浓度较高的水样，可选取所需体积 1/10 的水样和 1/10 的试剂，放入硬质玻璃管中，摇匀后，加热至沸腾数分钟，观察溶液是否变成蓝绿色。如呈蓝绿色，应再适当少取水样，重复以上试验，直至溶液不变蓝绿色为止，从而可以确定待测水样的稀释倍数。

（2）空白试验　按上述相同步骤以 10.0mL 重蒸馏水代替水样进行空白试验，记录下空白滴定时消耗硫酸亚铁铵标准溶液Ⅰ的体积 V_0。

> **实验废液处理提示**：本实验产生的废液含铬、汞等有害物质，应统一收集，委托有资质的单位集中处理。

四、数据处理及评价

1. 结果计算

$$\text{COD(mg/L)} = \frac{c(V_0 - V_1)M(1/4O_2) \times 10^3}{V} \tag{5-3}$$

式中　　c——硫酸亚铁铵标准溶液的浓度，mol/L；

V_0——滴定空白时硫酸亚铁铵标准溶液用量，mL；

V_1——滴定水样时硫酸亚铁铵标准溶液用量，mL；

V——水样的体积，mL；

$M(1/4O_2)$——$1/4O_2$ 的摩尔质量，为 8g/mol。

注：当 COD 测定结果小于 100mg/L 时保留至整数位；当测定结果大于或等于 100mg/L 时，保留三位有效数字。

2. 结果评价

① 按实验报告要求记录实验结果，并分析结果的正确性。

② 根据污水来源，结合排放标准，进行结果评价。

五、实验注意事项

① 每次实验时，应对硫酸亚铁铵标准溶液进行标定，室温较高时尤其注意其浓度的变化。

② 试亚铁灵的加入量虽然不影响临界点，但还是应该尽量一致。当溶液的颜色先变为

蓝绿色再变为红褐色时即达到终点，几分钟后可能还会重现蓝绿色。

③ 水样加热回流后，溶液中重铬酸钾剩余量应以加入量的 $1/5 \sim 4/5$ 为宜，以保证滴定结果的准确性。

④ 要充分保证冷凝效果，用手摸冷凝管上段冷却出水时不能有温感，否则测定结果会偏低。

六、创新设计实验

党的二十大报告指出，要"深入推进环境污染防治。坚持精准治污、科学治污、依法治污，持续深入打好蓝天、碧水、净土保卫战。"请同学们针对实验过程中产生的污染物质，自行设计以下实验，以实现减小环境污染，绿色低碳的目标。

① 无汞掩蔽剂在化学需氧量测试中的应用研究。

② 高效、低成本催化剂在化学需氧量测试中的应用研究。

③ 废液中银盐的回收利用研究。

●●● **知识拓展** ●●●

对于水中化学需氧量的测定，国家制定的标准分析方法（HJ 828—2017）为重铬酸盐法（简称国标法），采用回流滴定技术，具有准确可靠、重现性好等优点，在方法比对、仲裁监测中起着重要作用。但国标法存在回流时间长、试剂及水电消耗大、使用汞盐易引起汞污染等主要缺点。

多年来，国内许多研究单位和学者对国标法不断改进，在快速分析技术、半微量分析技术、无汞盐分析技术等方面取得了一系列研究成果，并制定和提出了许多颇具特点的技术与方法，如密封管消解法、微波消解法、无汞快速法等方法。其中密封管快速消解分光光度法（HJ/T 399—2007）是我国颁布的行业标准，该法提高了反应体系的酸度和温度，缩短了氧化反应时间，可进行批量分析，既节约了试剂，又降低了能耗，方法比较适合于现场监测或应急监测。由于取样量少，化学试剂的用量也少，因此在仪器设备、化学试剂的纯度、操作条件、方法的精密度和准确度等方面的要求与国标法相比要严格很多。

化学需氧量的测定——快速消解分光光度法

一、自主学习导航

1. 实验原理

试样中加入已知量的重铬酸钾溶液，在强酸介质中，以硫酸银为催化剂，经高温消解后，用分光光度法测定 COD。

当试样中 COD 为 $100 \sim 1000$ mg/L 时，在 600nm±20nm 波长处测定重铬酸钾被还原产生的三价铬的吸光度，试样中 COD 与三价铬的吸光度成正比例关系，根据标准曲线将三价铬的吸光度换算成试样的 COD 值。

当试样中 COD 为 $15 \sim 250$ mg/L 时，在 440nm±20nm 波长处测定未被还原的六价铬和被还原产生的三价铬的两种铬离子的总吸光度，试样中 COD 与六价铬的吸光度减少值成正比例关系，与三价铬的吸光度增加值成正比例关系，与总吸光度减少值成正比例关系，根据标准曲线将总吸光度值换算成试样的 COD 值。

2. 方法的适用范围　　　　　　　　　　　　　　　　　　　　　📑 标准

本实验方法参考《水质 化学需氧量的测定 快速消解分光光度法》（HJ/T 399—2007）。此方法适用于地表水、地下水、生活污水和工业废水中化学需氧量的测定。对未经稀释的水样，其 COD 测定下限为 15mg/L，测定上限为 1000mg/L，其氯离子质量浓度不应大于 1000mg/L。

对于 COD 大于 1000mg/L 或氯离子含量大于 1000mg/L 的水样，可经适当稀释后进行测定。

3. 实验安全提示

本方法所用试剂重铬酸钾为强氧化剂（危险品标志：O），硫酸汞属于剧毒化学品（危险品标志：T+、N），硫酸也具有较强的化学腐蚀性（危险品标志：C），操作时应按规定要求佩戴防护器具，避免接触皮肤和衣服。若含硫酸溶液溅出，应立即用大量清水清洗。在通风橱内进行操作，检测后的残渣残液应做妥善的安全处理。

4. 课前思考

学习 2017 年环保部发布的 HJ 828—2017 和 HJ/T 399—2007 并思考以下问题：

① HJ 828—2017 和 HJ/T 399—2007 最主要的区别有哪些？各适合在什么情况下采用？

② 影响本实验准确度的因素有哪些？实验中应如何减小实验误差？

二、实验准备

（一）仪器和试剂

1. 实验仪器

① 消解管：耐酸玻璃制成，在 165℃ 温度下能承受 600kPa 的压力，管盖耐热耐酸。

注：当消解管作为比色管进行吸光度测定时，应从一批消解管中随机选取 5～10 支，加入 5mL 水，在选定的波长测定其吸光度值，吸光度值的差值应在 ±0.005 之内。

② 加热器：10min 内温度可达到设定的 （165±2）℃，具有自动恒温加热、计时功能。

③ 分光光度计：光度测量范围不小于 0～2 吸光度范围，数字显示灵敏度为 0.001 吸光度值。

④ 离心机：可放置消解比色管进行离心分离，转速范围为 0～4000r/min。

⑤ 实验室常用玻璃仪器。

2. 实验试剂

① 硫酸：$\rho(H_2SO_4)=1.84g/mL$。

② （1:9）硫酸溶液：将 100mL 浓硫酸沿烧杯壁慢慢加入 900mL 水中，搅拌混匀，冷却备用。

③ 硫酸银-硫酸溶液：$\rho(Ag_2SO_4)=10g/L$。将 5.0g 硫酸银加入 500mL 硫酸中，静置 1～2d，搅拌，使其溶解。

④ 硫酸汞溶液：$\rho(H_2SO_4)=0.24g/mL$。将 48.0g 硫酸汞分次加入 200mL 硫酸溶液

中，搅拌溶解，此溶液可稳定保存 6 个月。

⑤ 重铬酸钾标准溶液Ⅰ：$c(1/6K_2Cr_2O_7) = 0.500$mol/L。将重铬酸钾（优级纯）在 (120 ± 2)℃下干燥至恒重后，称取 24.5154g 重铬酸钾置于烧杯中，加入 600mL 水，搅拌下慢慢加入 100mL 硫酸，溶解冷却后，转移此溶液于 1000mL 容量瓶中，用水稀释至标线，摇匀。溶液可稳定保存 6 个月。

⑥ 重铬酸钾标准溶液Ⅱ：$c(1/6K_2Cr_2O_7) = 0.160$mol/L。将重铬酸钾（优级纯）在 (120 ± 2)℃下干燥至恒重后，称取 7.8449g 重铬酸钾置于烧杯中，加入 600mL 水，搅拌下慢慢加入 100mL 硫酸，溶解冷却后，转移此溶液于 1000mL 容量瓶中，用水稀释至标线，摇匀。溶液可稳定保存 6 个月。

⑦ 重铬酸钾标准溶液Ⅲ：$c(1/6K_2Cr_2O_7) = 0.120$mol/L。将重铬酸钾在 (120 ± 2)℃下干燥至恒重后，称取 5.8837g 重铬酸钾置于烧杯中，加入 600mL 水，搅拌下慢慢加入 100mL 硫酸，溶解冷却后，转移此溶液于 1000mL 容量瓶中，用水稀释至标线，摇匀。溶液可稳定保存 6 个月。

⑧ 预装混合试剂

a. 在一支消解管中，按表 5-2 的要求加入重铬酸钾溶液、硫酸汞溶液和硫酸银-硫酸溶液，拧紧盖子，轻轻摇匀，冷却至室温，避光保存。在使用前应将混合试剂摇匀。

b. 配制不含汞的预装混合试剂，用硫酸溶液代替硫酸汞溶液，按照 a 的方法进行。

c. 预装混合试剂在常温避光条件下可稳定保存 1 年。

表 5-2 预装混合试剂及方法（试剂）标识

测定方法	测定范围/(mg/L)	重铬酸钾溶液用量	硫酸汞溶液用量/mL	硫酸银-硫酸溶液用量/mL	消解管规格/mm
比色池(Ⅲ)分光光度法[①]	高量程 10～1000	1.00mL 试剂⑤	0.50	6.00	$\phi20\times120$
					$\phi16\times150$
	低量程 15～250 或 15～150	1.00mL 试剂⑥或试剂⑦	0.50	6.00	$\phi20\times120$
					$\phi16\times150$
比色管分光光度法[②]	高量程 100～1000	1.00mL 试剂⑤＋试剂④[2∶1]	4.00		$\phi16\times120$[③]
					$\phi16\times100$
	低量程 15～150	1.00mL 试剂⑦＋试剂④[2∶1]	4.00		$\phi16\times120$[③]
					$\phi16\times100$

① 比色池（Ⅲ）分光光度法的消解管可选用 $\phi20$mm$\times120$mm 或 $\phi16$mm$\times150$mm 规格的密封管，宜选 $\phi20$mm$\times120$mm 规格的密封管；而在非密封条件下消解时应使用 $\phi20$mm$\times150$mm 的消解管。

② 比色管分光光度法的消解管可选用 $\phi16$mm$\times120$mm 或 $\phi16$mm$\times100$mm 规格的密封消解比色管，宜选 $\phi16$mm$\times120$mm 规格的密封消解比色管；而在非密封条件下消解时，应使用 $\phi16$mm$\times150$mm 的消解比色管。

③ $\phi16$mm$\times120$mm 规格的密封消解比色管的冷却效果较好。

⑨ 邻苯二甲酸氢钾 COD 标准储备液。

a. COD 标准储备液Ⅰ：COD 值 5000mg/L。将邻苯二甲酸氢钾（基准级或优级纯）在 105～110℃下干燥至恒重后，称取 2.1274g 邻苯二甲酸氢钾溶于 250mL 水中，转移此溶液于 500mL 容量瓶中，用水稀释至标线，摇匀。此溶液在 2～8℃下贮存，可稳定保存 1 个月。

b. COD 标准储备液Ⅱ：COD 值 1250mg/L。量取 50.00mL COD 标准储备液Ⅰ于

200mL 容量瓶中，用水稀释至标线，摇匀。此溶液在 2～8℃下贮存，可稳定保存 1 个月。

c. COD 标准储备液Ⅲ：COD 值 625mg/L。量取 25.00mL COD 标准储备液Ⅰ于 200mL 容量瓶中，用水稀释至标线，摇匀。此溶液在 2～8℃下贮存，可稳定保存 1 个月。

⑩ 邻苯二甲酸氢钾 COD 标准系列使用液。

a. 高量程（测定上限 1000mg/L）COD 标准系列使用液：COD 值分别为 100mg/L、200mg/L、400mg/L、600mg/L、800mg/L 和 1000mg/L。分别量取 5.00mL、10.00mL、20.00mL、30.00mL、40.00mL 和 50.00mL 的 COD 标准储备液（Ⅰ），加入相应的 250mL 容量瓶中，用水稀释至标线，摇匀。此溶液在 2～8℃下贮存，可稳定保存 1 个月。

b. 中量程（测定上限 250mg/L）COD 标准系列使用液：COD 值分别为 25mg/L、50mg/L、100mg/L、150mg/L、200mg/L 和 250mg/L。分别量取 5.00mL、10.00mL、20.00mL、30.00mL、40.00mL 和 50.00mL 的 COD 标准储备液Ⅱ，加入相应的 250mL 容量瓶中，用水稀释至标线，摇匀。此溶液在 2～8℃下贮存，可稳定保存 1 个月。

c. 低量程（测定上限 150mg/L）COD 标准系列使用液：COD 值分别为 25mg/L、50mg/L、75mg/L、100mg/L、125mg/L 和 150mg/L。分别量取 10.00mL、20.00mL、30.00mL、40.00mL、50.00mL 和 60.00mL 的 COD 标准储备液Ⅲ，加入相应的 250mL 容量瓶中，用水稀释至标线，摇匀。此溶液在 2～8℃下贮存，可稳定保存 1 个月。

⑪ 硝酸银溶液：$c(AgNO_3)=0.1mol/L$。将 17.1g 硝酸银溶于 1000mL 水。

⑫ 铬酸钾溶液：$\rho(K_2CrO_4)=50g/L$。将 5.0g 铬酸钾溶解于少量水中，滴加硝酸银溶液⑪至有红色沉淀生成，摇匀，静置 12h，过滤并用水将滤液稀释至 100mL。

（二）样品的采集和保存

水样采集应不小于 100mL，采集后应保存在洁净的玻璃瓶中。采集好的水样应在 24h 内测定，否则应加入硫酸（$\rho=1.84g/mL$）调节水样 pH≤2，在 0～4℃下保存，一般可保存 7d。

三、实验操作

（一）试样的制备

1. 水样氯离子的粗测

在试管中加入 2.00mL 试样，再加入 0.5mL 硝酸银溶液，充分混合，最后滴加 2 滴铬酸钾溶液，摇匀，如果溶液变红，氯离子质量浓度低于 1000mg/L；如果仍为黄色，氯离子质量浓度高于 1000mg/L。或按 GB/T 11896—89 方法测定水样中氯离子的质量浓度。

2. 水样的稀释

应将水样在搅拌均匀时取样稀释，一般取被稀释水样不少于 10mL，稀释倍数小于 10 倍。水样应逐次稀释为试样。

初步判定水样的 COD 质量浓度，选择对应量程的预装混合试剂，加入相应体积的试样，摇匀，在（165±2）℃下加热 5min，检查管内溶液是否呈绿色，如变绿应重新稀释后再进行测定。

（二）测定条件的选择

① 分析测定的条件见表 5-3。宜选用比色管分光光度法测定水样中的 COD。

② 比色池（皿）分光光度法选用 φ20mm×150mm 规格的消解管时，消解可在非密封条件下进行。

③ 比色管分光光度法选用 φ16mm×150mm 规格的消解比色管时，消解可在非密封条件下进行。

表 5-3　分析测定条件

测定方法	测定范围/(mg/L)	试样用量/mL	比色池（皿）或比色管规格/mm	测定波长/mm	检出限/(mg/L)
比色池（皿）分光光度法	高量程 100～1000	3.00	20[①]	600±20	22
	低量程 15～250 或 15～150	3.00	10[①]	440±20	3.0
比色管分光光度法	高量程 100～1000	2.00	φ16×120[②]	600±20	33
			φ16×100[②]		
	低量程 15～150	2.00	φ16×120[②]	440±20	2.3
			φ16×100[②]		

① 长方形比色池（皿）。

② 比色管为密封管，外径 φ16mm、壁厚 1.3mm、长 120mm 的密封消解比色管的冷却效果较好。

（三）分析步骤

1. 校准曲线的绘制

① 打开加热器，预热到设定的（165±2）℃。

② 选定预装混合试剂，摇匀试剂后再拧开消解管管盖。量取相应体积的 COD 标准系列溶液（试样）沿管壁慢慢加入管中。拧紧消解管管盖，手执管盖颠倒摇匀消解管中溶液，用无毛纸擦净管外壁。

③ 将消解管放入（165±2）℃的加热器的加热孔中，加热器温度略有降低，待温度升到设定的（165±2）℃时，计时加热 15min。从加热器中取出消解管，待消解管冷却至 60℃左右时，手执管盖颠倒摇动消解管几次，使管内溶液均匀，用无毛纸擦净管外壁，静置，冷却至室温。

④ 高量程方法在（600±20）nm 波长处，以水为参比液，用分光光度计测定吸光度值；低量程方法在（440±20）nm 波长处，以水为参比液，用分光光度计测定吸光度值。

⑤ 高量程 COD 标准系列使用液 COD 值对应其测定的吸光度值减去空白试验测定的吸光度值的差值，绘制校准曲线。低量程 COD 标准系列使用液 COD 值对应空白试验测定的吸光度值减去其测定的吸光度值的差值，绘制校准曲线。

2. 空白试验

用蒸馏水代替试样，按照与绘制校准曲线相同的步骤测定其吸光度值。空白试验应与试样同时测定。

3. 试样的测定

按照表 5-2 和表 5-3 方法的要求选定对应的预装混合试剂，将已稀释好的试样搅拌均匀，取相应体积的试样按照与绘制校准曲线相同的步骤进行测定。测定的 COD 值由相应的校准曲线查得，或由分光光度计自动计算得出。

四、数据处理及评价

1. 结果计算

在 (600 ± 20)nm 波长处测定时，水样 COD 的计算：

$$\rho(\text{COD})=n[k(A_s-A_b)+a] \tag{5-4}$$

在 (440 ± 20)nm 波长处测定时，水样 COD 的计算：

$$\rho(\text{COD})=n[k(A_b-A_s)+a] \tag{5-5}$$

式中　$\rho(\text{COD})$——水样 COD 值，mg/L；

　　　n——水样稀释倍数；

　　　k——校准曲线灵敏度，（mg/L）/吸光度；

　　　A_s——试样测定的吸光度值；

　　　A_b——空白试验测定的吸光度值；

　　　a——校准曲线截距。

注：COD 测定值一般保留三位有效数字。

2. 结果评价

① 按实验报告要求记录实验结果，并分析结果的正确性。

② 根据污水来源，结合排放标准，进行结果评价。

五、实验注意事项

① 氯离子是主要的干扰成分，水样中含有氯离子会使离子测定结果偏高，可选用含汞预装混合试剂进行氯离子的掩蔽。另外，选用低量程方法测定 COD，也可减少氯离子对测定结果的影响。

② 若消解液浑浊或有沉淀，影响比色测定时，应用离心机离心变清后，再用光度计测定。若消解液颜色异常或离心后不能变澄清的样品不适用本测定方法。

③ 若消解管底部有沉淀影响比色测定时，应小心将消解管中上清液转入比色池（皿）中测定。

实验三　高锰酸盐指数的测定

📗 学习目标　　　　　　　　　📖 授课视频　📚 教学课件　❖ 思维导图

1. 学会酸性法高锰酸盐指数的测定方法、原理、操作技术，能够依据监测技术规范，完成样品采集、保存；依据标准方法，完成高锰酸盐指数的测定，并在实验全过程注意采取适当的质量控制措施。

2. 能够正确处理数据、表达结果，并根据结果进行评价。

一、自主学习导航

高锰酸盐指数是反映清洁和较清洁水体中有机及无机可氧化物质污染的常用指标。水中的亚硝酸盐、亚铁盐、硫化物等还原性无机物和在此条件下可被氧化的有机物均可消耗高锰酸钾，因此高锰酸盐指数常被作为地表水受有机污染物和还原性无机物污染程度的综合指标。

📑 **标准**

我国颁布了环境水质的高锰酸盐指数的标准《水质　高锰酸盐指数的测定》（GB 11892—89）。标准中高锰酸盐指数的定义为：在一定条件下，用高锰酸钾氧化水样中的某些有机物及无机还原性物质，由消耗的高锰酸钾量计算相当的氧量。

1. 实验原理

高锰酸盐指数测定方法分为酸性法和碱性法：酸性法适用于氯离子含量不超过 300mg/L 的水样；当水样中氯离子浓度高于 300mg/L 时，应采用碱性法。

（1）酸性法

采取酸性法测定高锰酸盐指数时，首先在样品中加入已知量的高锰酸钾和硫酸，在沸水浴中加热反应一定时间，高锰酸钾将样品中的某些有机物和无机还原性物质氧化，反应后加入过量的草酸或草酸钠还原剩余的高锰酸钾并加至过量，再用高锰酸钾标准溶液回滴过量的草酸。通过计算得到样品中高锰酸盐指数，以 mg/L 表示。

其化学反应式如下：

$$4MnO_4^- + 5C(有机物) + 12H^+ === 4Mn^{2+} + 5CO_2 + 6H_2O$$
$$2MnO_4^- + 5C_2O_4^{2-} + 16H^+ === 2Mn^{2+} + 10CO_2 + 8H_2O$$

（2）碱性法

水样中加入一定量高锰酸钾溶液，将溶液用氢氧化钠调至碱性，加热一定时间以氧化水中的还原性无机物和部分有机物。在加热反应之后加酸酸化，加入过量的草酸钠溶液还原剩余的高锰酸钾，再以高锰酸钾溶液滴定过量的草酸钠至微红色。

2. 方法的适用范围

由于在规定条件下，水中有机物只能部分被氧化，并不是理论上的需氧量，也不是反映水体中总有机物含量的尺度。因此，高锰酸盐指数常被作为水体受还原性有机物和无机物污染程度的一项指标，它只适用于地表水、饮用水和生活污水，不适用于工业废水，测定范围为 0.5～4.5mg/L。当水样的高锰酸盐指数值超过 4.5mg/L 时，则酌情取少量试样，并用水稀释后再行测定。

3. 实验影响因素分析

高锰酸盐指数是一个相对的条件性指标，其测定结果与溶液的酸度、高锰酸钾浓度、加热温度和时间等多个因素有关。所以，要保证高锰酸盐指数测定的准确性，必须做好全程序的质量控制。

（1）高锰酸钾标准溶液的浓度对测定结果的影响

高锰酸钾标准溶液浓度的高低对空白值及样品值的影响较大。在实践中，当高锰酸钾标准溶液浓度偏低时，滴定用量增大，样品温度下降幅度大，反应速率减慢，从而使样品测定值偏高。当高锰酸钾标准溶液浓度偏高时，空白试验消耗的高锰酸钾的体积偏低，样品试验所消耗的高锰酸钾的体积也偏低，从而样品测定值偏低。

所以，理论上应尽量准确调节至 0.0100mol/L。因此，高锰酸钾标准溶液浓度的校正系数需准确调在 0.9800～1.0100 之间，空白值保证在 0.40～0.50 之间，这样对样品测定的影响较小，测定的准确度较高。

（2）溶液酸度对测定结果的影响

滴定应在强酸溶液中进行。研究表明，若开始时酸度为 0.5～1mol/L，滴定终了时应为 0.2～0.5mol/L。酸度过低，高锰酸钾的氧化能力降低，高锰酸钾易被氧化为二氧化锰沉淀，从而影响其对水体中无机和有机还原性物质的氧化，使测定结果偏低；酸度过高时，则会促使草酸分解。可见，反应体系的酸度对整个反应的速率和方向有较大的影响，因此酸度必须适宜，否则将会导致测定结果出现偏差。

（3）加热温度和时间对测定结果的影响

此反应为氧化还原反应，加热温度对测定结果有较大影响，水浴温度偏低，反应速率减慢，会使测定结果偏低，因此必须准确控制好水浴温度（保持水浴沸腾）。加热时，沸水浴液面一定要高于瓶内反应溶液的液面，否则样品受热不均匀，测定结果重复性差、准确度低。水浴的加热时间对测定结果的影响很大，故对样品进行加热时，一定要在水浴完全沸腾后再将样品放入，等水浴重新沸腾时开始计时，而且要严格控制反应时间为（30±2）min，若加热时间过长，测定结果偏高，反之则偏低。

（4）滴定温度、速度对测定结果的影响

高锰酸钾氧化草酸钠的反应是吸热反应，实验证明，一般吸热反应温度每升高 10℃，反应速率可增加 2～4 倍。在常温下此反应的反应速率非常慢，当温度升高时明显加快了反应的速率，故在滴定过程中反应温度需保持在 60～80℃ 范围内，但温度不能太高，一般不超过 90℃，否则在酸性条件下会有部分草酸分解，影响测定结果。

滴定开始时，加入的高锰酸钾溶液褪色较慢，但当其与草酸发生反应产生 Mn^{2+} 后，Mn^{2+} 的催化作用使反应速率逐渐加快。随着反应的进行，反应物浓度逐渐减小，反应速率再次变慢，因此，整个滴定过程应采取慢-快-慢的滴定速度，为了保证反应温度，样品应在 2min 内滴完。滴定终点应保持微粉红色 30s 不褪色，而且要具有一致性。

4. 实验安全提示

本实验中涉及试剂高锰酸钾为强氧化剂，有毒，而且有一定的腐蚀性（危险性符号：O、N、Xn），使用时应注意安全。

5. 课前思考

学习高锰酸钾指数的测定方法，并思考以下问题：

① 在水浴加热完毕后，水样溶液的颜色应该是什么样的？若此时溶液的红色全部褪去，说明什么？应如何处理？

② 实验过程中要测定的校正系数 K 的物理意义是什么？K 值的大小对测定结果会产生什么影响？

③ 国际标准化组织为什么不建议高锰酸钾法用于测定工业废水？

二、实验准备

(一) 仪器和试剂

1. 实验仪器

① 水浴加热装置。

② 常用的实验室仪器：锥形瓶、酸式滴定管、移液管等。

2. 实验试剂

① 不含还原性物质的水：将 1L 蒸馏水置于全玻璃蒸馏器中，加入 10mL 硫酸和少量高锰酸钾溶液，蒸馏。弃去 100mL 初馏液，余下馏出液贮于具玻璃塞的细口瓶中。

② 硫酸：1∶3 溶液。在不断搅拌下，将 100mL 浓硫酸慢慢加入 300mL 水中。趁热加入数滴高锰酸钾溶液直至溶液出现粉红色。

③ 草酸钠标准储备液：$c(1/2Na_2C_2O_4)=0.1000mol/L$。称取 0.6705g 于 120℃下烘干 2h 并放冷的草酸钠（$Na_2C_2O_4$），溶于蒸馏水中，定容于 100mL 容量瓶中，混匀，置于 4℃下保存。

④ 草酸钠标准溶液：$c(1/2Na_2C_2O_4)=0.0100mol/L$。吸取 10.00mL 草酸钠标准储备液定容于 100mL 容量瓶中，混匀。

⑤ 高锰酸钾标准储备液：$c(1/5KMnO_4)\approx0.1mol/L$。称取 3.2g 高锰酸钾溶解于 1.2L 蒸馏水中，加热煮沸 0.5～1h 至体积减至 1.0L，冷却，静置过夜。经过滤后，贮于棕色瓶中，使用前用草酸钠标准储备液标定，求出实际浓度。

⑥ 高锰酸钾标准溶液：$c(1/5KMnO_4)\approx0.01mol/L$。吸取 100mL 高锰酸钾标准储备液定容于 1000mL 容量瓶中，混匀。贮于棕色瓶中，使用当天标定其浓度。

(二) 样品的采集和保存

根据《水质　采样技术指导》（HJ 494—2009）及《水质　采样方案设计技术规定》（HJ 495—2009）中规定的方式进行样品的采集和保存。水样采集后，应加入硫酸使样品 pH 值在 1～2，以抑制微生物活动，并尽快分析。如保存时间超过 6h，则需置于暗处，0～5℃下保存，最长不得超过 2d。

三、实验操作

1. 样品测定

① 取 100.0mL 混合均匀的水样（如高锰酸盐指数高于 10.00mg/L，则酌情少取，用水稀释至 100mL）置于 250mL 锥形瓶中，加入 5.0mL（1∶3）硫酸，用滴定管加入 10.00mL 高锰酸钾标准溶液，摇匀。将锥形瓶置于沸水浴内，水浴沸腾，开始计时（30±2）min。

注：加热时，水浴液面须高于锥形瓶内样品液面。

② 取出锥形瓶，趁热加入 10.00mL 草酸钠标准溶液，摇匀后溶液变为无色。立即用高锰酸钾标准溶液滴定至刚出现粉红色，并保持 30s 不褪。记录消耗的高锰酸钾标准溶液体积 V_1。

③ 向上述滴定完毕的溶液中加入 10.00mL 草酸钠标准溶液（如果需要，将溶液加热至 80℃），立即用高锰酸钾标准溶液继续滴定至刚出现粉红色，并保持 30s 不褪色。记录下消耗的高锰酸钾溶液体积 V_2。

2. 空白试验

若水样用蒸馏水稀释时，则另取 100mL 实验用水，按水样操作步骤进行空白试验，记录下耗用的高锰酸钾溶液体积 V_0。

四、数据处理及评价

1. 结果计算

（1）高锰酸钾溶液校正系数

$$K = \frac{10.00}{V_2}$$

（2）水样不经稀释

$$高锰酸盐指数(O_2, mg/L) = \frac{[(V+V_1)K - V]c \times M(1/4O_2) \times 1000}{V_{水样}} \tag{5-6}$$

式中　　V——滴定时 $Na_2C_2O_4$ 标准溶液体积，为 10mL；

V_1—— 回滴时高锰酸钾的耗用量，mL；

c—— $Na_2C_2O_4$ 标准溶液浓度，为 0.01mol/L；

K——高锰酸钾溶液的校正系数；

$V_{水样}$——所取水样的体积，mL；

$M(1/4O_2)$ ——氧（$1/4O_2$）的摩尔质量，为 8g/mol。

（3）水样经稀释

$$高锰酸盐指数(O_2, mg/L) =$$
$$\frac{\{[(V+V_1)K - V] - [(V+V_0)K - V]R\}cM(1/4O_2) \times 1000}{V_{水样}} \tag{5-7}$$

式中　V——滴定时反取 $Na_2C_2O_4$ 标准溶液体积，为 10mL；

V_1—— 测定水样回滴时高锰酸钾溶液的耗用量，mL；

V_0——空白试验回滴时高锰酸钾溶液的耗用量，mL；

K——高锰酸钾溶液的校正系数；

c——$Na_2C_2O_4$ 标准溶液浓度，为 0.01mol/L；

R——稀释的水样中所含蒸馏水的比值；

$V_{水样}$——所取水样的体积。

2. 结果评价

① 按实验报告要求记录实验结果，并分析结果的正确性。

② 根据污水来源，结合排放标准，进行结果评价。

五、实验注意事项

① 样品量以加热氧化后残留的高锰酸钾为其加入量的 1/3～1/2 为宜。

② 加热时，如溶液红色褪去，说明高锰酸钾量不够，须重新取样，经
稀释后测定。

拓展阅读

③ 滴定时温度如低于 60℃，反应速率缓慢，因此应加热至 80℃ 左右。

④ 沸水浴温度为 98℃。如在高原地区，报出数据时，需注明水的沸点。

六、创新设计实验

登录中国知网查找资料，并自行设计实验：高锰酸盐指数测定实验的影响因素探究。

实验四　五日生化需氧量的测定

学习目标　　　　　　　**授课视频**　**教学课件**　**思维导图**

1. 了解五日生化需氧量测定的标准方法、等效方法，根据废水性质，合理选择测定方法，并充分理解其局限性。

2. 学会五日生化需氧量测定（稀释与接种法）的测定原理与方法、监测操作技术，以及监测过程中的质量控制措施。

3. 熟练数据处理方法，对结果能够正确表达、合理分析、正确评价。

一、自主学习导航

生化需氧量（biochemical oxygen demand，BOD）是反映水体被有机物污染的程度的综合指标，也是研究废水的可生化降解性和生化处理效果，以及生化处理废水工艺设计和动力学研究中的重要参数。

1. 实验原理

生化需氧量是指在规定的条件下，微生物分解水中的某些可氧化物质，特别是分解有机物的生物化学过程消耗的溶解氧，同时也包括如硫化物、亚铁等还原性无机物质氧化所消耗的氧量，但这部分通常占的比例很小。

根据参加反应的物质和最终生成的物质，可用下列的反应来概括生物化学反应过程：

$$6C_6H_{12}O_6 + 16O_2 + 4NH_3 \xrightarrow{\text{酶}} 4C_5H_7O_2N + 16CO_2 + 28H_2O$$

$$\text{有机污染物} \xrightarrow{O_2, \text{微生物}} NH_3 + H_2O + CO_2$$

微生物分解有机物是一个缓慢的过程，对于生活污水来说，一般在第 5 天消耗的氧量大约是总需氧量的 70%，而且微生物的活动与温度有关，所以测定生化需氧量时，常以 20℃ 作为测定的标准温度，为便于测定，目前国内外普遍采用 20℃ 培养 5d 所需要的氧作为指标。

将水样或稀释水样充满完全密闭的溶解氧瓶，于（20±1）℃下暗处培养 5d±4h 或 (2+5)d±4h（先在 0～4℃ 的暗处培养 2d，接着在（20±1）℃的暗处培养 5d，即培养（2+5)d），分别测定培养前后水样中溶解氧的质量浓度，其差值即为测定样品的五日生化需氧量，以 BOD_5 形式表示。

对于某些地面水及大多数工业废水、生活污水，因含较多的有机物，需要稀释后再培养测定，以降低其浓度，保证降解过程在有足够溶解氧的条件下进行。其具体水样稀释倍数可

借助于高锰酸钾指数或化学需氧量推算。

对于不含或少含微生物的工业废水，如酸性废水、碱性废水、高温废水、冷冻保存的废水或经过氯化处理等的废水，在测定 BOD_5 时应进行接种，以引入能分解废水中有机物的微生物。当废水中存在难以被一般生活污水中的微生物以正常速率降解的有机物或含有剧毒物质时，应接种经过驯化的微生物。

2. 方法的适用范围　　🗎 标准

本实验所用方法参照《水质　五日生化需氧量（BOD_5）的测定　稀释与接种法》（HJ 505—2009），此方法的检出限为 0.5mg/L，方法的测定下限为 2mg/L。非稀释法和非稀释接种法的测定上限为 6mg/L，稀释与稀释接种法的测定上限为 6000mg/L。若样品中的有机物含量较多，BOD_5 的质量浓度大于 6mg/L，样品需适当稀释后测定。

3. 实验影响因素分析

（1）水体的生物化学过程条件的影响与控制　　本实验过程为生物化学过程，应具备以下几个条件：a. 水体中存在能降解有机物的好氧微生物，对易降解的有机物，如碳水化合物、脂肪酸、油脂等，一般微生物菌能将其降解，对难降解的有机物，如硝基或磺酸基取代芳烃等，则必须进行生物菌种驯化。b. 有足够的溶解氧。为此，稀释水要充分曝气以达到氧的饱和或接近饱和，同时，稀释后水中有机污染物的浓度降低，使其整个分解过程在有足够溶解氧的条件下进行。c. 有微生物生长所需的营养物质。本实验加入了一定量的无机营养物质，如磷酸盐、钙盐、镁盐和铁盐等。

（2）溶解氧含量的影响与控制　　溶解氧的含量与水温成反比，水温高，则溶解氧含量少；水温低，则溶解氧含量多。从水温较低的水域或富营养化的湖泊中采集的水，可遇到含有过饱和溶解氧的情况。此时应将水样迅速升温至 20℃ 左右，在不满瓶的情况下，充分振摇，并时时开塞放气，以赶出过饱和的溶解氧。从水温较高的水域或废水排放口取得的水样，则应迅速使其冷却至 20℃ 左右并充分振摇，使水样与空气中氧分压接近平衡。

（3）培养温度的影响与控制　　BOD_5 测定过程与微生物的活性和增长速率有关，一般认为 20～40℃ 是微生物最适宜生长的温度，分解有机物的能力最强，故在该范围内温度要提高 10℃，微生物的活性提高 1～2 倍，由于培养温度每相差 1℃ 都会引起 5% 左右的测定误差，因此实验过程要严格控制培养温度。

（4）稀释水的影响　　稀释水是指在 20℃ 下加入适合水中微生物需要的无机物质（如磷酸盐、氯化铁、氯化钙、硫酸镁等）且溶解氧达到 8mg/L 以上的蒸馏水，它可向微生物提供足够的营养物质和氧气。配制稀释水时应注意以下几点：a. 采用不影响微生物生长繁殖的蒸馏水。b. 所需的化学试剂尽量用分析纯以上试剂。c. 配好的稀释水最好当天用完，有沉淀、发霉现象的水则不能再用。

4. 实验安全提示

本方法所用试剂丙烯基硫脲为有毒化合物（危险品标志：T），操作时应避免接触皮肤和眼睛。

5. 课前思考

① 根据实际条件和操作情况，分析本实验误差的主要来源是什么？影响测定准确度的因素有哪些？

② 五日生化需氧量在环境评价中有何作用？有何局限性？

二、实验准备

📦 操作评分表

（一）仪器和试剂

1. 实验仪器

① 溶解氧瓶：带水封装置，容积 250～300mL。

② 稀释容器：1000～2000mL 的量筒或容量瓶。

③ 虹吸管：分取水样或添加稀释水时使用。

④ 恒温培养箱（带风扇）：（20±1）℃。

⑤ 曝气装置：多通道空气泵或其他曝气装置。

2. 实验试剂

① 接种液：可按以下方法获得接种液。

a. 未受工业废水污染的生活污水：化学需氧量不大于 300mg/L，总有机碳不大于 100mg/L。

b. 含有城镇污水的河水或湖水。

c. 污水处理厂的出水。

d. 分析含有难降解物质的工业废水时，在其排污口下游适当处取水样作为废水的驯化接种液。也可取中和或经适当稀释后的废水连续进行曝气，每天加入少量该种废水，同时加入少量生活污水，使适应该种废水的微生物大量繁殖。当水中出现大量的絮状物时，表明微生物已繁殖，可用作接种液。一般驯化过程需 3～8d。

注：若购买接种微生物用的接种物质，接种液的配制和使用应按其说明书的要求操作。

② 盐溶液

a. 磷酸盐缓冲溶液：将 8.5g 磷酸二氢钾（KH_2PO_4）、21.8g 磷酸氢二钾（K_2HPO_4）、33.4g 七水合磷酸氢二钠（$Na_2HPO_4 \cdot 7H_2O$）和 1.7g 氯化铵（NH_4Cl）溶于水中，稀释至 1000mL。此溶液在 0～4℃下可稳定保存 6 个月，此溶液的 pH 值应为 7.2。

b. 硫酸镁溶液：$\rho(MgSO_4)=11.0g/L$。将 22.5g 七水合硫酸镁（$MgSO_4 \cdot 7H_2O$）溶于水中，稀释至 1000mL。

c. 氯化钙溶液：$\rho(CaCl_2)=27.6g/L$。将 27.5g 无水氯化钙溶于水，稀释至 1000mL。

d. 氯化铁溶液：$\rho(FeCl_3)=0.15g/L$。将 0.25g 六水合氯化铁（$FeCl_3 \cdot 6H_2O$）溶于水，稀释至 1000mL。

③ 稀释水：在 5～20L 的玻璃瓶中加入一定量的水，控制水温在（20±1）℃，用曝气装置至少曝气 1h，使稀释水中的溶解氧达到 8mg/L 以上。使用前每升水中加入上述四种盐溶液 1.0mL，混匀，于 20℃下保存。在曝气的过程中防止污染，特别是防止带入有机物、金属、氧化物或还原物。

注：稀释水中氧的质量浓度不能过饱和，使用前需开口放置 1h，而且应在 24h 内使用，剩余的稀释水应弃去。稀释水的 pH 值应为 7.2，其 BOD_5 应小于 0.2mg/L。

④ 接种稀释水：根据接种液的来源不同，每升稀释水中加入适量接种液，城市生活污水加 1～10mL，河水或湖水加 10～100mL，将接种稀释水存放在（20±1）℃的环境中，当天配制当天使用。接种的稀释水 pH 值为 7.2，BOD_5 应小于 1.5mg/L；接种稀释水配制后

应立即使用。

⑤ 盐酸溶液：$c(HCl) = 0.5mol/L$。将 40mL 浓盐酸溶于水中，稀释至 1000mL。

⑥ 氢氧化钠溶液：$c(NaOH) = 0.5mol/L$。将 20g 氢氧化钠溶于水，稀释至 1000mL。

⑦ 亚硫酸钠溶液：$c(Na_2SO_3) = 0.025mol/L$。将 1.575g 亚硫酸钠溶于水，稀释至 1000mL。此溶液不稳定，需每天配制。

⑧ 葡萄糖-谷氨酸标准溶液：将葡萄糖（$C_6H_{12}O_6$，优级纯）和谷氨酸（HOOC—CH_2—CH_2—$CHNH_2$—COOH，优级纯）在 130℃下干燥 1h，各称取 150mg 溶于水中，移入 1000mL 容量瓶内并稀释至标线，混合均匀。此标准溶液临用前配制。此溶液的 BOD_5 为（210±20）mg/L，现用现配。该溶液也可少量冷冻保存，融化后立刻使用。

⑨ 丙烯基硫脲硝化抑制剂：$\rho(C_4H_8N_2S) = 1.0g/L$。溶解 0.20g 丙烯基硫脲（$C_4H_8N_2S$）于 200mL 水中，混合均匀，4℃下保存，此溶液可稳定保存 14d。

⑩ （1+1）乙酸溶液。

⑪ 碘化钾溶液：$\rho(KI) = 100g/L$。将 10g 碘化钾溶于水中，稀释至 100mL。

⑫ 淀粉溶液：$\rho = 5g/L$。将 0.50g 淀粉溶于水中，稀释至 100mL。

（二）样品的采集和保存

采集的样品应充满并密封于棕色玻璃瓶中，样品量不小于 1000mL，在 0～4℃的暗处运输和保存。因为贮存期间即使采用最好的冷却条件，由于水样中微生物的作用，某些生物活性作用还是会发生，所以采样后应尽快进行分析，最好在 6h 内进行分析；若 24h 内不能分析，可冷冻保存，冷冻样品分析前需解冻、均质化和接种。

（三）水样的前处理

水样品接收时应注意样品瓶是否充满液体，有无气泡，并检查运输过程中温度控制记录。

1. pH 值的调节

若样品或稀释后样品 pH 值不在 6～8 范围内，应用盐酸溶液或氢氧化钠溶液调节其 pH 值至 6～8。

2. 余氯和结合氯的去除

若样品中含有少量余氯，一般在采样后放置 1～2h，游离氯即可消失。对在短时间内不能消失的余氯和结合氯，可加入适量亚硫酸钠溶液去除，加入亚硫酸钠溶液的量由下述方法确定。

去除方法： 取已中和好的水样 100mL，加入（1∶1）乙酸溶液 10mL、碘化钾溶液（$\rho = 100g/L$）1mL，混匀，于暗处静置 5min。用亚硫酸钠溶液 $[c(Na_2SO_3) = 0.025mol/L]$ 滴定析出的碘至淡黄色，加入 1mL 淀粉溶液呈蓝色。再继续滴定至蓝色刚刚褪去，即为终点，记录所用亚硫酸钠溶液体积，由亚硫酸钠溶液消耗的体积计算出水样中应加亚硫酸钠溶液的体积。

3. 样品均质化

含有大量颗粒物、需要较大稀释倍数的样品或经冷冻保存的样品，测定前均需将样品搅拌均匀。

4. 样品中有藻类

若样品中有大量藻类存在，BOD_5 的测定结果会偏高。当分析结果精度要求较高时，测定前应用滤孔为 $1.6\mu m$ 的滤膜过滤，检测报告中注明滤膜滤孔的大小。

5. 含盐量低的样品

若样品含盐量低，非稀释样品的电导率小于 $125\mu S/cm$ 时，需加入适量相同体积的四种盐溶液，使样品的电导率大于 $125\mu S/cm$。

三、实验操作

(一) 非稀释法

非稀释法分为两种情况：非稀释法和非稀释接种法。如样品中的有机物含量较少，BOD_5 的质量浓度不大于 $6mg/L$，而且样品中有足够的微生物，用非稀释法测定。若样品中的有机物含量较少，BOD_5 的质量浓度不大于 $6mg/L$，但样品中无足够的微生物，如酸性废水、碱性废水、高温废水、冷冻保存的废水或经过氯化处理等的废水，采用非稀释接种法测定。

1. 试样的准备

（1）待测试样　测定前待测试样的温度达到 (20 ± 2)℃。非稀释法可直接取样测定；非稀释接种法，每升试样中加入适量的接种液，待测定。

注：若样品中溶解氧浓度低，需曝气 15min，并充分振摇赶走样品中残留的空气泡；若样品中氧过饱和，将容器 2/3 体积充满样品，用力振荡赶出过饱和氧，然后根据试样中微生物含量情况确定测定方法，若试样中含有硝化细菌，有可能发生硝化反应，需在每升试样中加入 2mL 丙烯基硫脲硝化抑制剂。

（2）空白试样　非稀释接种法，每升稀释水中加入与试样中相同量的接种液作为空白试样。

2. 试样的测定

用虹吸法沿瓶壁将试样充满两个溶解氧瓶，使试样少量溢出，防止试样中的溶解氧质量浓度改变，使瓶中存在的气泡靠瓶壁排出。将一瓶盖上瓶盖，加上水封，在瓶盖外罩上加密封罩，或用封口膜封好瓶口，放入培养箱中，恒温培养 5d±4h 或 $(2+5)$ d±4h 后测定试样中溶解氧的质量浓度。另一瓶 15min 后测定试样在培养前溶解氧的质量浓度（具体测定方法见附录）。

注：试样转移过程中尽量不使其产生气泡。溶解氧也可采用溶解氧测定仪进行测定。

(二) 稀释与接种法

稀释与接种法分为两种情况：稀释法和稀释接种法。若试样中的有机物含量较多，BOD_5 的质量浓度大于 $6mg/L$，而且样品中有足够的微生物，采用稀释法测定。受生活污水污染的地表水，一般可以采用稀释法。若试样中的有机物含量较多，BOD_5 的质量浓度大于 $6mg/L$，但试样中无足够的微生物，采用稀释接种法测定。一些含有难降解物质的工业污水污染的地表水，测定结果受稀释接种微生物的影响较大，如果进行联合监测或者对比监测，需要采用经相同驯化后的微生物或者商品化的微生物接种。

稀释法测定，按照表 5-4 和表 5-5 确定稀释倍数后，用稀释水稀释。稀释接种法测定，用接种稀释水稀释样品。

1. 稀释倍数的确定

确定稀释倍数时，样品稀释的程度应使消耗的溶解氧质量浓度不小于 $2mg/L$，培养后样品中剩余溶解氧质量浓度不小于 $2mg/L$，而且试样中剩余的溶解氧的质量浓度为开始浓度的 $1/3 \sim 2/3$ 最佳。

稀释倍数可根据样品的总有机碳、高锰酸盐指数或化学需氧量的测定值，参考表 5-4 列出的 BOD_5 与总有机碳、高锰酸盐指数或化学需氧量的比值 R 估计 BOD_5 的期望值（R 与样品的类型有关），再根据表 5-5 确定稀释因子。当不能准确地选择稀释倍数时，一个样品做 $2 \sim 3$ 个不同的稀释倍数。

表 5-4　典型的比值 R

水样的类型	总有机碳 $R(BOD_5/TOC)$	高锰酸盐指数 $R(BOD_5/I_{Mn})$	化学需氧量 $R(BOD_5/COD)$
未处理的废水	$1.2 \sim 2.8$	$1.2 \sim 1.5$	$0.35 \sim 0.65$
生化处理的废水	$0.3 \sim 1.0$	$0.5 \sim 1.2$	$0.20 \sim 0.35$

由表 5-4 中选择适当的 R 值，按式 (5-8) 计算 BOD_5 的期望值：

$$\rho = RY \tag{5-8}$$

式中　ρ——五日生化需氧量浓度的期望值，mg/L；

Y——总有机碳（TOC）、高锰酸盐指数（I_{Mn}）或化学需氧量（COD）的值，mg/L。

由估算出的 BOD_5 的期望值，按表 5-5 确定样品的稀释倍数。

表 5-5　BOD_5 测定的稀释倍数

BOD_5 的期望值/(mg/L)	稀释倍数	水样类型
$6 \sim 12$	2	河水，生物净化的城市污水
$10 \sim 30$	5	河水，生物净化的城市污水
$20 \sim 60$	10	生物净化的城市污水
$40 \sim 120$	20	澄清的城市污水
$100 \sim 300$	50	轻度污染的原城市污水
$200 \sim 600$	100	中度污染的原城市污水
$400 \sim 1200$	200	重度污染的原城市污水

2. 样品稀释

按照确定的稀释倍数，将一定体积的试样或处理后的试样用虹吸管加入已加部分稀释水（或接种稀释水）的稀释容器中，加稀释水（或接种稀释水）至刻度，轻轻混合避免残留气泡。若稀释倍数超过 100 倍，可进行两步或多步稀释。

注：若分析结果精度要求较高或存在微生物毒性物质时，应配制几个不同稀释倍数的水样，选择与稀释倍数无关的结果，并取其平均值。

3. 空白试样

稀释法测定，空白试样为稀释水，需要时每升稀释水中加入 2mL 丙烯基硫脲硝化抑制剂。稀释接种法测定，空白试样为接种稀释水，必要时每升接种稀释水中加入 2mL 丙烯基硫脲硝化抑制剂。

4. 水样的测定

水样和空白试样的测定与不经稀释水样的测定步骤相同，用碘量法测定当天和培养 5d 后的溶解氧。

四、数据处理及评价

1. 结果计算

（1）非稀释法　非稀释法按式(5-9)计算样品 BOD_5 的测定结果：

$$\rho = \rho_1 - \rho_2 \tag{5-9}$$

式中　ρ——五日生化需氧量质量浓度，mg/L；

　　　ρ_1——水样在培养前的溶解氧质量浓度，mg/L；

　　　ρ_2——水样在培养后的溶解氧质量浓度，mg/L。

（2）非稀释接种法　非稀释接种法按式(5-10)计算样品 BOD_5 的测定结果：

$$\rho = (\rho_1 - \rho_2) - (\rho_3 - \rho_4) \tag{5-10}$$

式中　ρ——五日生化需氧量质量浓度，mg/L；

　　　ρ_1——接种水样在培养前的溶解氧质量浓度，mg/L；

　　　ρ_2——接种水样在培养后的溶解氧质量浓度，mg/L；

　　　ρ_3——空白样在培养前的溶解氧质量浓度，mg/L；

　　　ρ_4——空白样在培养后的溶解氧质量浓度，mg/L。

（3）稀释法与稀释接种法　稀释法与稀释接种法按式(5-11)计算样品 BOD_5 的测定结果：

$$\rho = \frac{[(\rho_1 - \rho_2) - (\rho_3 - \rho_4)]f_1}{f_2} \tag{5-11}$$

式中　ρ——五日生化需氧量质量浓度，mg/L；

　　　ρ_1——接种稀释水样在培养前的溶解氧质量浓度，mg/L；

　　　ρ_2——接种稀释水样在培养后的溶解氧质量浓度，mg/L；

　　　ρ_3——空白样在培养前的溶解氧质量浓度，mg/L；

　　　ρ_4——空白样在培养后的溶解氧质量浓度，mg/L；

　　　f_1——接种稀释水或稀释水在培养液中所占的比例；

　　　f_2——原样品在培养液中所占的比例。

注：① BOD_5 测定结果以氧的质量浓度（mg/L）报出。稀释法与稀释接种法，结果取满足要求的几个稀释倍数结果的平均值。结果小于 100mg/L，保留一位小数；100～1000mg/L，取整数位；大于 1000mg/L 以科学计数法报出。

② 结果报告中应注明：样品是否经过过滤、冷冻或均质化处理。

2. 结果评价

① 按实验报告要求记录实验结果，并分析结果的正确性。

② 根据污水来源，结合排放标准，进行结果评价。

五、实验注意事项

① 测定一般水样的 BOD_5 时，硝化作用很不明显或根本不发生。但对于生物处理池出

水，则含有大量硝化细菌。因此，在测定 BOD_5 时也包括了部分含氮化合物的需氧量。对于这种水样，如只需测定有机物的需氧量，应加入硝化抑制剂，如丙烯基硫脲等。

② 在两个或三个稀释比的样品中，凡消耗溶解氧大于 2mg/L 和剩余溶解氧大于 1mg/L 都有效，计算结果时应取平均值。

③ 为检查稀释水和接种液的质量，以及化验人员的操作技术，可将 20mL 葡萄糖-谷氨酸标准溶液用接种稀释水稀释至 1000mL，测其 BOD_5，其结果应在 180～230mg/L 之间。否则，应检查接种液、稀释水或操作技术是否存在问题。

附录：碘量法测定水中溶解氧　　🗂 拓展阅读

1. 实验原理

水样中加入硫酸锰和碱性碘化钾，水中溶解氧将低价锰氧化成高价锰，生成四价锰的氢氧化物棕色沉淀。加酸后，氢氧化物沉淀溶解，并与碘离子反应从而释放出游离碘。以淀粉为指示剂，用硫代硫酸钠标准溶液滴定释放出的碘，根据滴定溶液消耗量计算溶解氧含量。

2. 实验试剂

① 硫酸锰溶液：称取 480g 硫酸锰（$MnSO_4 \cdot 4H_2O$）溶于水，用水稀释至 1000mL。此溶液加至酸化过的碘化钾溶液中，遇淀粉不得产生蓝色。

② 碱性碘化钾溶液：称取 500g 氢氧化钠溶解于 300～400mL 水中，另称取 150g 碘化钾溶 200mL 水中，待氢氧化钠溶液冷却后，将两溶液合并，混匀，用水稀释至 1000mL。如有沉淀，则放置过夜后，倾出上层清液，贮于棕色瓶中，用橡胶塞塞紧，避光保存。此溶液酸化后，遇淀粉应不呈蓝色。

③（1∶5）硫酸溶液。

④ 淀粉溶液：1‰（质量/体积）。称取 1g 可溶性淀粉，用少量水调成糊状，再用刚煮沸的水稀释至 100mL。冷却后，加入 0.1g 水杨酸或 0.4g 氯化锌防腐。

⑤ 重铬酸钾标准溶液：$c(1/6K_2Cr_2O_7) = 0.02500mol/L$。称取于 105～110℃下烘干 2h，并冷却的重铬酸钾 1.2258g，溶于水，移入 1000mL 容量瓶中，用水稀释至标线，摇匀。

⑥ 硫代硫酸钠溶液：称取 6.2g 硫代硫酸钠（$Na_2S_2O_3 \cdot 5H_2O$）溶于煮沸放冷的水中，加入 0.2g 碳酸钠，用水稀释至 1000mL，贮于棕色瓶中，使用前用 0.02500mol/L 重铬酸钾标准溶液标定。

⑦ 硫酸（$\rho = 1.84g/cm^3$）。

3. 测定步骤

① 溶解氧的固定：将吸液管插入溶解氧瓶的液面下，加入 1mL 硫酸锰溶液、2mL 碱性碘化钾溶液，盖好瓶塞，颠倒混合数次，静置。一般在取样现场固定。

② 打开瓶塞，立即将吸液管插入液面下加入 2.0mL 硫酸。盖好瓶塞，颠倒混合摇匀，至沉淀物全部溶解，放于暗处静置 5min。

③ 吸取 100mL 上述溶液于 250mL 锥形瓶中，用硫代硫酸钠标准溶液滴定至溶液呈淡黄色，加入 1mL 淀粉溶液，继续滴定至蓝色刚好褪去，记录硫代硫酸钠溶液用量。

4. 结果计算

$$\mathrm{DO}(\mathrm{O_2,mg/L}) = \frac{MVM(1/4\mathrm{O_2})\times 10^3}{V_{样品}}$$

式中　　　　M——硫代硫酸钠标准溶液的浓度，mol/L；

　　　　　　V——滴定消耗硫代硫酸钠标准溶液的体积，mL；

　　$M(1/4\mathrm{O_2})$——$1/4\mathrm{O_2}$ 的摩尔质量，为 8g/mol；

　　　　$V_{样品}$——所取样品的体积，为 100mL。

5. 注意事项

① 当水样中含有亚硝酸盐时会干扰测定，可预先在碱性碘化钾溶液中加入叠氮化钠使水中的亚硝酸盐分解，从而消除干扰。

② 如水样中含 Fe^{3+} 达 100～200mg/L 时，可加入 1mL 40％氟化钾溶液消除干扰。

③ 如水样中含氧化性物质（如游离氯等），应预先加入相当量的硫代硫酸钠去除。

实验五　水中氨氮、亚硝酸盐氮、硝酸盐氮和总氮的测定

📖 **学习目标**　　　　　　📱 **授课视频**　📚 **教学课件**　🔗 **思维导图**

1. 了解水中 3 种形态氮及总氮的测定意义。

2. 掌握水中 3 种形态氮及总氮的测定方法和原理、采样技术，能够采用纳氏试剂比色法、盐酸 α-萘胺比色法、紫外分光光度法对水中氨氮、亚硝酸盐氮、硝酸盐氮和总氮进行测定，并采取适当的质量控制措施。

3. 熟练实验数据的处理方法，对结果正确表达、合理分析，给予自己的实验结果正确的评价。

水体中的氮包括无机氮和有机氮两大类。无机氮包括氨态氮（简称氨氮）和硝态氮（硝酸盐氮和亚硝酸盐氮）。有机氮主要有尿素、氨基酸、核酸、尿酸、脂肪胺、有机碱、氨基糖等含氮有机物。当含氮有机物进入水体后，由于微生物和氧的作用可以逐步分解或氧化为无机氨（NH_3）、铵（NH_4^+）、亚硝酸盐（NO_2^-）和最终产物（NO_3^-）：

$$含氮有机物 \xrightarrow{微生物} 氨基酸、氨等$$

$$NH_3(NH_4^+) \xrightarrow{亚硝酸菌,O_2} NO_2^- \xrightarrow{硝酸菌} NO_3^-$$

可见，水体中各种形态氮的含量分别代表有机氮转化为无机氮的各个不同阶段，测定各种形态的含氮化合物，有助于评价水体被污染的情况和自净状况。

氨　氮

一、自主学习导航

水中氨氮主要来源于生活污水中含氮有机物受微生物作用的分解产物，以及某些工业废水（如焦化、合成氨等工业生产废水）和农田排水等。氨氮含量较高时，对鱼类呈现毒害作用，对人体也有不同程度的危害。

水中的氨氮是指以游离氨（或称非离子氨，NH_3）和离子铵（NH_4^+）形式存在的氮，两者的组成比例取决于水的 pH 值和水温。当 pH 值偏高时，游离氨的比例较高；反之，则铵盐的比例高。水温的影响则相反。

1. 方法选择

氨氮（ammonia nitrogen）的测定方法主要有纳氏试剂比色法、气相分子吸收法、苯酚-次氯酸盐（或水杨酸-次氯酸盐）比色法和电极法等。纳氏试剂比色法具有操作简便、灵敏等特点，水中钙、镁和铁等金属离子、硫化物、醛和酮类、颜色及浑浊等均干扰测定，需做相应的预处理。苯酚-次氯酸盐比色法具有灵敏、稳定等优点，干扰情况和消除方法同纳氏试剂比色法。电极法通常不需要对水样进行预处理，测量范围宽，但电极的寿命和重现性尚存在问题。气相分子吸收法比较简单，使用专用仪器或原子吸收仪都可达到良好的效果。当氨氮含量较高时，可采用蒸馏-酸滴定法。本实验采用纳氏试剂分光光度法测定水中氨氮。

2. 实验原理

水样中的氨氮在碱性条件下与纳氏试剂作用生成淡红棕色络合物，该络合物的吸光度与氨氮含量成正比，于波长 420nm 处测量吸光度。

$$2K_2[HgI_4] + 3KOH + NH_3 \longrightarrow [Hg_2O \cdot NH_2]I + 2H_2O + 7KI$$

当氨氮含量很低时呈浅黄色或棕色，在 425nm 波长处进行吸光度测定。

3. 方法的适用范围　　　　　　　　　　　　　　　　　　　　　📑 标准

本实验所用方法依据《水质 氨氮的测定 纳氏试剂分光光度法》（HJ 535—2009）、《国家地表水环境质量监测网作业指导书》（2017 版），方法的检出限为 0.025mg/L，测定下限为 0.10mg/L，测定上限为 2.0mg/L（均以 N 计）。

4. 干扰及消除

水样中含有悬浮物、余氯、钙镁等金属离子、硫化物和有机物时会产生干扰，含有此类物质时要做适当处理，以消除对测定的影响。

若样品中存在余氯，可加入适量的硫代硫酸钠溶液去除，用淀粉-碘化钾试纸检验余氯是否除尽。在显色时加入适量的酒石酸钾钠溶液，可消除钙镁等金属离子的干扰。若水样浑浊或有颜色时可用预蒸馏法或絮凝沉淀法处理。

5. 安全提示

实验中所用试剂氯化汞（$HgCl_2$）（危险品标志：T＋、N）和碘化汞（HgI_2）（危险品标志：T＋、N）为剧毒物质，对环境具有危害性，操作时应按规定要求佩戴防护器具，避免接触皮肤和衣服，在通风橱内进行操作。

6. 课前思考

① 当水样有颜色时，最好用何种方法测定其氨氮含量？

② 影响氨氮测定准确度的因素有哪些？

二、实验准备

（一）仪器和试剂　　　　　　　　　　　　　　　　　　　📦 操作评分表

1. 实验仪器

① 可见分光光度计。

② 具塞磨口玻璃比色管：50mL。

③ 一般实验室常用仪器和设备。

2. 实验试剂

① 无氨水：选用下列方法之一进行制备。

a. 蒸馏法：每升蒸馏水中加 0.1mL 浓硫酸，在全玻璃蒸馏器中重蒸馏，弃去 50mL 初馏液，接取其余馏出液于具塞磨口的玻璃瓶中，密塞保存。

b. 离子交换法：使蒸馏水通过强酸性阳离子交换树脂（氢型）柱。

② 纳氏试剂：可选择下列任意一种方法配制。

a. 氯化汞-碘化钾-氢氧化钾（$HgCl_2$-KI-KOH）溶液。称取 15.0g 氢氧化钾，溶于 50mL 水中，冷却至室温。取 5.0g 碘化钾，溶于 10mL 水中，在搅拌下，将 2.50g 氯化汞粉末分多次加入碘化钾溶液中，直到溶液呈深黄色或出现淡红色沉淀溶解缓慢时，充分搅拌混合，并改为滴加氯化汞饱和溶液，当出现少量朱红色沉淀不再溶解时，停止滴加。在搅拌下，将冷却的氢氧化钾溶液缓慢地加入氯化汞和碘化钾的混合液中，并稀释至 100mL，于暗处静置 24h，倾出上清液，贮于聚乙烯瓶内，用橡胶塞或聚乙烯盖子盖紧，存放在暗处，有效期 30d。

b. 碘化汞-碘化钾-氢氧化钠（HgI_2-KI-NaOH）溶液。称取 16.0g 氢氧化钠，溶于 50mL 水中，冷却至室温。称取 7.0g 碘化钾和 10.0g 碘化汞，溶于水中，然后将此溶液在搅拌下缓慢加入上述 50mL 氢氧化钠溶液中，用水稀释至 100mL。贮于聚乙烯瓶内，用橡胶塞或聚乙烯盖子盖紧，于暗处存放。

纳氏试剂的配制与使用

小技巧

1. 纳氏试剂的配制过程对空白试样的吸光度有较大影响，配制过程中需注意：汞盐溶液要多搅拌，让其尽可能溶解后静置，底层不溶性残渣弃掉，静置期间要对容器密封，防止空气中氨溶解从而导致空白升高；氢氧化钠（钾）溶液一定要冷却至室温后再和汞盐溶液混合；混合时一定要缓缓将汞盐溶液和碱液混合，边加入边搅拌，保证生成的沉淀及时溶解。

2. 为了保证纳氏试剂有良好的显色能力，配制 $HgCl_2$-KI-KOH 溶液时务必控制 $HgCl_2$ 的加入量，到微量 HgI_2 红色沉淀不再溶解时为止；配制 100mL 纳氏试剂所需 $HgCl_2$ 与 KI 的用量之比约为 2.3：5；在配制时为了加快反应速率、节省配制时间，可低温加热进行，防止 HgI_2 红色沉淀的提前出现。

3. 纳氏试剂在使用过程中应尽可能减少在空气中的暴露时间，要求密封保存，防止空气中氨的溶入导致空白升高。

4. 纳氏试剂可存放更长时间，但延长纳氏试剂的保存期可能造成空白实验吸光度增大或斜率变小，经检验空白实验或斜率不满足要求时，应重新配制。

---

③ 酒石酸钾钠溶液：$\rho(KNaC_4H_6O_6 \cdot 4H_2O) = 500g/L$。称取 50.0g 酒石酸钾钠溶于 100mL 水中，加热煮沸以驱除氨，充分冷却后稀释至 100mL。

小技巧

酒石酸钾钠溶液的配制与使用

1. 加入不合格的酒石酸钾钠会导致实验室空白值变高和实际水样变浑浊，因此酒石酸钾钠溶液配制时务必充分煮沸以除去氨。

2. 当酒石酸钾钠试剂空白较高时，可加入少量氢氧化钠溶液，适当延长煮沸的时间，即蒸发掉溶液体积的20%～30%，冷却后用无氨水稀释至原体积；如果还不能完全除去氨应煮沸蒸发掉溶液体积的50%以上。为避免试剂冷却时受到空气中可能存在的氨的影响，应尽量缩短冷却时间，建议使用冷水浴迅速冷却。

3. 测定过程中如发现实验室空白值变高，有可能是酒石酸钾钠试剂空白较高引起的，可将酒石酸钾钠溶液定量后再次煮沸使用。

④ 硫酸锌溶液：$\rho(ZnSO_4 \cdot 7H_2O) = 100g/L$。称取10.0g硫酸锌（$ZnSO_4 \cdot 7H_2O$）溶于水中，稀释至100mL。

⑤ 氢氧化钠溶液 I：$\rho(NaOH) = 250g/L$。称取25g氢氧化钠溶于水中，稀释至100mL。

⑥ 氢氧化钠溶液 II：$c(NaOH) = 1mol/L$。称取4g氢氧化钠溶于水中，稀释至100mL。

⑦ 盐酸溶液：$c(HCl) = 1mol/L$。取8.5mL盐酸于100mL容量瓶中，用水稀释至标线。

⑧ 硼酸溶液：$\rho(H_3BO_3) = 20g/L$。称取20g硼酸溶于水，稀释至1000mL。

⑨ 溴百里酚蓝指示剂：$\rho = 0.5g/L$。称取0.05g溴百里酚蓝溶于50mL水中，加入10mL无水乙醇，用水稀释至100mL。

⑩ 氨氮标准储备液：$\rho(N) = 1000mg/L$。称取3.8190g氯化铵（NH_4Cl，优级纯，在100～105℃下干燥2h）溶于水，定容至1000mL，可在2～5℃条件下保存30d。

⑪ 氨氮标准使用液：$\rho(N) = 10.0mg/L$。吸取5.00mL氨氮标准储备液于500mL容量瓶中，稀释至刻度。临用前配制。

（二）样品的采集和保存

水样采集在聚乙烯瓶或玻璃瓶内，要尽快分析。如需保存，应加硫酸使水样酸化到pH<2，2～5℃下可保存7d。酸化样品时，应注意防止吸收空气中的氨而沾污。

三、实验操作

1. 水样的前处理

（1）絮凝沉淀 对于一般水样，建议采用絮凝沉淀法进行预处理。移取100mL混合均匀的样品，加入1mL硫酸锌溶液，并用氢氧化钠溶液 I 调节pH值为10.5，混匀使之沉淀，取上清液分析。必要时，用经水冲洗过的中速定性滤纸过滤后分析。

注：建议絮凝沉淀后样品必须经过滤纸过滤或离心分离，以免取样时带入絮状物。因离心比滤纸过滤干扰小，推荐离心分离，样品絮凝沉淀后转入100mL离心管中进行离心处理（4000r/min，5min），取上清液分析。

（2）预蒸馏 对于特殊水样，絮凝沉淀法不能去除全部干扰时（如絮凝沉淀后仍明显浑浊，或加入掩蔽剂和显色剂后浑浊，从而导致无法比色），可采用预蒸馏法进行水样前处理。将 50mL 硼酸溶液移入接收瓶内，确保冷凝管出口在硼酸溶液液面之下。分取 250mL 样品移入烧瓶中，加几滴溴百里酚蓝指示剂，必要时，用氢氧化钠溶液Ⅱ或盐酸溶液调节 pH 值至 6.0（指示剂呈黄色）～7.4（指示剂呈蓝色）之间，加入 0.25g 轻质氧化镁及数粒玻璃珠，立即连接氮球和冷凝管。加热蒸馏，使馏出液馏出速率约为 10mL/min，待馏出液达 200mL 时，停止蒸馏，加水定容至 250mL。

注：① 蒸馏过程中，某些有机物很可能与氨同时馏出，对测定有干扰，其中有些物质（如甲醛）可以在酸性条件（pH＜1）下煮沸除去。

② 由于被蒸馏溶液中的氨氮从液相中逸出主要发生在蒸馏中前期，尤其对于氨氮浓度较高的水样，氨气在水样未沸腾的前期已经从液相中大量逸出，为了保证吸收效率，开始加热时一定不能过快，缓缓升温，否则易导致氨吸收不完全。

③ 蒸馏器清洗：向蒸馏烧瓶中加入 350mL 水、数粒玻璃珠，装好仪器，蒸馏到至少收集 100mL 水，将馏出液及瓶内残留液弃去。

2. 标准曲线的绘制

在 8 个 50mL 比色管中，分别加入 0.00、0.50mL、1.00mL、2.00mL、4.00mL、6.00mL、8.00mL 和 10.00mL 氨氮标准使用液，其所对应的氨氮含量分别为 0.0、5.0μg、10.0μg、20.0μg、40.0μg、60.0μg、80.0μg 和 100μg，加水至标线，加入 1.0mL 酒石酸钾钠溶液，摇匀。加入纳氏试剂 1.5mL（$HgCl_2$-KI-KOH）或 1.0mL（HgI_2-KI-NaOH），混匀。放置 10min 后，在波长 420nm 处测量吸光度。

以校正吸光度（测得吸光度减去空白吸光度）为纵坐标，以其对应的氨氮含量（μg）为横坐标，绘制标准曲线。

注：① 根据实际样品的浓度范围，标准曲线范围可适当调整，包含 0 浓度点在内至少 6 个点。

② 标准曲线斜率范围 0.0060～0.0078，截距≤±0.005。

3. 样品测定

取经预处理的水样 50mL（若水样中氨氮浓度超过 2mg/L，可适当少取水样），按与标准曲线相同的步骤测量吸光度。

注：采用蒸馏法-硼酸吸收液法测定结果有时存在严重偏低情况，可将吸收后的硼酸溶液用氢氧化钠溶液Ⅱ调节 pH 值至 7～9 左右（碱性不宜过大，否则待测氨氮可转化为氨气逃逸）后再加入掩蔽剂、纳氏试剂测定，如果出现红色沉淀，说明水样的酸碱性没有调节好。

4. 空白实验

以无氨水代替水样，按与样品相同的步骤进行前处理和测定。

实验废液处理提示： 本实验产生的废液含氯化汞和碘化汞等有害物质，应统一收集，委托有资质的单位集中处理。

四、数据处理及评价

1. 结果计算

水样中氨氮的质量浓度（以 N 计）按以下公式计算：

$$\rho = \frac{A_s - A_b - a}{bV} \qquad (5\text{-}12)$$

式中　ρ——水样中氨氮的质量浓度，mg/L；

　　A_s——水样的吸光度；

　　A_b——空白试验的吸光度；

　　a——校准曲线的截距；

　　b——校准曲线的斜率；

　　V——水样体积，mL。

注：当测定结果＜10.0mg/L 时，保留至小数点后两位；当测定结果≥10.0mg/L 时，保留三位有效数字。

2. 结果评价

① 按实验报告要求记录实验结果，并分析结果的正确性。

② 根据污水来源，结合排放标准，进行结果评价。

五、实验注意事项

① 水样 pH 值的变化对颜色的强度有明显影响，pH 值太低时显色不完全，过高时溶液会出现浑浊，故样品分析前需特别注意其 pH 值（包括经预处理后的水样和直接取样分析的水样）。

② 用 10mm 比色皿比色时，试剂空白吸光度应不超过 0.030；用 20mm 比色皿比色时，试剂空白吸光度应不超过 0.050。

③ 滤纸中常含痕量铵盐，使用时注意用无氨水洗涤。

亚硝酸盐氮

一、自主学习导航

亚硝酸盐是氮循环的中间产物，性质不稳定，在氧和微生物的作用下，可被氧化成硝酸盐，在缺氧条件下也可被还原成氨。亚硝酸盐可将低铁血红蛋白氧化成高铁血红蛋白，使之失去输送氧的能力；还可与仲胺类（RR′NH）反应生成亚硝胺类（RR′N-NO）物质，已知它们之中许多具有强烈的致癌性，所以亚硝酸盐是一种潜在的污染物，是水质、食品等领域中重要的监测项目。

水体中亚硝酸盐的主要来源是生活污水、石油、燃料燃烧和硝酸盐肥料工业，以及染料、药物、试剂厂排放的废水。亚硝酸盐的测定，通常采用重氮偶合比色法，按试剂不同分为 N-(1-萘基)-乙二胺分光光度法和 α-萘胺比色法。两者的原理和操作基本相同。

1. 实验原理

在 pH 值为 1.8±0.3 时，亚硝酸盐与对氨基苯磺酰胺反应，生成重氮盐，再与 N-(1-萘基)-乙二胺偶联生成红色染料。在 540nm 波长处有最大吸收，其吸光度与亚硝酸盐含量成正比。

2. 方法的适用范围

📄 标准

本实验所用方法参照《水质 亚硝酸盐氮的测定 分光光度法》（GB 7493—87），适用于饮用水、地表水、地下水、生活污水和工业废水中亚硝酸盐的测定。此方法最低检出浓度为

0.001mg/L，测定上限为 0.20mg/L。

3. 干扰及消除

氯胺、氯、硫代硫酸盐、聚磷酸钠和高铁离子对测定有明显干扰。水样中如有强氧化剂或还原剂时，可取水样加 $HgCl_2$ 溶液过滤除去。Fe^{3+}、Ca^{2+} 的干扰，可分别在显色之前加 KF 或 EDTA 掩蔽。水样如有颜色和悬浮物时，可于 100mL 水样中加入 2mL 氢氧化铝悬浮液进行脱色处理，滤去 $Al(OH)_3$ 沉淀后再进行显色测定。

4. 安全提示

本实验所用药品对氨基苯磺酰胺（危险品标志：Xn）、N-(1-萘基)-乙二胺二盐酸盐（危险品标志：T、Xn、Xi）、亚硝酸钠（危险品标志：O、T、N、Xn）等多种试剂为有毒物质，对环境具危害性，操作时应按规定要求佩戴防护器具，避免接触皮肤和衣服，在通风橱内进行操作。实验后的残渣残液应做妥善的安全处理。

5. 课前思考

① 本实验的误差来源有哪些？如何减少测量误差？

② 实验过程中应如何进行水样的预处理？

二、实验准备

(一) 仪器和试剂

1. 实验仪器

① 分光光度计。

② 实验室常用仪器。

2. 实验试剂

① 制备无亚硝酸盐的水：于蒸馏水中加入少许高锰酸钾晶体，使呈红色，再加氢氧化钡（或氢氧化钙）使之呈碱性。置于全玻璃蒸馏器中蒸馏，弃去 50mL 初馏液，收集中间约 70% 不含锰盐的馏出液。

② 显色剂：于 500mL 烧杯中，加入 250mL 水和 50mL 磷酸，加入 20.0g 4-氨基苯磺酰胺，再将 1.00g N-(1-萘基)-乙二胺二盐酸盐溶于上述溶液中，定容至 500mL。此溶液贮于棕色瓶中，于 2～5℃下保存，至少可稳定 1 个月。

③ 亚硝酸盐氮储备液：称取 1.232g 亚硝酸钠（$NaNO_2$），溶于 150mL 水中，定容至 1000mL。每毫升约含 0.25mg 亚硝酸盐氮。此溶液贮于棕色瓶中，加入 1mL 氯仿，于 2～5℃下保存，至少稳定 1 个月。

④ 亚硝酸盐氮标准中间液：分取 50.00mL 适量亚硝酸盐氮储备液（使含 12.5mg 亚硝酸盐氮），置于 250mL 容量瓶中，用水稀释至标线。此溶液每毫升含 50.0μg 亚硝酸盐氮。中间液贮于棕色瓶内，在 2～5℃下保存，可稳定 1 周。

⑤ 亚硝酸盐氮标准使用液：取 10.00mL 亚硝酸盐氮标准中间液，置于 500mL 容量瓶中，用水稀释至标线。每毫升含 1.00μg 亚硝酸盐氮。此溶液使用时，当天配制。

⑥ 氢氧化铝悬浮液：配制方法见"硝酸盐氮"。

⑦ 高锰酸钾标准溶液：$c(1/5KMnO_4)=0.0500mol/L$。溶解 1.6g 高锰酸钾于 1200mL 水中，煮沸 0.5～1h，使体积减少到 1000mL 左右，放置过夜。滤后贮存于棕色瓶中避光保存。

⑧ 草酸钠标准溶液：$c(1/2Na_2C_2O_4)=0.0500mol/L$。溶解在 105℃下烘干 2h 的优级纯无水草酸钠 3.350g 于 750mL 水中，移入 1000mL 容量瓶中，稀释至标线。

（二）样品的采集和保存

亚硝酸盐在水中可受微生物等作用，因此很不稳定，在采集后应尽快进行分析。

实验室样品应用玻璃瓶或聚乙烯瓶采集，并在采集后尽快分析，不要超过 24h。若需短期（1～2d）保存，可以在每升样品中加入 40mg 氯化汞，并于 2～5℃下保存。

亚硝酸盐氮储备液的标定

在 300mL 具塞锥形瓶中，移入 0.050mol/L 高锰酸钾溶液 50.00mL、5mL 浓硫酸，将 50mL 无分度吸管下端插入高锰酸钾溶液液面下，加入 50.00mL 亚硝酸钠标准储备液，轻轻摇匀，置于水浴上加热至 70～80℃，按每次 10.00mL 的量加入足够的草酸钠标准溶液，使红色褪去并过量，记录草酸钠标准溶液用量（V_2）。然后用高锰酸钾标准溶液滴定过量草酸钠至溶液呈微红色，记录高锰酸钾标准溶液总用量（V_1）。

再以 50mL 水代替亚硝酸盐氮标准储备液，重复如上操作，用草酸钠标准溶液标定高锰酸钾溶液的浓度（c_1）。按下式计算高锰酸钾标准溶液浓度：

$$c_1(1/5KMnO_4)=\frac{c(1/2Na_2C_2O_4)V_4}{V_3}$$

按下式计算亚硝酸盐氮标准储备液的浓度：

$$亚硝酸盐氮(N,mg/L)=\frac{[c_1V_1-c(1/2Na_2C_2O_4)V_2]M(1/2N)\times1000}{V}$$

式中　　　　c_1——经标定的高锰酸钾标准溶液的浓度，mol/L；

V_1——滴定亚硝酸盐氮标准储备液时，加入高锰酸钾标准溶液的总量，mL；

V_2——滴定亚硝酸盐氮标准储备液时，加入草酸钠标准溶液的总量，mL；

V_3——滴定水时，加入高锰酸钾标准溶液的总量，mL；

V_4——滴定空白时，加入草酸钠标准溶液的总量，mL；

$M(1/2N)$——亚硝酸盐氮（$1/2N$）的摩尔质量，为 7.00g/mol；

V——亚硝酸盐氮标准储备液取用量，为 50.00mL；

$c(1/2Na_2C_2O_4)$——草酸钠（$1/2Na_2C_2O_4$）标准溶液的浓度，为 0.0500mol/L。

三、实验操作

1. 校准曲线的绘制

依次吸取亚硝酸盐氮标准使用液 0、1.00mL、3.00mL、5.00mL、7.00mL 及

10.00mL 至 50mL 比色管中，用水稀释至标线，然后加入 1.0mL 显色剂，密塞，混匀。静置 20min 后，于波长 540nm 处，以水为参比，测量吸光度。绘制校准曲线。

2. 水样预处理

当试样 pH≥11 时，可加入 1 滴酚酞指示剂，逐滴加入（1∶9）磷酸溶液至红色刚消失。水样有颜色或悬浮物时，可向每 100mL 试样中加入 2mL 氢氧化铝悬浮液，搅拌、静置、过滤，弃去 25mL 初滤液。

3. 水样的测定

分取经预处理的水样于 50mL 比色管中（如含量高，则分取适量，用水稀释至标线），加 1.0mL 显色剂，然后按校准曲线绘制的相同步骤操作，测量吸光度。经空白校正后，从校准曲线上查得亚硝酸盐氮含量。

4. 空白试验

用实验用水代替水样，按相同步骤进行全程测定。

实验废液处理提示：本实验产生的废液含 N-(1-萘基)-乙二胺二盐酸盐等有害物质，应统一收集，委托有资质的单位集中处理。

四、数据处理及评价

1. 结果计算

$$亚硝酸盐氮(N,mg/L)=\frac{m}{V} \tag{5-13}$$

式中　m——根据水样测得的校正吸光度，从校准曲线上查得的相应的亚硝酸盐氮的含量，μg；

　　　V——水样体积，mL。

2. 结果评价

① 按实验报告要求记录实验结果，并分析结果的正确性。

② 根据污水来源，结合排放标准，进行结果评价。

五、实验注意事项

① 如水样经预处理后还有颜色，则分取两份体积相同的经预处理的水样，一份加 1.0mL 显色剂，另一份改加 1mL（1∶9）磷酸溶液。由加显色剂的水样测得的吸光度，减去空白试验的吸光度，再减去改加磷酸溶液的水样所测得的吸光度后，获得校正吸光度，以进行色度校正。

② 显色剂除以混合液的形式加入外，亦可分别配制，依次加入。对氨基苯磺酸溶液一般较稳定，而 N-(1-萘基)-乙二胺二盐酸盐溶液不太稳定，需贮于棕色瓶内，置于冰箱中保存，若色泽加深时，应重新配制。

硝酸盐氮

一、自主学习导航

硝酸盐氮（nitrate nitrogen）通常是含氮有机物经无机化作用后最终的分解产物，在一定条件下，它与水中亚硝酸盐之间可以相互转化，反映水体受污染的程度，常作为水体污染的监测指标。

水体中硝酸盐的含量相差悬殊，从数十微克每升至数十毫克每升，清洁地表水中含量较低，受污染的水体以及一些深层地下水中含量较高。

制革废水、酸洗废水、某些生化处理设施的出水及农田排水中常含有大量硝酸盐。

1. 方法的选择　　　📄 标准

环境监测中硝酸盐氮的测定方法主要有酚二磺酸分光光度法（GB 7480—87）、紫外分光光度法（HJ/T 346—2007）、离子色谱法（HJ 84—2016）和气相分子吸收光谱法（HJ/T 198—2005）。酚二磺酸分光光度法的精密度和准确度较高，氯化物、亚硝酸盐、铵盐、有机物等会严重影响测定结果，操作过程烦琐、费时，而且使用有毒试剂苯酚，给环境带来污染；紫外分光光度法操作相对简便。这两种分光光度法一般只适用于测定饮用水、地下水和清洁的地表水。离子色谱法和气相分子吸收光谱法均需有专用仪器，其优点是操作过程简便、快速，干扰较少。离子色谱法可同时和其他阴离子联合测定，适用于地表水、地下水、饮用水、降水、生活污水和工业废水的测定；气相分子吸收光谱法的检出限更低，可达 0.006mg/L，适用范围也更广，除了能满足地表水、地下水、饮用水、生活污水和工业废水的测定外，还可测定海水及含盐废水。

本实验采用紫外分光光度法。

2. 实验原理

硝酸根离子在紫外区有强吸收，根据在 220nm 波长处的吸光度可定量测定硝酸盐氮，其他氮化物在此波长不干扰测定。溶解的有机物在 220nm 处也会有吸收，而硝酸根离子在 275nm 处没有吸收。因此，在 275nm 处做另一次测量，以校正硝酸盐氮值。

3. 方法的适用范围

本实验所用方法参照《水质 硝酸盐氮的测定 紫外分光光度法》（HJ/T 346—2007），此方法适用于地表水、地下水中硝酸盐氮的测定。方法最低检出质量浓度为 0.08mg/L，测定下限为 0.32mg/L，测定上限为 4mg/L。

4. 干扰及消除

溶解的有机物、表面活性剂、亚硝酸盐氮、六价铬、溴化物、碳酸氢盐和碳酸盐等干扰测定，需进行适当的预处理。本法采用絮凝共沉淀和大孔中性吸附树脂进行处理，以排除水样中大部分常见有机物、浊度和 Fe^{3+}、$Cr(Ⅵ)$ 对测定的干扰。

5. 课前思考

① 在硝酸盐氮的测定中，为什么要用石英比色皿？

② 采用紫外分光光度法测定硝酸盐氮，为什么要加盐酸？

二、实验准备

(一) 仪器和试剂

1. 实验仪器

① 紫外分光光度计。

② 离子交换柱（$\phi = 1.4\text{cm}$，装树脂高 5～8cm）。

吸附柱的制备： 新的大孔径中性树脂先用 200mL 水分两次洗涤，用甲醇浸泡过夜，弃去甲醇，再用 40mL 甲醇分两次洗涤，然后用新鲜去离子水洗到柱中流出液滴落于烧杯中无乳白色为止。树脂装入柱中时，树脂间绝不允许存在气泡。

注：树脂吸附容量较大，可处理 50～100 个地表水水样，视有机物含量而异。使用多次后，可用未接触过橡胶制品的新鲜去离子水作参比，在 220nm 和 275nm 波长处检验，测得吸光度应接近零。超过仪器允许误差时，需用甲醇再生。

2. 实验试剂

① 氢氧化铝悬浮液：溶解 125g 硫酸铝钾 $[\text{KAl}(\text{SO}_4)_2 \cdot 12\text{H}_2\text{O}]$ 或硫酸铝铵 $[\text{NH}_4\text{Al}(\text{SO}_4)_2 \cdot 12\text{H}_2\text{O}]$ 于 1000mL 水中，加热至 60℃，在不断搅拌中，徐徐加入 55mL 浓氨水，放置约 1h 后，移入 1000mL 量筒内，用水反复洗涤沉淀，最后至洗涤液中不含硝酸盐氮为止。澄清后，倾出上清液，只留悬浮液，最后加入 100mL 水，振荡均匀。

② 硫酸锌溶液：10%硫酸锌水溶液。

③ 氢氧化钠溶液：$c(\text{NaOH}) = 5\text{mol/L}$。

④ 大孔径中性树脂：CAD-40 或 XAD-2 型及类似性能的树脂。

⑤ 盐酸：$c(\text{HCl}) = 1\text{mol/L}$。

⑥ 硝酸盐氮标准储备液：$\rho(\text{N}) = 0.100\text{mg/L}$。称取 0.722g 于 105～110℃下干燥 2h 的硝酸钾（优级纯）溶于水，定容至 1000mL，加 2mL 三氯甲烷作保存剂，混匀，至少可稳定 6 个月。

⑦ 0.8%氨基磺酸溶液：避光保存于冰箱中。

(二) 样品的采集和保存

硝酸盐氮水样采集后应尽快测定。一般应在约 4℃下保存，在 24h 内测定。

三、实验操作

(一) 水样的预处理

1. 絮凝共沉淀

量取 200mL 水样置于锥形瓶或烧杯中，加入 2mL 硫酸锌溶液，在搅拌下滴加氢氧化钠溶液调至 pH 值为 7。或将 200mL 水样调至 pH 值为 7 后，加 4mL 氢氧化铝悬浮液。待絮凝胶团下沉后或经离心分离，取上清液备用。

2. 吸附树脂柱处理

吸取共沉淀后上清液 100mL，分两次洗涤吸附树脂柱，以每秒 1～2 滴的流速流出，各个样品间流速保持一致，弃去初始流出液。再继续使水样上清液通过柱子，收集 50mL 于比色管中，备用。

树脂用 150mL 水分三次洗涤，备用。

（二）水样的测定

① 取一定量预处理后的水样于 50mL 比色管中，加 1.0mL 盐酸溶液、0.1mL 氨基磺酸溶液。当亚硝酸盐氮低于 0.1mg/L 时，可不加氨基磺酸溶液。

② 用光程长 10mm 的石英比色皿，在 220nm 和 275nm 波长处，以经过树脂吸附的新鲜去离子水 50mL，加 1mL 盐酸溶液为参比，测量吸光度。

（三）标准曲线的绘制

于 6 个 200mL 容量瓶中分别加入 0.00、0.50mL、1.00mL、2.00mL、3.00mL、4.00mL 硝酸盐氮标准储备液，用新鲜去离子水稀释至标线，其硝酸盐氮质量浓度分别为 0.00、0.25mg/L、0.50mg/L、1.00mg/L、1.50mg/L、2.00mg/L。按水样测定相同操作步骤测量吸光度，然后绘制标准曲线。

四、数据处理及评价

1. 结果计算

吸光度的校正值（$A_校$）按下式计算：

$$A_校 = A_{220} - 2A_{275} \tag{5-14}$$

式中　A_{220}——220nm 波长处测得的吸光度；

　　　A_{275}——275nm 波长处测得的吸光度。

求得吸光度的校正值（$A_校$）以后，从标准曲线中查得相应的硝酸盐氮量，即为水样测定结果。水样若经稀释后测定，则结果应乘以稀释倍数。

2. 结果评价

① 按实验报告要求记录实验结果，并分析结果的正确性。

② 根据污水来源，结合排放标准，进行结果评价。

五、实验注意事项

为了解水样受污染程度和变化情况，需对水样进行紫外吸收光谱分布曲线的扫描，如无扫描装置时，可手动在 220～280nm 间每隔 2～5nm 测量吸光度，绘制波长-吸光度曲线。水样与近似浓度的标准溶液分布曲线应类似，而且在 220nm 与 275nm 附近不应有肩状线或折线出现。参考吸光度比值（A_{275}/A_{220}）×100% 应小于 20%，越小越好，超过时应予以鉴别。

水样经上述方法进行适用情况检验后，符合要求时，可不经预处理，直接取 50mL 水样于比色管中，加盐酸和氨基磺酸溶液后，进行吸光度测量。如经絮凝后水样亦达到上述要求，则也可只进行絮凝预处理，省略树脂吸附操作。

含有有机物的水样，而且硝酸盐含量较高时，必须先进行预处理后再稀释。

大孔中性吸附树脂对环状、空间结构大的有机物吸附能力强；对低碳链、有较强极性和亲水性的有机物吸附能力差。

当水样中存在六价铬时，絮凝剂应采用氢氧化铝，并放置 0.5h 以上再取上清液供测定用。

总　氮

一、自主学习导航

总氮（total nitrogen，TN）指在碱性溶液中，消解条件下能测定的样品中溶解态氮及悬浮物中氮的总和，包括亚硝酸盐氨、硝酸盐氮、无机铵盐、溶解态氨及大部分有机含氮化合物中的氮。

测定总氮时，通常先采用过硫酸钾氧化，使有机氮和无机氮化合物转变为硝酸盐后，再以紫外分光光度法、偶氮比色法，以及离子色谱法或气相分子吸收法进行测定。

1. 实验原理

在 120～124℃下，碱性过硫酸钾溶液使样品中含氮化合物转化为硝酸盐，采用紫外分光光度法于 220nm 和 275nm 处，分别测定吸光度 A_{220} 和 A_{275}，按公式(5-15)计算校正吸光度 A，总氮（以 N 计）的含量与校正吸光度 A 成正比。

$$A = A_{220} - A_{275} \tag{5-15}$$

2. 方法的适用范围

本实验所用方法参照《水质　总氮的测定　碱性过硫酸钾消解分光光度法》（HJ 636—2012），适用于地表水、地下水、生活污水和工业废水中总氮的测定。当样品量为 10mL 时，此方法检出限为 0.05mg/L，测定范围为 0.20～7.00mg/L。

3. 干扰及消除

① 当碘离子含量为总氮含量的 2.2 倍以上，溴离子含量为总氮含量的 3.4 倍以上时，对测定产生干扰。

② 水样中的六价铬离子和三价铁离子对测定产生干扰，可加入 1～2mL 5％盐酸羟胺溶液消除。

③ 碳酸盐及碳酸氢盐对测定有影响，可加入一定量的盐酸消除干扰。

二、实验准备

（一）仪器和试剂

1. 实验仪器

① 高压蒸汽灭菌器：最高工作压力不低于 1.1～1.4kgf/cm²，最高工作温度不低于 120～124℃。

② 其他仪器见硝酸盐的测定实验。

注：实验中所用的玻璃器皿应用盐酸溶液或硫酸溶液浸泡，用自来水冲洗后再用无氨水冲洗数次，洗净后立即使用。为降低比色管空白，可在比色管中加入 15mL 左右纯水消解一次至两次。

2. 实验试剂

① 硫酸溶液：1∶35。

② 盐酸溶液：1∶9。

③ 氢氧化钠溶液：ρ（NaOH）＝20g/L。称取 2.0g 氢氧化钠溶于少量水中，稀释至 100mL。

④ 碱性过硫酸钾溶液：称取 40.0g 过硫酸钾（$K_2S_2O_8$）溶于 600mL 水中（可置于 50℃ 水浴中加热至全部溶解）；另称取 15.0g 氢氧化钠溶于 300mL 水中。待氢氧化钠溶液温度冷却至室温后，混合两种溶液，定容至 1000mL，存放于聚乙烯瓶中，可保存 1 周。

> **● 小技巧**
>
> **碱性过硫酸钾溶液的配制**
>
> 在碱性过硫酸钾溶液配制过程中，温度过高会导致过硫酸钾分解失效，因此要控制水浴温度在 60℃ 以下，而且应待氢氧化钠溶液温度冷却至室温后，再将其与过硫酸钾溶液混合、定容。

⑤ 硝酸钾标准储备液：ρ（N）＝100mg/L。称取 0.722g 于 105～110℃ 下干燥 2h 的硝酸钾（优级纯）溶于水，定容至 1000mL，加 2mL 三氯甲烷作保存剂，混匀，至少可稳定 6 个月。

⑥ 硝酸钾标准使用液：ρ（N）＝10.0mg/L。量取 10mL 硝酸钾标准储备液至 100mL 容量瓶中，用水稀释至标线，混匀，临用现配。

（二）样品的采集和保存

实验室样品应用玻璃瓶或聚乙烯瓶采集，用浓硫酸调节 pH 值至 1～2，常温下可保存 7d，贮存在聚乙烯瓶中，于－20℃ 下冷冻，可保存 1 个月。

三、实验操作

1. 试样的制备

取适量样品用氢氧化钠溶液或硫酸溶液调节 pH 值至 5～9，待测。

2. 校准曲线的绘制

依次吸取硝酸钾标准使用液 0.00、0.20mL、0.50mL、1.00mL、3.00mL 和 7.00mL 至 25mL 比色管中（其对应的总氮含量分别为 0.00、$2.00\mu g$、$5.00\mu g$、$10.0\mu g$、$30.0\mu g$ 和 $70.0\mu g$），加水稀释至 10.00mL，然后加入碱性过硫酸钾溶液 5.00mL，密塞，用纱布和线绳扎紧，以防弹出。将比色管置于高压蒸汽灭菌器中，加热至 120～124℃，保持温度 30min。自然冷却，取出比色管冷却至室温，混匀。

加 1.0mL 盐酸溶液，用水稀释至 25mL，混匀。用光程长 10mm 的石英比色皿，在 220nm 和 275nm 波长处，以水为参比，测量吸光度。

零浓度的校正吸光度 A_b、其他标准系列的校正吸光度 A_s 及其差值 A_r 按式（5-16）～式（5-18）计算。以总氮（以 N 计）含量（μg）为横坐标，以对应的 A_r 值为纵坐标，绘制校准曲线。

$$A_b = A_{b220} - 2A_{b275} \qquad (5\text{-}16)$$

$$A_s = A_{s220} - 2A_{s275} \qquad (5\text{-}17)$$

$$A_r = A_s - A_b \qquad (5\text{-}18)$$

式中　A_b——零浓度（空白）溶液的校正吸光度；

　　A_{b220}——零浓度（空白）溶液于波长 220nm 处的吸光度；

　　A_{b275}——零浓度（空白）溶液于波长 275nm 处的吸光度；

　　A_s——标准溶液的校正吸光度；

　　A_{s220}——标准溶液于波长 220nm 处的吸光度；

　　A_{s275}——标准溶液于波长 275nm 处的吸光度；

　　A_r——标准溶液校正吸光度与零浓度（空白）溶液校正吸光度的差值。

3. 试样测定

量取 10.00mL 水样于 25mL 具塞磨口玻璃比色管中，按照校准曲线绘制的步骤进行测定。

注：① 试样中的含氮量超过 70μg 时，可减少取样量并加水稀释至 10.00mL。

② 消解后的试样如浑浊影响比色，应进行离心（3500～4000r/min，3～10min）或静置，取上清液分析（试样中如果细颗粒物较多，澄清时间过长，尽量选择离心的方法）。

4. 空白试验

用 10.00mL 实验用水代替试样，按照样品测定步骤进行测定。

四、数据处理及评价

1. 结果计算

参照式(5-16)～式(5-18)计算试样校正吸光度和空白试验校正吸光度差值 A_r，样品中总氮的质量浓度（以 N 计）按以下公式进行计算：

$$\rho = \frac{(A_r - a)f}{bV} \qquad (5\text{-}19)$$

式中　ρ——样品中总氮的质量浓度，mg/L；

　　A_r——试样的校正吸光度与空白试验校正吸光度的差值；

　　a——校准曲线的截距；

　　b——校准曲线的斜率；

　　V——试样体积，mL；

　　f——稀释倍数。

注：当测定结果＜10.0mg/L 时，保留至小数点后两位；当测定结果≥10.0mg/L 时，保留三位有效数字。

2. 结果评价

① 按实验报告要求记录实验结果，并分析结果的正确性。

② 根据污水来源，结合排放标准，进行结果评价。

五、创新设计实验

登录中国知网查找资料，并自行设计以下实验：

① 如何通过不同种形态氮的测定研究水体的自净作用？

② 在 3 种形态氮的测定中，若要求实验用水中不含 NH_3-N、NO_2^-、NO_3^-，如何实现快速检测？

●●• 知识拓展 •●●

水体中三种形态氮检出的环境化学意义见表 5-6。

表 5-6　水体中三种形态氮检出的环境化学意义

NH_3-N	NO_2^--N	NO_3^--N	三氮检出的环境化学意义
−	−	−	清洁水
+	−	−	水体受到最新污染
+	+	−	水体受到污染不久且正在分解，但未完全自净
−	+	−	污染物正在分解，但未完全自净
−	−	+	污染物已基本分解完全，但未自净
−	−	+	污染物已无机化，水体已基本自净
+	−	+	有新的污染物，在此前的污染已基本自净
+	+	+	以前受到的污染正在自净过程中，而且又有新污染

注："+"表示水体中有此种污染物；"−"表中水体中没有此种污染物。

实验六　水中苯系物的测定

📖 学习目标　　　📖 授课视频　　📚 教学课件　　✦ 思维导图

1. 熟悉水样的采集、保存技术；学会用顶空法预处理水样，并掌握气相色谱法测定苯系物的方法和操作技术，在监测过程注意采取适当的质量控制措施。

2. 熟悉实验数据的处理方法，对结果正确表达，合理分析、评价。

一、自主学习导航

苯系物（BTEX）是指常见的易挥发的单环芳香烃化合物，微溶于水，易溶于乙醇、乙醚等有机化合物；环境监测中的苯系物通常指苯、甲苯、乙苯、邻二甲苯、间二甲苯、对二甲苯、异丙苯、苯乙烯八种化合物，是生活饮用水、地表水质量标准和污水排放标准中控制的有毒物质指标。苯系物的工业污染源主要是石油、化工、炼焦生产的废水，同时，苯系物作为重要溶剂及生产原料有着广泛的应用，在油漆、农药、医药、有机化工等行业的废水中，也含有较高含量的苯系物。

1. 方法选择

苯系物检测前处理方法中常见的有溶剂萃取、静态顶空、吹扫捕集和顶空固相微萃取等技术，检测手段中包括气相色谱法、气相色谱-质谱法、分光光度法、荧光及其传感器法、离子色谱法、反射干涉光谱法等。其中，应用最为普遍的是气相色谱法（GC）和气相色谱-质谱法（GC-MS）。根据待测水样中苯系物含量的多少，可用溶剂萃取、顶空和吹脱捕集等预处理方法，用 FID（火焰离子化检测器）或 MS（质谱检测器）进行分析测定。这两种检测器在检测性能上有较大区别，质谱检测方法的灵敏度更好，但价格和维护成本比较高。

本实验采用顶空/气相色谱法进行水中苯系物含量的测定。

2. 实验原理

将样品置于密闭的顶空瓶中，在一定的温度和压力下，顶空瓶内样品中挥发性组分向液上空间挥发，产生蒸气压，在气液两相达到热力学动态平衡，在一定的浓度范围内，苯系物在气相中的浓度与水相中的浓度成正比。定量抽取气相部分用气相色谱分离，用氢火焰离子化检测器检测。根据保留时间定性，用工作曲线外标法定量。

3. 方法的适用范围

 标准

本实验所用方法参照《水质 苯系物的测定 顶空/气相色谱法》（HJ 1067—2019），本实验方法适用于地表水、地下水、生活污水和工业废水中苯、甲苯、乙苯、对二甲苯、间二甲苯、邻二甲苯、异丙苯及苯乙烯等八种苯系物的测定。

当取样体积为 10.0mL 时，本方法的测定检出限为 $2\sim3\mu g/L$，测定下限为 $8\sim12\mu g/L$。

4. 实验安全提示

实验中涉及的苯系物等标准样品及溶剂为有毒、有害化合物，其溶液配制及样品前处理过程应在通风橱中进行，操作时应按规定要求佩戴防护器具，避免接触皮肤和衣物。

5. 课前思考

① 2019 年 12 月，国家推出了标准《水质 苯系物的测定 顶空/气相色谱法》（HJ 1067—2019）对地表水、地下水、生活污水和工业废水中 8 种苯系物进行测定，并于 2020 年 3 月 24 日实施。请思考该标准与（GB/T 11890—1989）相比，有哪些变化？

② 本实验的误差来源有哪些？应如何减小实验误差？

二、实验准备

（一）仪器和试剂

1. 实验仪器

① 采样瓶：40mL 棕色螺口玻璃瓶，具硅橡胶-聚四氟乙烯衬垫螺旋盖。

② 气相色谱仪：具分流/不分流进样口和氢火焰离子化检测器（FID）。

③ 色谱柱 Ⅰ：规格为 30m（柱长）×0.32mm（内径）×0.5μm（膜厚），100%聚乙二醇固定相毛细管柱，或其他等效毛细管柱。

④ 色谱柱 Ⅱ：规格为 30m（柱长）×0.25mm（内径）×1.4μm（膜厚），6%腈丙苯基＋94%二甲基聚硅氧烷固定相毛细管柱，或其他等效毛细管柱。

⑤ 自动顶空进样器：温度控制精度为±1℃。

⑥ 移液管：1～10mL。

⑦ 玻璃微量注射器：10～100μL。

2. 实验试剂

① 甲醇（CH$_3$OH）：色谱纯。

② 盐酸（HCl）：优级纯。

③ 氯化钠（NaCl）：优级纯。使用前在 500～550℃ 下灼烧 2h，冷却至室温，于干燥器中保存备用。

④ 苯系物标准储备液：$\rho \approx 1.00$mg/mL。市售有证标准溶液，于 4℃ 以下避光密封冷藏，或按照产品说明书保存。使用前应恢复至室温，混匀。

⑤ 苯系物标准使用液：$\rho \approx 100\mu$g/mL。准确移取 1.00mL 标准储备液，用水定容至 10mL。临用现配。

⑥ 载气：高纯氮气，纯度≥99.999%。

⑦ 燃烧气：高纯氢气，纯度≥99.999%。

⑧ 助燃气：空气，经硅胶脱水、活性炭脱有机物。

（二）样品的采集和保存

1. 样品采集

采样前，测定样品的 pH，根据 pH 测定结果，在采样瓶中加入适量盐酸溶液，并加入 25mg 抗坏血酸，使采样后样品的 pH≤2。若样品加入盐酸溶液后有气泡产生，须重新采样，重新采集的样品不加盐酸溶液保存，样品标签上须注明未酸化。采集样品时，应使样品在样品瓶中溢流且不留液上空间，取样时应尽量避免或减少样品在空气中暴露。所有样品均采集平行双样。

注：样品瓶应在采样前用甲醇清洗晾干，采样时不需用样品进行荡洗。

2. 样品保存

样品采集后，应在 4℃ 以下冷藏运输和保存，14d 内完成分析。样品存放区域应无挥发性有机物干扰，样品测定前应将样品恢复至室温。

注：① 未酸化的样品应在 24h 内完成分析。

② 在采样、样品保存和预处理过程中，应避免接触塑料和其他有机物。

三、实验操作

（一）仪器参考条件

1. 顶空进样器参考条件

加热平衡温度 60℃；加热平衡时间 30min；进样阀温度 100℃；传输线温度 100℃；进样体积 1.0mL（定量环）。

2. 气相色谱仪参考条件

进样口温度 200℃；检测器温度 250℃；色谱柱升温程序为 40℃ 保持 5min，以 5℃/min 速率升温到 80℃（保持 5min）；载气流速 2.0mL/min；燃烧气流速 30mL/min；助燃气流速 300mL/min；尾吹气流速 25mL/min；分流比为 10∶1。

（二）工作曲线的建立

1. 标准系列的配制

分别向 7 个顶空瓶中预先加入 3g 氯化钠，依次准确加入 10.0mL、10.0mL、10.0mL、9.8mL、9.6mL、9.2mL 和 8.8mL 水，然后，再用微量注射器和移液管依次加入 $5.00\mu L$、$20.0\mu L$、$50.0\mu L$、0.20mL、0.40mL、0.80mL 和 1.2mL 标准使用液，配制成目标化合物质量浓度分别为 0.050mg/L、0.200mg/L、0.500mg/L、2.00mg/L、4.00mg/L、8.00mg/L、12.0mg/L 的标准系列，立即密闭顶空瓶，轻振摇匀。

注：此浓度系列为参考浓度，可选取能够覆盖样品浓度范围的至少 5 个非零浓度点。

2. 测定

按照仪器参考条件，从低质量浓度到高质量浓度依次进样分析，记录标准系列目标物的保留时间和响应值。以目标化合物质量浓度为横坐标，以其对应的响应值为纵坐标，建立工作曲线。

（三）试样测定

按照与工作曲线建立相同的条件进行试样的测定。

注：① 若样品质量浓度超过工作曲线的最高质量浓度点，需从未开封的样品中重新取样，稀释后重新进行试样的制备。

② 在测定含盐量较高的样品时，氯化钠的加入量可适量减少，避免样品析出盐而引起顶空样品瓶中气液两相体积变化，样品与标准系列溶液加入的盐量应一致。

（四）空白试验

按照与试样测定相同的步骤进行实验室空白试样的测定。

四、数据处理及评价

1. 结果计算

由样品色谱图上测得苯系物各组分的峰高值，从各自的标准曲线上直接查得样品的浓度值。

注：测定结果小数点后位数的保留与方法检出限一致，最多保留 3 位有效数字。

2. 结果评价

① 按实验报告要求记录实验结果，并分析结果的正确性。

② 根据污水来源，结合排放标准，进行结果评价。

五、实验注意事项

顶空样品制备是准确分析样品的重要步骤之一，如振荡时温度的变化改变气液两相的比例等都会使分析误差增大，如需第二次进样时，应重新恒温振荡。当温度等条件变化较大时，需对校准曲线进行校正，进样时所用的注射器应预热至稍高于样品温度。

六、创新设计实验

采用顶空/气相色谱法进行多种苯系物含量测定时，若样品中含有大量乙苯、对二甲苯、间二甲苯，有可能出现分离不好或峰拖尾等现象，请从顶空进样器参考条件、气相色谱仪参考条件、实验用溶剂等几方面进行原因分析，并设计实验加以改善，提出合适的解决方案。

实验七 废水中总有机碳的测定

📖 **学习目标**　　　　　　　　　　　　　　　　📚 **教学课件**　⚛ **思维导图**

1. 掌握总有机碳的测定原理和方法。
2. 学会总有机碳测定仪的工作原理和操作技术，在监测过程中注意采取适当的质量控制措施。

一、自主学习导航

总有机碳（total organic carbon，TOC）是以碳的含量表示水体中有机物质总量的综合指标。由于 TOC 的测定通常采用燃烧法，因此能将有机物全部氧化，它比 BOD_5、COD 更能反映有机物的总量。因此，TOC 经常被用来评价水体中有机物污染的程度。

1. 实验原理

总有机碳的测定采用燃烧氧化-非分散红外吸收法，按测定方式的不同，可分为差减法和直接法。

① 差减法测定总有机碳　将试样连同净化气体分别导入高温燃烧管和低温反应管中。进入高温燃烧管的试样被高温催化氧化，其中的有机碳和无机碳均转化为二氧化碳；进入低温反应管的试样被酸化后，其中的无机碳分解成二氧化碳。两种反应管中生成的二氧化碳分别被导入非分散红外检测器。在特定波长下，一定质量浓度范围内二氧化碳的红外线吸收强度与其质量浓度成正比，由此可对试样总碳（TC）和无机碳（IC）进行定量测定。

总碳与无机碳的差值，即为总有机碳。

② 直接法测定总有机碳　试样经酸化曝气，其中的无机碳转化为二氧化碳被去除，再将试样注入高温燃烧管中，可直接测定总有机碳。由于酸化曝气会损失可吹扫有机碳（POC），故测得的总有机碳值为不可吹扫有机碳（NPOC）。

2. 方法的适用范围　　　　　　　　　　　　　　　　　　　　📄 **标准**

本实验所用方法参照《水质 总有机碳的测定 燃烧氧化-非分散红外吸收法》（HJ 501—2009），方法适用于地表水、地下水、生活污水和工业废水中总有机碳的测定。检出限为 0.1mg/L，测定下限为 0.5mg/L。

测定方法分为差减法和直接法。当水中苯、甲苯、环己烷和三氯甲烷等挥发性有机物含量较高时，宜用差减法测定；当水中挥发性有机物含量较少而无机碳含量相对较高时，宜用直接法测定。

3. 干扰与消除

水样中含有元素碳微粒（煤烟）、碳化物、氰化物、氰酸盐和硫氰酸盐时，可与有机碳同时测出。当水中常见共存离子超过一定质量浓度时，如 SO_4^{2-} 400mg/L、Cl^- 400mg/L、NO_3^- 100mg/L、PO_4^{3-} 100mg/L、S^{2-} 100mg/L，对测定有干扰，可用无二氧化碳水稀释水样，至上述共存离子质量浓度低于其干扰允许质量浓度后，再进行分析。

当水中含大颗粒悬浮物时，由于受水样注射器针孔或自动进样器孔径的限制，测定结果不包括全部颗粒态有机碳，应选择大进样孔的仪器进样测量。

4. 课前思考

① 为什么测定 TOC 所用试剂必须用无二氧化碳水配制？

② 什么水样需用差减法测定？什么水样应该用直接法测定？为什么？

二、实验准备

（一）仪器和试剂

1. 实验仪器

① TOC 分析仪。

② 微量注射器或自动进样装置。

2. 实验试剂

① 无二氧化碳水：将重蒸馏水在烧杯中煮沸蒸发（蒸发量10%），冷却后备用。也可使用纯水机制备的纯水或超纯水。无二氧化碳水应临用现制，并经检验 TOC 质量浓度不超过 0.5mg/L。

② 硫酸：$\rho(H_2SO_4) = 1.84g/mL$。

③ 邻苯二甲酸氢钾（$KHC_8H_4O_4$）：优级纯。

④ 无水碳酸钠（Na_2CO_3）：优级纯。

⑤ 碳酸氢钠（$NaHCO_3$）：优级纯。

⑥ 氢氧化钠溶液：$\rho(NaOH) = 10g/L$。

⑦ 有机碳标准储备液：TOC＝400mg/L。准确称取邻苯二甲酸氢钾（预先在 110～120℃ 下干燥至恒重）0.8502g，置于烧杯中，加水溶解后，转移定容至1000mL。在 4℃ 条件下可保存两个月。

⑧ 无机碳标准储备液：IC＝400mg/L。准确称取无水碳酸钠（预先在 105℃ 下干燥至恒重）1.7634g 和碳酸氢钠（预先在干燥器内干燥）1.4000g，置于烧杯中，加水溶解后，转移定容至1000mL。在 4℃ 条件下可保存 2 周。

⑨ 差减法标准使用液：TOC＝200mg/L。分别吸取 50.00mL 有机碳标准储备液和无机碳标准储备液于 200mL 容量瓶中，稀释至标线，混匀。在 4℃ 条件下贮存可稳定保存一周。

⑩ 直接法标准使用液：TOC＝100mg/L。吸取 50.00mL 有机碳标准储备液于 200mL 容量瓶中，稀释至标线，混匀。在 4℃ 条件下贮存可稳定保存一周。

⑪ 载气：氮气或氧气，纯度大于 99.99％。

（二）样品的采集和保存

水样应采集在棕色玻璃瓶中并应充满采样瓶，不留顶空。水样采集后应在 24h 内测定。

否则应加入硫酸将水样酸化至 pH≤2，在 4℃ 条件下可保存 7d。

三、实验操作

（一）仪器的调试

按 TOC 分析仪说明书设定条件参数，进行调试。

（二）校准曲线的绘制

1. 差减法校准曲线的绘制

在一组七个 100mL 容量瓶中，分别加入 0.00、2.00mL、5.00mL、10.00mL、20.00mL、40.00mL、100.00mL 差减法标准使用液，用水稀释至标线，混匀。配制成总碳质量浓度为 0.0、4.0mg/L、10.0mg/L、20.0mg/L、40.0mg/L、80.0mg/L、200.0mg/L 和无机碳质量浓度为 0.0、2.0mg/L、5.0mg/L、10.0mg/L、20.0mg/L、40.0mg/L、100.0mg/L 的标准系列溶液，按照样品的测定步骤测定其响应值。以标准系列溶液质量浓度对应仪器响应值，分别绘制总碳和无机碳校准曲线。

2. 直接法校准曲线的绘制

在一组七个 100mL 容量瓶中，分别加入 0.00、2.00mL、5.00mL、10.00mL、20.00mL、40.00mL、100.00mL 直接法标准使用液，用水稀释至标线，混匀。配制成有机碳质量浓度为 0.0、2.0mg/L、5.0mg/L、10.0mg/L、20.0mg/L、40.0mg/L、100.0mg/L 的标准系列溶液，按照样品的测定步骤测定其响应值。以标准系列溶液质量浓度对应仪器响应值，绘制有机碳校准曲线。

上述校准曲线浓度范围可根据仪器和测定样品种类的不同进行调整。

3. 空白试验

用无二氧化碳水代替试样，按照样品测定的步骤测定其响应值。每次试验应先检测无二氧化碳水的 TOC 含量，测定值应不超过 0.5mg/L。

（三）样品测定

1. 差减法

经酸化的试样，在测定前应以氢氧化钠溶液中和至中性，取一定体积注入 TOC 分析仪进行测定，记录相应的响应值。

2. 直接法

取一定体积酸化至 pH≤2 的试样注入 TOC 分析仪，经曝气除去无机碳后导入高温氧化炉，记录相应的响应值。

四、数据处理及评价

1. 结果计算

（1）差减法　根据所测试样响应值，由校准曲线计算出总碳和无机碳质量浓度。试样中总有机碳质量浓度按照式(5-20)计算：

$$\rho(TOC) = \rho(TC) - \rho(IC) \tag{5-20}$$

式中　$\rho(TOC)$——试样总有机碳质量浓度，mg/L；

　　　$\rho(TC)$——试样总碳质量浓度，mg/L；

　　　$\rho(IC)$——试样无机碳质量浓度，mg/L。

(2) 直接法　根据所测试样响应值，由校准曲线计算出总有机碳的质量浓度。

注：当测定结果小于100mg/L时，保留到小数点后一位；大于等于100mg/L时，保留三位有效数字。

2. 结果评价

(1) 按实验报告要求记录实验结果，并分析结果的正确性。

(2) 根据污水来源，结合排放标准，进行结果评价。

五、实验注意事项

按仪器说明书规定，定期更换二氧化碳吸收剂、高温燃烧管中的催化剂和低温反应管中的分解剂等。

六、创新设计实验

设计实验说明不同来源的城市污水中 TOC 和 TOD 之间的关系。

●●● 知识拓展 ●●●

TOD 与 TOC 的关系是什么？

总需氧量（TOD）是指水中能被氧化的物质，主要是有机物在燃烧中变成稳定的氧化物时所需要的氧量，结果以 O_2 的质量浓度（mg/L）表示。

用 TOD 测定仪测定 TOD 的原理是将一定量水样注入装有催化剂的石英燃烧管中，通入含已知氧浓度的载气（氮气）作为原料气，则水样中的还原性物质在900℃下被瞬间燃烧氧化。测定燃烧前后原料气中氧浓度的减少量，便可求得水样的总需氧量值。

TOD 值能反映几乎全部有机物经燃烧全变成 CO_2、H_2O、NO、SO_2 等所需要的氧量。它比 BOD_5、COD 和高锰酸盐指数更接近于理论需氧量值。但它们之间没有固定的相关关系。有的研究者指出，$BOD_5/TOD = 0.1 \sim 0.6$；$COD/TOD = 0.5 \sim 0.9$；具体比值取决于废水的性质。

TOD 和 TOC 的比例关系可粗略判断有机物的种类。对于含碳化合物，因为一个碳原子消耗两个氧原子，即 $M(O_2) : M(C) = 2.67$，因此，从理论上说，$TOD = 2.67TOC$。若某水样的 TOD/TOC 为 2.67 左右，可认为主要是含碳有机物；若 TOD/TOC>4.0，则应考虑水中有较大量含 S、P 的有机物存在；若 TOD/TOC<0.26，就应考虑水样中硝酸盐和亚硝酸盐可能含量较大，它们在高温和催化条件下分解放出氧，使 TOD 测定呈现负误差。

实验八　污水和废水中油类物质的测定

📚 **学习目标**　　　　　　　　　📖 **授课视频**　📚 **教学课件**　♣ **思维导图**

1. 学会红外法测量工业废水中油的原理、方法和步骤。
2. 掌握红外分光光度计的操作方法，结合实验过程，分析误差来源，保证监测质量。
3. 掌握数据处理方法，对结果正确表达，合理分析、评价。

一、自主学习导航

油类（oil and grease），包括石油类（petroleum）和动植物油类（animal fats and vegetable oils），是监测和评价自然水体污染程度、监控污水和废水排放的重要指标。环境水中油类主要来自工业废水和生活污水的污染。油类碳氢化合物密度比水小，漂浮于水体表面，影响空气与水体界面氧的交换；分散于水中以及吸附于悬浮微粒上或以乳化状态存在于水中的油，被微生物氧化分解，将消耗水中的溶解氧，使水质恶化。

1. 方法选择　　　　　　　　　　　　　　　　　　　📄 **标准**

测定水中油类物质的方法主要有重量法、红外分光光度法（HJ 637—2018）、非色散红外吸收法、紫外分光光度法（HJ 970—2018）、荧光光谱法等。

重量法不受油品种的限制，但该方法操作烦琐，灵敏度低，只适用于测定 10mg/L 以上的含油水样。方法的精密度随操作条件和熟练程度的不同差别很大。

红外分光光度法适用于 0.01mg/L 以上的含油水样，该方法不受油品种的影响，能比较准确地反映水中石油类的污染程度，具有灵敏度高、定性定量准确的优点，以四氯乙烯作为萃取剂替代破坏臭氧层的四氯化碳，适用于工业废水和生活污水中石油类与动植物油含量的测定。

非色散红外吸收法适用于测定 0.02mg/L 以上的含油水样，当油品的比吸光系数较为接近时，测定结果的可比性较好；但当油品相差较大时，测定的误差也较大，尤其当油样中含芳烃时误差更大，此时要与红外分光光度法相比较。同时，要注意消除其他非烃类有机物的干扰。

紫外分光光度法灵敏度高，操作简便，适用于地表水、地下水和海水中石油类的测定。当取样体积为 500mL，萃取液体积为 25mL，使用 2cm 石英比色皿时，方法检出限为 0.01mg/L，测定下限为 0.04mg/L。

本实验采用红外分光光度法进行测定。

2. 实验原理

油类，指在 $pH \leqslant 2$ 的条件下，能够被四氯乙烯萃取且在波数为 $2930cm^{-1}$、$2960cm^{-1}$ 和 $3030cm^{-1}$ 处有特征吸收的物质。石油类，指在 $pH \leqslant 2$ 的条件下，能够被四氯乙烯萃取且不被硅酸镁吸附的物质。动植物油类指在 $pH \leqslant 2$ 的条件下，能够被四氯乙烯萃取且被硅酸镁吸附的物质。

水样在 $pH \leqslant 2$ 的条件下用四氯乙烯萃取后，测定油类；将萃取液用硅酸镁吸附去除动植物油类等极性物质后，测定石油类。油类和石油类的含量均由波数分别为 $2930cm^{-1}$

（—CH$_2$—基团中C—H键的伸缩振动）、2960cm^{-1}（—CH$_3$基团中C—H键的伸缩振动）和3030cm^{-1}（芳香环中C—H键的伸缩振动）处的吸光度A_{2930}、A_{2960}和A_{3030}，根据校正系数进行计算；动植物油类的含量为油类与石油类含量之差。

3. 方法的适用范围

本实验所用方法参照《水质 石油类和动植物油类的测定 红外分光光度法》（HJ 637—2018），方法适用于工业废水和生活污水中的石油类与动植物油类的测定。当取样体积为500mL，萃取液体积为50mL，使用4cm石英比色皿时，方法检出限为0.06mg/L，测定下限为0.24mg/L。

4. 实验安全提示

实验中所使用的四氯乙烯（危险品标志：Xn），对人体健康有害，标准溶液配制、样品制备以及测定过程应在通风橱内进行，操作时应按规定要求佩戴防护器具，避免接触皮肤和衣物。

5. 课前思考

学习《水质 石油类的测定 紫外分光光度法》、《水质 石油类和动植物油类的测定 红外分光光度法》并思考以下问题：

① 环保部（现生态环境部）为什么要同时出台两项适用于水中油测定的监测方法标准？

② 两项标准分别有何特点？两项标准同时发布，如何使用？

③ 在萃取过程中应注意哪些问题？实验中如何减小萃取过程的误差？

二、实验准备

（一）仪器和试剂

1. 实验仪器

① 红外分光光度计：能在2930cm^{-1}、2960cm^{-1}、3030cm^{-1}处测量吸光度，并配有4cm带盖石英比色皿。

② 采样瓶：500mL广口玻璃瓶。

③ 玻璃漏斗。

④ 锥形瓶：50mL，具塞磨口。

⑤ 比色管：25mL、50mL，具塞磨口。

⑥ 分液漏斗：1000mL，具聚四氟乙烯旋塞。

⑦ 量筒：1000mL。

2. 实验试剂

① （1∶1）盐酸溶液。

② 四氯乙烯（C$_2$Cl$_4$）：以干燥4cm空石英比色皿为参比，在2800~3100cm^{-1}之间使用4cm石英比色皿测定四氯乙烯，2930cm^{-1}、2960cm^{-1}、3030cm^{-1}处吸光度应分别不超过0.34、0.07、0。

③ 正十六烷（C$_{16}$H$_{34}$）：光谱纯。

④ 异辛烷（C$_8$H$_{18}$）：光谱纯。

⑤ 苯（C_6H_6）：光谱纯。

⑥ 无水硫酸钠（Na_2SO_4）：在 550℃ 下加热 4h，冷却后装入磨口玻璃瓶中，置于干燥器内贮存。

⑦ 硅酸镁（$MgSiO_3$），60～100 目。取硅酸镁于瓷蒸发皿中，置于马弗炉内 550℃ 下加热 4h，在炉内冷却至约 200℃ 后，移入干燥器中冷却至室温，于磨口玻璃瓶内保存。使用时，称取适量的硅酸镁于磨口玻璃瓶中，根据硅酸镁的质量，按 6% 的比例加入适量的蒸馏水，密塞并充分振荡数分钟，放置约 12h 后，于磨口玻璃瓶内保存。

⑧ 玻璃棉：使用前，将玻璃棉用四氯乙烯浸泡洗涤，晾干备用。

⑨ 正十六烷标准储备液：$\rho \approx 10000mg/L$。称取 1.0g（准确至 0.1mg）正十六烷于 100mL 容量瓶中，用四氯乙烯定容，摇匀。0～4℃ 下冷藏，避光可保存 1 年。

⑩ 正十六烷标准使用液：$\rho = 1000mg/L$。将正十六烷标准储备液用四氯乙烯稀释定容于 100mL 容量瓶中。

⑪ 异辛烷标准储备液：$\rho \approx 10000mg/L$。称取 1.0g（准确至 0.1mg）异辛烷于 100mL 容量瓶中，用四氯乙烯定容，摇匀。0～4℃ 下冷藏，避光可保存 1 年。

⑫ 异辛烷标准使用液：$\rho = 1000mg/L$。将异辛烷标准储备液用四氯乙烯稀释定容于 100mL 容量瓶中。

⑬ 苯标准储备液：$\rho \approx 10000mg/L$。称取 1.0g（准确至 0.1mg）苯于 100mL 容量瓶中，用四氯乙烯定容，摇匀。0～4℃ 下冷藏，避光可保存 1 年。

⑭ 苯标准使用液：$\rho = 1000mg/L$。将苯标准储备液用四氯乙烯稀释定容于 100mL 容量瓶中。

⑮ 石油类标准储备液：$\rho \approx 10000mg/L$。按 65：25：10（体积比）的比例，量取正十六烷、异辛烷和苯配制混合物。称取 1.0g（准确至 0.1mg）混合物于 100mL 容量瓶中，用四氯乙烯定容，摇匀。0～4℃ 下冷藏，避光可保存 1 年。

注：也可按 5：3：1（体积比）的比例，量取正十六烷、姥鲛烷和甲苯配制混合物。

⑯ 石油类标准使用液：$\rho = 1000mg/L$。将石油类标准储备液用四氯乙烯稀释定容于 100mL 容量瓶中。

⑰ 吸附柱：在内径 10mm、长约 200mm 的玻璃柱出口处填塞少量的玻璃棉，将硅酸镁缓缓倒入玻璃柱中，边倒边轻轻敲打，填充高度约为 80mm。

（二）样品的采集和保存

油类物质要单独采样，不允许在实验室分样。采样瓶采集约 500mL 水样后，加入盐酸溶液，酸化至 pH≤2。如水样不能在 24h 内分析，应在 0～4℃ 下冷藏保存，3d 内测定。

三、实验操作 拓展阅读

（一）样品制备

1. 油类试样的制备

将样品转移至 1000mL 分液漏斗中，量取 50mL 四氯乙烯洗涤样品瓶后，全部转移至分液漏斗中，充分振荡 2min，并经常开启旋塞排气，静置分层；用镊子取玻璃棉置于玻璃漏斗中，取适量的无水硫酸钠铺于上面；打开分液漏斗旋塞，将下层有机相萃取液通过装有无水硫酸钠的玻璃漏斗放至 50mL 比色管中，用适量四氯乙烯润洗玻璃漏斗，润洗液合并至萃取液中，用四氯乙烯定容至刻度。将上层水相全部转移至量筒，测量样品体积并记录。

注：可用自动萃取替代手动萃取；可用硅酸铝过滤棉替代玻璃棉，硅酸铝过滤棉使用前应置于马弗炉内 550℃下加热 4h，冷却后使用。

2. 石油类试样的制备

（1）振荡吸附法　取 25mL 萃取液，倒入装有 5g 硅酸镁的 50mL 锥形瓶中，置于水平振荡器上，连续振荡 20min，静置，将玻璃棉置于玻璃漏斗中，萃取液倒入玻璃漏斗过滤至 25mL 比色管中，用于测定石油类。

（2）吸附柱法　取适量的萃取液过硅酸镁吸附柱，弃去前 5mL 滤出液，余下部分接入 25mL 比色管中，用于测定石油类。

3. 空白试样的制备

用实验用水加入盐酸溶液酸化至 pH≤2，按照试样制备相同的步骤进行空白试样制备。

（二）分析步骤

1. 校准

分别量取 2.00mL 正十六烷标准使用液、2.00mL 异辛烷标准使用液和 10.00mL 苯标准使用液于 3 个 100mL 容量瓶中，用四氯乙烯定容至标线，摇匀。正十六烷、异辛烷和苯标准溶液的浓度分别为 20.0mg/L、20.0mg/L 和 100mg/L。

以 4cm 石英比色皿中加入四氯乙烯作参比溶液，分别测量正十六烷、异辛烷和苯标准溶液在 $2930cm^{-1}$、$2960cm^{-1}$ 和 $3030cm^{-1}$ 处的吸光度 A_{2930}、A_{2960} 和 A_{3030}。将正十六烷、异辛烷和苯标准溶液在上述波数处的吸光度按公式（5-21）联立方程式，经求解后可分别得到相应的校正系数 X、Y、Z 和 F。

$$\rho = XA_{2930} + YA_{2960} + Z\left(A_{3030} - \frac{A_{2930}}{F}\right) \tag{5-21}$$

式中　　　　　　ρ——四氯乙烯中总油的含量，mg/L；

X、Y、Z——与—CH_2—基团、—CH_3 基团、芳香烃中 C-H 键吸光度相对应的系数，mg/（L·吸光度）；

A_{2930}、A_{2960}、A_{3030}——三种物质各对应波数下测得的吸光度；

F——脂肪烃对芳香烃影响的校正因子，即正十六烷在 $2930cm^{-1}$ 与 $3030cm^{-1}$ 处的吸光度之比。

对于正十六烷和异辛烷，由于其芳烃含量为零，即 $A_{3030} - \dfrac{A_{2930}}{F} = 0$，则有：

$$F = \frac{A_{2930}(H)}{A_{3030}(H)} \tag{5-22}$$

$$\rho(H) = XA_{2930}(H) + YA_{2960}(H) \tag{5-23}$$

$$\rho(I) = XA_{2930}(I) + YA_{2960}(I) \tag{5-24}$$

由式（5-22）可得 F 值，由式（5-23）和式（5-24）可得 X 和 Y 值。对于苯，则有：

$$\rho(B) = XA_{2930}(B) + YA_{2960}(B) + Z\left[A_{3030}(B) - \frac{A_{2930}(B)}{F}\right] \tag{5-25}$$

由式（5-21）可得 Z 值。

式中　　　　　　$\rho(H)$、$\rho(I)$、$\rho(B)$——正十六烷、异辛烷和苯标准溶液的浓度，mg/L；

$A_{2930}(H)$、$A_{2960}(H)$、$A_{3030}(H)$——各对应波数下测得的正十六烷标准溶液的吸光度；

$A_{2930}(I)$、$A_{2960}(I)$——各对应波数下测得的异辛烷标准溶液的吸光度；

$A_{2930}(B)$、$A_{2960}(B)$、$A_{3030}(B)$——各对应波数下测得的苯标准溶液的吸光度。

注：红外分光光度计或红外测油仪出厂时如果设定了校正系数，可以直接进行校正系数的检验。

2. 样品测定

（1）油类的测定　将试样制备后得到的萃取液转移至 4cm 石英比色皿中，以四氯乙烯作参比，于 $2930cm^{-1}$、$2960cm^{-1}$、$3030cm^{-1}$ 处测量其吸光度 A_{2930}、A_{2960}、A_{3030}。

注：当样品中有石油类检出时，一定要查看样品红外谱图，如无特征吸收，可确定为未检出。

（2）石油类的测定　将经硅酸镁吸附后的萃取液转移至 4cm 石英比色皿中，以四氯乙烯作参比，于 $2930cm^{-1}$、$2960cm^{-1}$、$3030cm^{-1}$ 处测量其吸光度 A_{2930}、A_{2960}、A_{3030}。

3. 空白试样的测定

按与试样测定相同的步骤，进行空白试样的测定。

实验废液处理提示：本实验产生的四氯乙烯废液应集中存放在密闭容器中，并做好相应标识，委托有资质的单位集中处理。

四、数据处理及评价

1. 结果计算

（1）油类或石油类的浓度计算

$$\rho = \left[XA_{2930} + YA_{2960} + Z\left(A_{3030} - \frac{A_{2930}}{F} \right) \right] \times \frac{V_0 D}{V_w} - \rho_0 \tag{5-26}$$

式中　ρ——样品中油类或石油类的质量浓度，mg/L；

ρ_0——空白样品中油类或石油类的质量浓度，mg/L；

V_0——萃取溶剂的体积，mL；

D——萃取液稀释倍数；

V_w——样品体积，mL；

其余符号含义同上。

（2）动植油类的浓度计算

$$\rho(动植物油类) = \rho(油类) - \rho(石油类) \tag{5-27}$$

式中　ρ（动植物油类）——样品中动植物油类的质量浓度，mg/L；

ρ（油类）——样品中油类的质量浓度，mg/L；

ρ（石油类）——样品中石油类的质量浓度，mg/L。

注：测定结果小数点后位数与方法检出限一致，最多保留三位有效数字。

2. 结果评价

① 按实验报告要求记录实验结果，并分析结果的正确性。

② 根据污水来源，结合排放标准，进行结果评价。

五、实验注意事项

① 同一批样品测定所使用的四氯乙烯应来自同一瓶试剂，如样品数量多，可将多瓶四氯乙烯混合均匀后使用。

② 所有使用完的器皿置于通风橱内挥发完后清洗。

③ 对于动植物油类含量大于 130mg/L 的水样，萃取液需要稀释后再按照试样的制备步骤操作。

六、创新设计实验

红外法测定工业废水中油含量的不确定度来源分析及影响因素研究。

实验九　水中挥发酚含量的测定

📚 学习目标　　　　　　　　　　　　　　　📖 教学课件　　🔗 思维导图

1. 学会 4-氨基安替比林分光光度法测定水中挥发酚含量的原理与方法、监测操作技术，在监测过程中注意采取适当的质量控制措施。

2. 了解挥发酚测定的其他标准方法、等效方法，根据废水性质，合理选择测定方法，并充分理解其局限性。

3. 熟练实验数据处理方法，对结果正确表达，合理分析、评价。

一、自主学习导航

酚是芳烃的含羟基衍生物，根据其挥发性分为挥发性酚和不挥发性酚。挥发酚指蒸馏时，能随水蒸气一起蒸出，通常沸点在 230℃ 以下的一元酚类化合物。

酚类为原生质毒物，属高毒物质，具有特殊的芳香气味，呈弱酸性，在环境中易被氧化。酚类化合物可经皮肤黏膜、呼吸道及消化道进入人体内。低浓度酚可引起蓄积性慢性中毒，表现为头晕、头痛、精神不佳、食欲不振、呕吐、腹泻等症状；高浓度酚（>5mg/L）可引起急性中毒以致昏迷死亡。

含酚废水是当今世界上危害大、污染范围广的工业废水之一。主要来自煤气、焦化、炼油、冶金、机械制造、玻璃、石油化工、木材纤维、化学有机合成工业、塑料、医药、农药、涂料等工业排出的废水。

1. 方法选择

挥发酚是水质评价的一项重要指标，目前常采用的方法是 4-氨基安替比林分光光度法和溴化容量法。对于地表水、地下水、饮用水宜用 4-氨基安替比林萃取分光光度法测定（测定范围 0.001~0.04mg/L）；对于工业废水和生活污水，宜用 4-氨基安替比林直接分光光度法测定（测定范围 0.04~2.50mg/L）；对于较高浓度的含酚工业废水宜用溴化容量法测定（测定范围 0.4~45.0mg/L）。

本实验采用 4-氨基安替比林分光光度法测定水中挥发酚。

2. 实验原理

挥发酚（volatile phenolic compounds）是指随水蒸气蒸馏并能和 4-氨基安替比林反应生成有色化合物的挥发性酚类化合物，结果以苯酚计。

由于含酚废水成分比较复杂，在采用 4-氨基安替比林分光光度法时，废水本身的颜色及浊度均会对测定产生较大的干扰。因此，需要经过预蒸馏将挥发酚从废水中蒸馏出来，与干扰物质分离。蒸馏后可采用 4-氨基安替比林萃取法或 4-氨基安替比林直接分光光度法进行测定。

4-氨基安替比林萃取法原理：被蒸馏出的酚类化合物，于 pH 值 10.0 ± 0.2 介质中，在铁氰化钾存在下，与 4-氨基安替比林反应生成橙红色的安替比林染料，用三氯甲烷萃取后，在 460nm 波长处测定吸光度。

4-氨基安替比林直接分光光度法原理：被蒸馏出的酚类化合物，于 pH 值 10.0 ± 0.2 介质中，在铁氰化钾存在下，与 4-氨基安替比林反应生成橙红色的安替比林染料，显色后，在 30min 内，于 510nm 波长处测定吸光度。

3. 方法的适用范围

本实验所用方法参照《水质 挥发酚的测定 4-氨基安替比林分光光度法》（HJ 503—2009）。本方法适合测定地表水、地下水、饮用水、工业废水和生活污水中的挥发酚。地表水、地下水和饮用水宜用萃取分光光度法测定，检出限为 0.0003mg/L，测定下限为 0.001mg/L，测定上限为 0.04mg/L。工业废水和生活污水宜用直接分光光度法测定，检出限为 0.01mg/L，测定下限为 0.04mg/L，测定上限为 2.50mg/L。对于质量浓度高于标准测定上限的样品，可适当稀释后进行测定。

4. 实验影响因素分析

① 显色剂纯度的影响　4-氨基安替比林试剂易潮解和氧化，纯的 4-氨基安替比林水溶液为淡黄色，存在较多氧化物时溶液可呈深橙红色。它的纯度对分析结果有较大影响，会使空白值明显增高。必要时需进行提纯处理。4-氨基安替比林经过提纯后，空白值会明显降低，但也会降低方法的灵敏度。应对提纯效果进行验证，使方法的检出限、精密度和准确度符合要求。要求提纯后的空白试验的校正吸光度一般小于 0.100（2cm 比色皿）。提纯的方法有吸附剂处理法、活性炭处理法、苯提纯法和氯仿萃取-活性炭处理法。

② 溶液酸度的影响　本方法在样品预处理和显色过程中都需要对溶液的 pH 值进行严格控制。首先，应严格控制预蒸馏过程中的 pH 值至 4 左右，当 pH＞4 时对测定结果有影响；另外，反应显色受 pH 值影响，应严格控制反应溶液 pH 值，使其保持在 9.8～10.2。当水样中含有挥发性酸时，可使馏出液 pH 值降低，必要时，应先在馏出液中加入氨水使其呈中性后再加入缓冲溶液。

（五）干扰的排除

氧化剂、油类、硫化物、有机或无机还原性物质和苯胺类干扰酚的测定。

① 氧化剂（如游离氯）的消除：样品滴于淀粉-碘化钾试纸上出现蓝色，说明存在氧化剂，可加入过量的硫酸亚铁去除。

② 硫化物的消除：当样品中有黑色沉淀时，可取一滴样品放在乙酸铅试纸上，若试纸变黑色，说明有硫化物存在。此时样品继续加磷酸酸化，置于通风橱内进行搅拌曝气，直至生成的硫化氢完全逸出。

③ 甲醛、亚硫酸盐等有机或无机还原性物质的消除：可分取适量样品于分液漏斗中，

加硫酸溶液使呈酸性，分次加入 50mL、30mL、30mL 乙醚以萃取酚，合并乙醚层于另一分液漏斗中，分次加入 4mL、3mL、3mL 氢氧化钠溶液进行反萃取，使酚类转入氢氧化钠溶液中，合并碱萃取液，移入烧杯中，置于水浴上加温，以除去残余乙醚，然后用水将碱萃取液稀释到原分取样品的体积。同时应以水做空白试验。

④ 油类的消除：样品静置分离出浮油后，按照甲醛、亚硫酸盐等有机或无机还原性物质的消除操作步骤进行。

⑤ 芳香胺类的消除：芳香胺类可与 4-氨基安替比林发生显色反应而干扰酚的测定，一般在酸性（pH<0.5）条件下，可以通过预蒸馏分离。

（六）实验安全提示

乙醚为低沸点、易燃和具麻醉作用的有机溶剂，使用时周围应无明火，并在通风橱内操作，室温较高时，样品和乙醚宜先置于冰水浴中降温后，再尽快进行萃取操作；三氯甲烷为具麻醉作用和刺激性的有机溶剂，吸入蒸气有害，操作时应佩戴防毒面具并在通风处使用。

（七）课前思考

1. 对水样预蒸馏的作用是什么？应注意哪些问题？
2. 如何检验含酚废水中是否存在氧化剂？如存在应怎样消除？
3. 如何降低挥发酚萃取法的空白值？
4. 如何提纯显色剂？

二、实验准备

（一）仪器和试剂

📦 操作评分表

1. 实验仪器

① 分光光度计。
② 全玻璃蒸馏装置。

2. 实验试剂

① 无酚水：可采用下列方法制备。

a. 每升水中加入 0.2g 于 200℃下活化 30min 的活性炭粉末，充分振摇后，放置过夜，用双层中速滤纸过滤。

b. 加氢氧化钠 [$\rho(NaOH)=100g/L$] 使水呈强碱性，并加入高锰酸钾至溶液呈紫红色，移入全玻璃蒸馏器中加热蒸馏，集取馏出液备用。

无酚水应贮于玻璃瓶中，取用时，应避免与橡胶制品（橡胶塞或乳胶管等）接触。

② （1∶9）磷酸溶液。
③ （1∶4）硫酸溶液。
④ 4-氨基安替比林溶液：称取 2g 4-氨基安替比林溶于水中，溶解后移入 100mL 容量瓶中，用水稀释至标线，提纯后收集滤液置于冰箱中冷藏，可保存 7d。

4-氨基安替比林的提纯

配制成 2% 的 4-氨基安替比林溶液后应观察其颜色，正常的溶液颜色应为淡黄色，若颜色变深，则应对 4-氨基安替比林溶液进行提纯，去除其中的杂色物质。

方法是：将硅镁型吸附剂倒入 4-氨基安替比林溶液中搅拌再过滤。若该方法不能满足实验要求（即不能将溶液颜色变淡），则可以考虑将硅镁型吸附剂放入滤纸内，将 4-氨基安替比林溶液倒入其中进行过滤，若溶液颜色太深，需要增加过滤次数。

注：4-氨基安替比林试剂的纯度、浓度对测定灵敏度及结果的准确性影响很大。固体 4-氨基安替比林易潮解、氧化变质，从而使试剂空白值明显增高，严重影响分析结果的准确度以及方法检出限。因此，应置于干燥器中密封且避光保存。

⑤ 溴酸钾-溴化钾溶液：$c(1/2\ KBrO_3)=0.1mol/L$。称取 2.784g 溴酸钾溶于水，加入 10g 溴化钾，溶解后移入 1000mL 容量瓶中，用水稀释至标线。

⑥ 硫代硫酸钠溶液：$c(Na_2S_2O_3)\approx0.0125mol/L$。称取 3.1g 硫代硫酸钠，溶于煮沸放冷的水中，加入 0.2g 碳酸钠，溶解后移入 1000mL 容量瓶中，用水稀释至标线。临用前标定。

⑦ 淀粉溶液：$\rho=0.01g/mL$。称取 1g 可溶性淀粉，用少量水调成糊状，加沸水至 100mL，冷却后，移入试剂瓶中，置于冰箱内冷藏保存。

⑧ 铁氰化钾溶液：$\rho(K_3[Fe(CN)_6])=80g/L$。称取 8g 铁氰化钾溶于水，溶解后移入 100mL 容量瓶中，用水稀释至标线。置于冰箱内冷藏，可保存一周。

⑨ 酚标准储备液：$\rho(C_6H_5OH)\approx1.00g/L$。称取 1.00g 精制苯酚，溶解于水，移入 1000mL 容量瓶中，稀释至标线并进行标定。置于冰箱内冷藏，可稳定保存一个月。

精制苯酚

取苯酚于具有空气冷凝管的蒸馏瓶中，加热蒸馏，收集 182～184℃ 的馏出部分，馏分冷却后应为无色晶体，贮于棕色瓶中，于冷暗处密闭保存。

酚标准储备液标定方法

吸取 10.0mL 酚标准储备液于 250mL 碘量瓶中，稀释至 100mL，加 10.0mL 0.1mol/L 的溴酸钾-溴化钾溶液，立即加入 5mL 浓盐酸，密塞，徐徐摇匀，于暗处放置 15min，加入 1g 碘化钾，密塞，摇匀，放置暗处 5min，用硫代硫酸钠溶液滴定至淡黄色，加入 1mL 淀粉溶液，继续滴定至蓝色刚好褪去，记录用量。同时以水代替酚标准储备液做空白试验，记录硫代硫酸钠溶液用量。

酚标准储备液的质量浓度按下式计算：

$$\rho=\frac{c(V_1-V_2)M(1/6\ C_6H_5OH)}{V}$$

式中　　　　　　ρ——酚标准储备液的质量浓度，mg/L；

　　　　　　　V_1——空白试验中硫代硫酸钠溶液的用量，mL；

　　　　　　　V_2——滴定酚标准储备液时硫代硫酸钠溶液的用量，mL；

c——硫代硫酸钠溶液的浓度，mol/L；

V——试样体积，mL；

$M(1/6\ C_6H_5OH)$——苯酚（$1/6\ C_6H_5OH$）的摩尔质量，为 15.68g/mol。

⑩ 酚标准中间液：$\rho(C_6H_5OH)=10.0$mg/L。取适量酚标准储备液于 100mL 容量瓶中，用水稀释至刻度，使用时当天配制。

⑪ 酚标准使用液：$\rho(C_6H_5OH)=1.00$mg/L。量取 10.00mL 酚标准中间液于 100mL 容量瓶中，稀释至标线，配制后 2h 内使用。

⑫ 甲基橙指示液：ρ(甲基橙)$=0.5$g/L。称取 0.1g 甲基橙溶于水，溶解后移入 200mL 容量瓶中，稀释至标线。

⑬ 缓冲溶液：pH=10.7。称取 20g 氯化铵（NH_4Cl）溶于 100mL 氨水中，密塞，置于冰箱中保存。为避免氨的挥发所引起 pH 值的改变，应注意在低温下保存，而且取用后立即加塞盖严，并根据使用情况适量配制。

⑭ 淀粉-碘化钾试纸：称取 1.5g 可溶性淀粉，用少量水搅成糊状，加入 200mL 沸水，混匀，放冷，加 0.5g 碘化钾和 0.5g 碳酸钠，用水稀释至 250mL，将滤纸条浸渍后，取出晾干，盛于棕色瓶中，密塞保存。或购买市售淀粉-碘化钾试纸。

⑮ 乙酸铅试纸：称取乙酸铅 5g，溶于水中，并稀释至 100mL。将滤纸条浸入⑭溶液中，1h 后取出晾干，盛于广口瓶中，密塞保存。或购买市售乙酸铅试纸。

（二）样品的采集和保存

水样采集时应先用淀粉-碘化钾试纸检测样品中有无游离氯等氧化剂的存在。若试纸变蓝，应及时加入过量硫酸亚铁去除。水样常用的固定方法是加入磷酸并酸化至 pH 值约为 4.0，然后再加入适量硫酸铜，使水样中硫酸铜浓度约为 1g/L，以抑制微生物对酚类的生物氧化作用。另外，还有一种固定方法是加入固体氢氧化钠使 pH≥12，此时挥发酚在碱性水样中形成较稳定的酚钠。

采集后的样品应在 4℃下冷藏，24h 内进行测定。

三、实验操作 拓展阅读

（一）预蒸馏

取 250mL 样品移入 500mL 全玻璃蒸馏器中，加 25mL 水，加数粒玻璃珠以防暴沸，再加数滴甲基橙指示液，若试样未显橙红色，则需继续补加磷酸溶液。连接冷凝器，加热蒸馏，收集馏出液 250mL 至容量瓶中。

蒸馏过程中，若发现甲基橙红色褪去，应在蒸馏结束后放冷，再加 1 滴甲基橙指示液。若发现蒸馏后残液不呈酸性，则应重新取样，增加磷酸溶液加入量，进行蒸馏。

注：① 不得用橡胶塞、橡胶管连接蒸馏瓶及冷凝器，以防止对测定产生干扰；样品蒸馏后，须尽快萃取并显色，防止被氧化。

② 蒸馏速率对挥发酚回收率会有一定的影响，建议采用中火蒸馏（馏出液馏出速度小于 7mL/min），会提高挥发酚的回收率。由于酚类化合物的挥发速度是随馏出液体积而变化的，因此，馏出液体积必须与试样体积相等。

（二）分析步骤

1. 直接分光光度法

（1）显色　分取馏出液 50mL 加入 50mL 比色管中，加 0.5mL 缓冲溶液，混匀，此时 pH 值为 10.0±0.2，加 1.0mL 4-氨基安替比林溶液，混匀，再加 1.0mL 铁氰化钾溶液，充分混匀后，密塞，放置 10min。

注：严格按照顺序加入显色试剂，并保证显色时间，否则易造成吸光度偏差、结果不稳定和不准确。

（2）吸光度测定　于 510nm 波长处，用光程为 20mm 的比色皿，以水为参比，于 30min 内测定溶液的吸光度值。

（3）空白试验　用无酚水代替试样进行蒸馏后，按照样品步骤测定其吸光度值。空白应与试样同时测定。

（4）校准

① 校准系列的制备：于一组 8 个分液漏斗中，分别加入 100mL 水，依次加入 0.00、0.25mL、0.50mL、1.00mL、3.00mL、5.00mL、7.00mL 和 10.00mL 酚标准使用液，再分别加水至 250mL。按照与水样相同的步骤进行蒸馏、显色，测定其吸光度值。

② 校准曲线的绘制：由校准系列测得的吸光度值减去零浓度管的吸光度值，绘制吸光度值对酚含量（μg）的曲线。

2. 萃取分光光度法

（1）显色　将馏出液 250mL 移入分液漏斗中，加 2.0mL 缓冲溶液，混匀，此时 pH 值为 10.0±0.2，加 1.5mL 4-氨基安替比林溶液，混匀，再加 1.5mL 铁氰化钾溶液，充分混匀后，密塞，放置 10min。

（2）萃取　在上述显色分液漏斗中准确加入 10.0mL 三氯甲烷，密塞，剧烈振摇 2min，倒置放气，静置分层。用干脱脂棉或滤纸拭干分液漏斗颈管内壁，于颈管内塞一小团干脱脂棉或滤纸，将三氯甲烷层通过干脱脂棉团或滤纸，弃去最初滤出的数滴萃取液后，将余下三氯甲烷直接放入光程为 30mm 的比色皿中。

注：三氯甲烷萃取液一般在 3h 内比较稳定，如放置时间过长，则吸光度出现大的误差，所以比色应及时进行。

（3）吸光度测定　于 460nm 波长处，以三氯甲烷为参比，测定三氯甲烷层的吸光度值。

（4）空白试验　用无酚水代替试样进行蒸馏后，按照样品测定步骤测定其吸光度值。空白应与试样同时测定。

（5）标准曲线

① 标准系列的制备：于一组 8 个分液漏斗中，分别加入 100mL 水，依次加入 0.00、0.25mL、0.50mL、1.00mL、3.00mL、5.00mL、7.00mL 和 10.00mL 酚标准使用液，再分别加水至 250mL。按照水样萃取分光光度法相同步骤进行测定。

② 标准曲线的绘制：由标准系列测得的吸光度值减去零浓度管的吸光度值，绘制吸光度值对酚含量（μg）的曲线。

注：制作曲线及检出限测定的过程中，所有的分液漏斗尽量保证萃取力量和萃取次数一致，这样可以减少操作过程中带来的误差，提高结果的精密度。

实验废液处理提示：本实验产生的有害物质，应统一收集，委托有资质的单位集中处理。

四、数据处理及评价

1. 结果计算

试样中挥发酚的质量浓度（以苯酚计）按以下公式计算：

$$\rho = \frac{A_s - A_b - a}{bV} \tag{5-28}$$

式中　ρ——水样中挥发酚的质量浓度，mg/L；

　　　A_s——试样的吸光度值；

　　　A_b——空白试验的吸光度值；

　　　a——校准曲线的截距；

　　　b——校准曲线的斜率；

　　　V——试样的体积，mL。

注：直接分光光度法中，当计算结果小于 1mg/L 时，保留到小数点后三位；大于等于 1mg/L 时，保留三位有效数字。萃取分光光度法中，当计算结果小于 0.1mg/L 时，保留到小数点后四位；大于等于 0.1mg/L 时，保留三位有效数字。

2. 结果评价

① 按实验报告要求记录实验结果，并分析结果的正确性。

② 学习《生活饮用水卫生标准》（GB 5749—2022）、《污水综合排放标准》（GB 8978—1996），了解生活饮用水的挥发酚标准限值、企业挥发酚的最高允许排放浓度要求，判断样品的挥发酚含量是否达到要求。

五、创新设计实验

水样蒸馏后，能够清除颜色与浊度等干扰，但是还有些物质无法去除，而且它们的存在影响测定结果。请同学们设计实验对这些干扰物质进行定性，并且找到去除它们的办法。

实验十　工业废水中六价铬含量的测定

📚 学习目标　　　　　　　　　　　　　📖 教学课件　　🔗 思维导图

1. 学会二苯碳酰二肼分光光度法测定水中六价铬的原理、方法、监测操作技术，在监测过程中注意采取适当的质量控制措施。

2. 了解水中三价铬、总铬的测定方法，根据废水性质，合理选择测定方法，并充分理解其局限性。

3. 熟练实验数据处理方法，对结果正确表达，合理分析、评价。

一、自主学习导航

工业废水中铬的常见价态有六价和三价两种，铬的毒性与其存在价态有关。六价铬有致癌性，易被人体吸收并在体内蓄积。尽管三价铬毒性较低，但它对鱼类的毒性却很大，而且在一定的条件下三价铬可转化为六价铬。由于铬的毒性及危害与其价态有关，因此测定水中的铬的化合物时，应进行不同价态铬的含量分析。

1. 方法选择

铬的分析测定包括总铬和六价铬两类。测定总铬的方法主要有高锰酸钾氧化-二苯碳酰二肼分光光度法、火焰原子吸收分光光度法、电感耦合等离子体原子发射光谱法、硫酸亚铁铵滴定法等；测定六价铬的方法主要有二苯碳酰二肼分光光度法、硫酸亚铁铵滴定法和柱后衍生离子色谱法等。

2. 实验原理

在酸性溶液中，六价铬离子与二苯碳酰二肼（DPCI）反应，生成紫红色化合物，在540nm处测定其吸光度，吸光度与六价铬离子浓度的关系符合朗伯-比尔定律。

$$O=C\begin{matrix}NH-NH-C_6H_5\\NH-NH-C_6H_5\end{matrix} + Cr(VI) \longrightarrow O=C\begin{matrix}NH-NH-C_6H_5\\N=N-C_6H_5\end{matrix} + Cr(III) \longrightarrow 紫红色络合物$$

　　　　(DPCI)　　　　　　　　　　　　　　　　(苯肼羰基偶氮苯)

进行三价铬的测定时，可将水样中的三价铬用高锰酸钾氧化为六价铬，过量的高锰酸钾用亚硝酸钠分解，最后用尿素再分解过量的亚硝酸钠，经这样处理的试样，加入二苯碳酰二肼显色后，应用分光光度法即可测定总铬含量。用总铬含量减去上述直接测得的六价铬的含量，即得三价铬的含量。

3. 方法的适用范围　　　　　　　　　　　　　　　　　　📄 **标准**

本实验所用方法参照《水质 六价铬的测定 二苯碳酰二肼分光光度法》（GB 7467—87），方法适用于地面水和工业废水中六价铬的测定。

当取样体积为 50mL，使用 30mm 比色皿时，方法的最小检出量为 $0.2\mu g$ 六价铬，最低检出浓度为 0.004mg/L；使用光程为 10mm 的比色皿时，测定上限浓度为 1.0mg/L。

4. 干扰及消除

含铁量大于 1mg/L 的水样，显色后呈黄色。六价钼和汞也与显色剂反应，生成有色化合物，但在本方法的显色酸度下反应不灵敏，钼和汞的浓度达 200mg/L 不干扰测定。钒有干扰，其含量高于 4mg/L 即干扰显色。但钒与显色剂反应后 10min，可自行褪色。氧化性及还原性物质，如 ClO^-、Fe^{2+}、SO_3^{2-}、$S_2O_3^{2-}$ 等，以及有色或浑浊水样，对测定均有干扰，须进行预处理。

5. 实验安全提示

本方法所用试剂重铬酸钾为强氧化剂（危险品标志：O），有毒且有致癌性，在使用时应注意防护。

6. 课前思考　　　　　　　　　　　　　　　　　　　　　🎒 **拓展阅读**

① 当水样浑浊并有颜色时，如何进行预处理？

② 如果污水中含有较多有机物，应该如何处理？

③ 在测量废水中六价铬显色反应时加入磷酸和硫酸的目的是什么？

二、实验准备

（一）仪器和试剂

1. 实验仪器

① 分光光度计。

② 具塞磨口玻璃比色管：50mL。

③ 一般实验室常用仪器和设备。

2. 实验试剂

① 丙酮。

② （1∶1）硫酸溶液。

③ （1∶1）磷酸溶液。

④ 氢氧化钠溶液：$\rho=4g/L$。称取氢氧化钠（NaOH）1g，溶于新煮沸放冷的水中，稀释至 250mL。

⑤ 氢氧化锌共沉淀剂。

a. 硫酸锌溶液：$\rho=80g/L$。取硫酸锌（$ZnSO_4 \cdot 7H_2O$）8g，溶于 100mL 水中。

b. 氢氧化钠溶液：$\rho=20g/L$。称取 2.4g 氢氧化钠，溶于新煮沸放冷的 120mL 水中。

用时将 a 和 b 两溶液混合。

⑥ 高锰酸钾溶液：$\rho=40g/L$。称取高锰酸钾 4g，在加热和搅拌下溶于水，稀释至 100mL。

⑦ 铬标准储备液：$\rho=100.0\mu g/mL$。称取于 110℃下干燥 2h 的重铬酸钾（$K_2Cr_2O_7$，优级纯）0.2829g，用水溶解后，移入 1000mL 容量瓶中，用水稀释至标线，摇匀。此溶液每毫升含六价铬 0.100mg。

⑧ 铬标准溶液 I：$\rho=1.00\mu g/mL$。吸取 5.00mL 铬标准储备液，置于 500mL 容量瓶中，用水稀释至标线，摇匀。使用时当天配制。此溶液适用于铬含量低的水样，测定时使用显色剂 I 和 30mm 比色皿。

⑨ 铬标准溶液 II：$\rho=5.00\mu g/mL$。吸取 25.00mL 铬标准储备液置于 500mL 容量瓶中，用水稀释至标线，摇匀。使用时当天配制此溶液。此溶液适用于铬含量高的水样，测定时使用显色剂 II 和 10mm 比色皿。

⑩ 尿素溶液：$\rho=200g/L$。将尿素 20g 溶于水并稀释至 100mL。

⑪ 亚硝酸钠溶液：$\rho=20g/L$。将 2g 亚硝酸钠溶于水并稀释至 100mL。

⑫ 显色剂 I：称取二苯碳酰二肼（$C_{13}H_{14}N_4O$）0.2g，溶于 50mL 丙酮中，加水稀释至 100mL，摇匀。贮于棕色瓶中，置于冰箱中保存，色变深后不能使用。

⑬ 显色剂 II：称取二苯碳酰二肼 2g，溶于 50mL 丙酮中，加水稀释至 100mL，摇匀。贮于棕色瓶中，置于冰箱中保存，色变深后不能使用。

（二）样品的采集和保存

测定六价铬时，应用玻璃瓶采集。采集时，加入氢氧化钠，调节样品 pH 值为 8。并在采集后尽快测定，如放置，不要超过 24h。

三、实验操作

（一）前处理

① 对于不含悬浮物、低色度的清洁地表水，可直接测定。

② 如样品有色但不深时，可进行色度校正，即另取一份样品，以 2mL 丙酮代替显色剂，同时加入除显色剂以外的各种试剂，以此溶液为测定样品吸光度的参比溶液。

③ 锌盐沉淀分离法：对浑浊、色度较深的样品可用此法进行预处理。取适量样品（含六价铬少于 $100\mu g$）于 150mL 烧杯中，加水至 50mL。滴加 4g/L 氢氧化钠溶液，调节溶液 pH 值为 7~8。在不断搅拌下，滴加氢氧化锌共沉淀剂至溶液 pH 值为 8~9。将此溶液转移至 100mL 容量瓶中，用水稀释至标线。用慢速滤纸过滤，弃去 10~20mL 初滤液，取其中 50.0mL 滤液供测定。

注：当样品经锌盐沉淀分离法前处理后仍含有机物干扰测定时，可用酸性高锰酸钾氧化法破坏有机物后再测定。

处理方法：取 50.0mL 滤液于 150mL 锥形瓶中，加入几粒玻璃珠，加入 0.5mL（1∶1）硫酸溶液、0.5mL（1∶1）磷酸溶液，摇匀。加入 2 滴 40g/L 高锰酸钾溶液，如紫红色消退，则应添加高锰酸钾溶液保持紫红色。加热煮沸至溶液体积约剩 20mL，取下稍冷，用定量中速滤纸过滤，用水洗涤数次，合并滤液和洗液至 50mL 比色管中。加入 1mL 尿素溶液，摇匀。用滴管滴加亚硝酸钠溶液，每加一滴充分摇匀，至高锰酸钾的紫红色刚好褪去。稍停片刻，待溶液内气泡逸尽，用水稀释至标线，供测定用。

④ 二价铁、亚硫酸盐、硫代硫酸盐等还原性物质的消除：取适量样品（含六价铬少于 $50\mu g$）于 50mL 比色管中，用水稀释至标线，加入 4mL 显色剂 Ⅱ，混匀，放置 5min 后，加入 1mL（1∶1）硫酸溶液，摇匀。5~10min 后，于 540nm 波长处，用 10mm 或 30mm 光程的比色皿，以水作参比，测定吸光度。扣除空白试验测得的吸光度后，从校准曲线中查得六价铬含量。用相同方法制作校准曲线。

⑤ 次氯酸盐等氧化性物质的消除：取适量样品（含六价铬少于 $50\mu g$）于 50mL 比色管中，用水稀释至标线，加入 0.5mL（1∶1）硫酸溶液、0.5mL（1∶1）磷酸溶液、1.0mL 尿素溶液，摇匀，逐滴加入 1mL 亚硝酸钠溶液，边加边摇，以除去由过量的亚硝酸钠与尿素反应生成的气泡，待气泡除尽后，测定六价铬含量（测定过程中免去加硫酸溶液和磷酸溶液）。

（二）分析步骤

1. 标准曲线的绘制

向 9 个 50mL 比色管中分别加入 0、0.20mL、0.50mL、1.00mL、2.00mL、4.00mL、6.00mL、8.00mL 和 10.00mL 铬标准溶液 Ⅰ（如经锌盐沉淀分离法前处理，则应加倍加入标准溶液），用水稀释至标线。然后按照与样品同样的预处理和测定步骤操作。用测得的吸光度减去空白试验的吸光度后，绘制六价铬含量对吸光度的曲线。

2. 试样测定

取适量（含六价铬少于 $50\mu g$）无色透明水样或经预处理的水样，置于 $50mL$ 比色管中，用水稀释至标线，加入 $0.5mL$（$1:1$）硫酸溶液、$0.5mL$（$1:1$）磷酸溶液，摇匀。加入 $2mL$ 显色剂 I，立即摇匀，$5\sim10min$ 后，于 $540nm$ 波长处测定吸光度，扣除空白试验测得的吸光度后，从校准曲线上查得六价铬含量。

注：经锌盐沉淀分离、高锰酸钾氧化法处理的样品，可直接加入显色剂测定。

3. 空白试验

用 $50mL$ 水代替试样，按同试样完全相同的处理步骤进行空白试验。

实验废液处理提示：本实验产生的废液含六价铬有害物质，应统一收集，委托有资质的单位集中处理。

四、数据处理及评价

1. 结果计算

样品中六价铬浓度 $\rho(mg/L)$ 按下式计算：

$$\rho[Cr(Ⅵ),mg/L]=\frac{m}{V} \tag{5-29}$$

式中　m——由校准曲线查得的试样含六价铬量，μg；

　　　V——试样的体积，mL。

注：当测定结果小于 $1.00mg/L$ 时，有效数字保留至小数点后三位；当测定结果大于或等于 $1.00mg/L$ 时，保留三位有效数字。

2. 结果评价

① 按实验报告要求记录实验结果，并分析结果的正确性。

② 根据污水来源，结合排放标准，进行结果评价。

五、实验注意事项

① 六价铬与二苯碳酰二肼反应时，显色酸度一般控制在 $0.05\sim0.3mol/L$（$1/2H_2SO_4$），以 $0.2mol/L$ 时显色最好。显色前，水样应调至中性。显色时，温度和放置时间对显色有影响，在温度 $15℃$、放置时间 $5\sim15min$ 时，颜色即可稳定，$1h$ 后会有明显褪色。

② 如测定清洁地表水，显色剂可按下法配制：溶解 $0.20g$ 二苯碳酰二肼的显色剂于 95% 乙醇 $100mL$ 中，边搅拌边加入（$1:9$）硫酸 $400mL$。存放于冰箱中，可用一个月。显色时直接加入 $2.5mL$ 显色剂即可，不必再加酸。加入显色剂后要立即摇匀，以免六价铬被乙醇还原。

③ 本实验所有玻璃器皿内壁须光洁，以免吸附铬离子。不得用重铬酸钾洗液洗涤。可用硝酸-硫酸混合液或合成洗涤剂洗涤，洗涤后要冲洗干净。也可用（$1:3$）硝酸溶液浸泡后，先用自来水冲洗，再用蒸馏水洗干净。

六、创新设计实验

设计实验：实验过程中产生的含铬废液无害化处理研究。

●●● 知识拓展 ●●●

实验室除铬简易方法

废水中的六价铬可被还原为毒性较小的三价铬，然后沉淀去除。可用铁屑或锌粒作为还原剂。例如采用铁屑在酸性条件下与含铬废水反应，在弱碱性条件下，进一步发生下列沉淀反应：

$$Cr_2O_7^{2-} + 6Fe^{2+} + 14H^+ \rightleftharpoons 2Cr^{3+} + 7H_2O + 6Fe^{3+}$$

$$Cr^{3+} + 3OH^- \rightleftharpoons Cr(OH)_3 \downarrow$$

$$Fe^{3+} + 3OH^- \rightleftharpoons Fe(OH)_3 \downarrow$$

氢氧化铁极易发生沉淀，而且由于它的吸附作用可将氢氧化铬吸附共沉淀，从而通过过滤将铬除去。

实验十一　饮用水中常见阴离子含量的测定

学习目标　　　　　　　　　　　教学课件　 思维导图

1. 掌握水样中常见阴离子的离子色谱分析的测定原理与方法、监测操作技术，在监测过程中注意采取适当的质量控制措施。

2. 熟练数据处理方法，对结果正确表达，合理分析，对自己的实验结果进行正确评价。

一、自主学习导航

离子色谱（ion chromatography，IC）是色谱法的一个分支，它是将色谱的高效分离技术和离子的自动检测技术相结合的一种分析技术。离子色谱法以离子交换树脂为固定相、电解质溶液为流动相，水样中的阴离子经阴离子色谱柱交换分离，经抑制型电导检测器检测，根据保留时间定性，峰高或峰面积定量。

1. 实验原理

本实验以阴离子交换树脂为固定相，以 $NaHCO_3$-Na_2CO_3 混合液为淋洗液，采用外标法定量分析水中常见阴离子。

当含待测阴离子的试液进入分离柱后，在分离柱上发生如下交换过程：

$$R-HCO_3 + MX \underset{淋洗}{\overset{交换}{\rightleftharpoons}} RX + M-HCO_3$$

式中　R——离子交换树脂；

　　　X——各种阴离子。

由于淋洗液不断流过分离柱，使交换在阴离子交换树脂上的各种阴离子被淋洗从而发生淋洗过程。各种阴离子在不断进行交换和淋洗过程中，由于与离子交换树脂的亲和力不同，交换和淋洗过程有所不同，亲和力小的离子先流出分离柱，而亲和力大的离子后流出分离柱，从而使各种不同的离子得到分离。再经过抑制型电导检测器检测，根据保留时间定性，峰高或峰面积定量。

2. 方法的适用范围

本实验所用方法参照《水质 无机阴离子（F^-、Cl^-、NO_2^-、Br^-、NO_3^-、PO_4^{3-}、SO_3^{2-}、SO_4^{2-}）的测定 离子色谱法》（HJ 84—2016），方法适用于地表水、地下水、工业废水和生活污水中 8 种可溶性无机阴离子（F^-、Cl^-、NO_2^-、Br^-、NO_3^-、PO_4^{3-}、SO_3^{2-}、SO_4^{2-}）的测定。当进样量为 $25\mu L$ 时，本方法 8 种可溶性无机阴离子的方法检出限和测定下限见表 5-7。

表 5-7 方法检出限和测定下限　　　　　　　　　　　　单位：mg/L

离子名称	F^-	Cl^-	NO_2^-	Br^-	NO_3^-	PO_4^{3-}	SO_3^{2-}	SO_4^{2-}
方法检出限	0.006	0.007	0.016	0.016	0.016	0.051	0.046	0.018
测定下限	0.024	0.028	0.064	0.064	0.064	0.204	0.184	0.072

3. 干扰与消除

① 样品中的某些疏水性化合物可能会影响色谱分离效果及色谱柱的使用寿命，可采用 RP 柱或 C18 柱处理，消除或减少其影响。

② 样品中的重金属和过渡金属会影响色谱柱的使用寿命，可采用 H 柱或 Na 柱处理，减少其影响。

③ 对保留时间相近的 2 种阴离子，当其浓度相差较大从而影响低浓度离子的测定时，可通过稀释、调节流速、改变碳酸钠和碳酸氢钠浓度比例，或选用氢氧根淋洗等方式消除和减少干扰。

④ 当选用碳酸钠和碳酸氢钠淋洗液，水负峰干扰 F^- 的测定时，可在样品与标准溶液中分别加入适量相同浓度和等体积的淋洗液，以减小水负峰对 F^- 的干扰。

4. 实验安全提示

实验中所使用的氟化钠、亚硝酸钠等化学试剂对人体健康有害，操作时应按规定要求佩戴防护器具，避免接触皮肤和衣物。

5. 课前思考

① 离子色谱分析中当改变淋洗液的浓度时，各种离子通过的保留时间会发生变化吗？会如何变化？

② 在用离子色谱分析未知浓度的样品时，如何避免色谱柱容量的超载？

③ 为什么离子色谱输液系统不能进入气泡？通常在操作时，应如何避免气泡的进入？

④ 在离子色谱分析中，水负峰在什么情况下会对分析结果产生干扰？如何消除或减小这种干扰？

二、实验准备

（一）仪器和试剂

1. 实验仪器

离子色谱仪：由离子色谱仪、操作软件及所需附件组成的分析系统。

2. 实验试剂

① 氟化钠（NaF）、氯化钠（NaCl）、溴化钾（KBr）、亚硝酸钠（NaNO$_2$）、硝酸钾（KNO$_3$）、磷酸二氢钾（KH$_2$PO$_4$）、亚硫酸钠（Na$_2$SO$_3$）、无水硫酸钠（Na$_2$SO$_4$）、碳酸钠（Na$_2$CO$_3$）、碳酸氢钠（NaHCO$_3$）：优级纯，使用前恒重后，置于干燥器中保存。

② 氟离子标准储备液：$\rho(F^-)=1000$mg/L。准确称取 2.2100g 氟化钠溶于适量水中，定容至 1000mL。转移至聚乙烯瓶中，于 4℃ 以下冷藏，避光和密封，可保存 6 个月。

③ 氯离子标准储备液：$\rho(Cl^-)=1000$mg/L。准确称取 1.6485g 氯化钠溶于适量水中，定容至 1000mL。转移至聚乙烯瓶中，于 4℃ 以下冷藏，避光和密封，可保存 6 个月。

④ 溴离子标准储备液：$\rho(Br^-)=1000$mg/L。准确称取 1.4875g 溴化钾溶于适量水中，定容至 1000mL。转移至聚乙烯瓶中，于 4℃ 以下冷藏，避光和密封，可保存 6 个月。

⑤ 亚硝酸根标准储备液：$\rho(NO_2^-)=1000$mg/L。准确称取 1.4997g 亚硝酸钠溶于适量水中，定容至 1000mL。转移至聚乙烯瓶中，于 4℃ 以下冷藏，避光和密封，可保存 1 个月。

⑥ 硝酸根标准储备液：$\rho(NO_3^-)=1000$mg/L。准确称取 1.6304g 硝酸钾溶于适量水中，定容至 1000mL。转移至聚乙烯瓶中，于 4℃ 以下冷藏，避光和密封，可保存 6 个月。

⑦ 磷酸根标准储备液：$\rho(PO_4^{3-})=1000$mg/L。准确称取 1.4316g 磷酸二氢钾溶于适量水中，定容至 1000mL。转移至聚乙烯瓶中，于 4℃ 以下冷藏，避光和密封，可保存 1 个月。

⑧ 亚硫酸根标准储备液：$\rho(SO_3^{2-})=1000$mg/L。准确称取 1.5750g 亚硫酸钠溶于适量水中，全量转入 1000mL 容量瓶，加入 1mL 甲醛进行固定（为防止 SO$_3^{2-}$ 氧化），用水稀释定容至标线，混匀。转移至聚乙烯瓶中，于 4℃ 以下冷藏，避光和密封，可保存 1 个月。

⑨ 硫酸根标准储备液：$\rho(SO_4^{2-})=1000$mg/L。准确称取 1.4792g 无水硫酸钠溶于适量水中，定容至 1000mL。转移至聚乙烯瓶中，于 4℃ 以下冷藏，避光和密封，可保存 6 个月。

⑩ 混合标准使用液：分别移取 10.0mL 氟离子标准储备液、200.0mL 氯离子标准储备液、10.0mL 溴离子标准储备液、10.0mL 亚硝酸根标准储备液、100.0mL 硝酸根标准储备液、50.0mL 磷酸根标准储备液、50.0mL 亚硫酸根标准储备液、200.0mL 硫酸根标准储备液于 1000mL 容量瓶中，用水稀释定容至标线，混匀。配制成含有 10mg/L 的 F$^-$、200mg/L 的 Cl$^-$、10mg/L 的 Br$^-$、10mg/L 的 NO$_2^-$、100mg/L 的 NO$_3^-$、50mg/L 的 PO$_4^{3-}$、50mg/L 的 SO$_3^{2-}$ 和 200mg/L 的 SO$_4^{2-}$ 的混合标准使用液。

⑪ 碳酸盐淋洗液 I：$c(Na_2CO_3)=6.0$mmol/L，$c(NaHCO_3)=5.0$mmol/L。准确称取 1.2720g 碳酸钠和 0.8400g 碳酸氢钠，分别溶于适量水中，定容至 2000mL。

⑫ 碳酸盐淋洗液 II：$c(Na_2CO_3)=3.2$mmol/L，$c(NaHCO_3)=1.0$mmol/L。准确称取 0.6784g 碳酸钠和 0.1680g 碳酸氢钠，分别溶于适量水中，定容至 2000mL。

注：淋洗液也可根据仪器型号及色谱柱说明书使用条件进行配制。

（二）样品的采集和保存

若测定 SO$_3^{2-}$，样品采集后，须立即加入 0.1% 的甲醛进行固定；其余阴离子的测定不需加固定剂。含 F$^-$ 水样采样后应保存于聚乙烯瓶中，其余离子采样后可保存于硬质玻璃瓶或聚乙烯瓶中。

采集的样品应尽快分析。若不能及时测定，应经抽气过滤装置过滤，于 4℃ 以下冷藏、避光保存，尽快分析。

三、实验操作

(一) 试样和空白样品的制备

对于不含疏水性化合物、重金属或过渡金属离子等干扰物质的清洁水样，经抽气过滤装置过滤后，可直接进样；也可用带有水系微孔滤膜针筒过滤器的一次性注射器进样。对含干扰物质的复杂水质样品，须用相应的预处理柱进行有效去除后再进样。

以实验用水代替样品，按照与试样制备的相同步骤制备实验室空白试样。

(二) 分析步骤

1. 离子色谱分析参考条件

根据仪器使用说明书优化测量条件或参数，可按照实际样品的基体及组成优化淋洗液浓度。参考条件如下。

① 阴离子分离柱：阴离子分离柱（聚二乙烯基苯/乙基乙烯苯/聚乙烯醇基质，具有烷基季铵或烷醇季铵功能团、亲水性、高容量色谱柱）和阴离子保护柱。

② 检测器：抑制型电导检测器。

③ 抑制器：连续自循环再生抑制器。

④ 流速：1.0mL/min（碳酸盐淋洗液Ⅰ）或0.7mL/min（碳酸盐淋洗液Ⅱ）。

⑤ 进样量：25μL。

2. 标准曲线的绘制

分别准确移取0.00、1.00mL、2.00mL、5.00mL、10.0mL、20.0mL混合标准使用液置于一组100mL容量瓶中，用水稀释定容至标线，混匀。配制成6个不同浓度的混合标准系列，标准系列质量浓度参考表5-8。按其浓度由低到高的顺序依次注入离子色谱仪，记录峰面积（或峰高）。以各离子的质量浓度为横坐标，以峰面积（或峰高）为纵坐标，绘制标准曲线。

表 5-8　阴离子标准系列质量浓度

离子名称	标准系列质量浓度/(mg/L)					
F^-	0.00	0.10	0.20	0.50	1.00	2.00
Cl^-	0.00	2.00	4.00	10.0	20.0	40.0
NO_2^-	0.00	0.10	0.20	0.50	1.00	2.00
Br^-	0.00	0.10	0.20	0.50	1.00	2.00
NO_3^-	0.00	1.00	2.00	5.00	10.0	20.0
PO_4^{3-}	0.00	0.50	1.00	2.50	5.00	10.0
SO_3^{2-}	0.00	0.50	1.00	2.50	5.00	10.0
SO_4^{2-}	0.00	2.00	4.00	10.0	20.0	40.0

注：可根据被测样品的浓度确定合适的标准系列浓度范围。

3. 试样的测定

按照与绘制标准曲线相同的色谱条件和步骤，将试样注入离子色谱仪测定阴离子浓度，以保留时间定性，以仪器响应值定量。

注：若测定结果超出标准曲线范围，应将样品用实验用水稀释处理后重新测定；可预先稀释50～100倍后，再根据所得结果选择适当的稀释倍数重新进样分析，同时记录样品稀释倍数。

4. 空白试验

按照与试样测定相同的色谱条件和步骤，将空白试样注入离子色谱仪，测定阴离子浓度，以保留时间定性，以仪器响应值定量。

> **实验废液处理提示：** 实验中产生的废液应集中收集，妥善保管，委托有资质的单位处理。

四、数据处理及评价

1. 结果记录

① 测量并记录各阴离子标准使用液色谱峰的保留时间 t_R，与标准混合物使用液色谱图中各色谱峰相比较，确定各色谱峰属何种组分。

② 测量并记录各色谱峰面积或峰高（一般情况色谱工作站可自动输出这些数据）。

2. 结果计算

样品中无机阴离子（F^-、Cl^-、NO_2^-、Br^-、NO_3^-、PO_4^{3-}、SO_3^{2-}、SO_4^{2-}）的质量浓度（ρ，mg/L），按照式(5-30)计算：

$$\rho = \frac{h - h_0 - a}{b} \times f \tag{5-30}$$

式中　ρ——样品中阴离子的质量浓度，mg/L；

　　　h——试样中阴离子的峰面积（或峰高）；

　　　h_0——空白试样中阴离子的峰面积（或峰高）；

　　　a——回归方程的截距；

　　　b——回归方程的斜率；

　　　f——样品的稀释倍数。

注：当样品含量小于1mg/L时，结果保留至小数点后三位；当样品含量大于或等于1mg/L时，结果保留三位有效数字。

五、实验注意事项

① 分析废水样品时，所用的预处理柱应能有效去除样品基质中的疏水性化合物、重金属或过渡金属离子，同时对测定的阴离子不发生吸附。

② 待测水样不应是严重污染的水样，否则应经过前处理，以免污染色谱柱。

六、创新设计实验

采用离子色谱法进行水样中阴离子含量测定时，如以碳酸盐体系Ⅱ为淋洗液，当水样中有 HPO_4^{2-} 和 SO_3^{2-} 共存时，有时会出现分离效果欠佳的问题，请通过改变离子色谱分析参考条件，采用梯度淋洗等方式设计实验改变这两种离子的分离状况。

实验十二 阴离子表面活性剂的测定

学习目标 教学课件 思维导图

1. 学会亚甲蓝分光光度法测定阴离子表面活性剂的原理与方法、监测操作技术，并在监测过程中注意采取适当的质量控制措施。

2. 熟练数据处理方法，对结果正确表达、合理分析，给予自己的实验结果正确的评价。

一、自主学习导航

阴离子表面活性剂（anionic surfactant）是普通合成洗涤剂的主要活性成分，主要包括直链烷基苯磺酸钠、烷基磺酸钠和脂肪醇硫酸钠，这类物质统称为亚甲蓝活性物质（MBAS）或阴离子表面活性物质，其中直链烷基苯磺酸钠（LAS）使用最为广泛。因此，阴离子表面活性剂的测定结果通常以 LAS 计，测定方法中使用的标准物也为 LAS，其烷基碳链在 $C_{10} \sim C_{13}$，平均碳数为 12，平均分子量为 344.4。故 LAS 不是单一的化合物，可能包括具有不同链长和异构体的几种或全部有关的 26 种化合物。

阴离子表面活性剂的污染会使水面产生不易消失的泡沫，消耗水中的溶解氧，造成水质恶化。因此，我国《地表水环境质量标准》《地下水环境质量标准》《污水综合排放标准》都对其浓度进行了限制。

1. 方法的选择

水中阴离子表面活性剂的测定方法，可采用亚甲蓝分光光度法、流动注射-亚甲蓝分光光度法、液相色谱法和电位滴定法。其中亚甲蓝分光光度法、流动注射-亚甲蓝分光光度法较为常用。亚甲蓝法操作简便，但选择性较差，适用于测定饮用水、地表水、生活污水及工业废水中溶解态的阴离子表面活性物质。阴离子表面活性剂的流动注射-亚甲蓝分光光度法检出限低、自动化程度高，但测定过程中产生的废液较多，适用于地表水、地下水、生活污水和工业废水中阴离子表面活性剂的测定。

2. 实验原理

阴离子表面活性剂（包括直链烷基苯磺酸钠、烷基磺酸钠和脂肪醇硫酸钠）与阳离子染料亚甲蓝作用，生成蓝色化合物，被三氯甲烷萃取后，用分光光度计在 652nm 波长处测量三氯甲烷相的吸光度，其色度与浓度成正比。

3. 方法的适用范围 标准

本实验所用方法参照《水质 阴离子表面活性剂的测定 亚甲蓝分光光度法》（GB/T 7494—87），实验操作参考《国家地表水环境质量监测网作业指导书 阴离子表面活性剂的测定 亚甲蓝分光光度法》（GJW—03—SSG—018）。本法适用于测定地表水中溶解态的低浓度亚甲蓝活性物质，亦即阴离子表面活性物质。当采用 10mm 比色皿，试样为 100mL 时，方法的最低检出浓度为 0.05mg/L LAS，检测上限为 2.0mg/L LAS。

4. 实验干扰因素分析与消除

① 本方法的选择性较差，除直链烷基苯磺酸钠、烷基磺酸钠和脂肪醇硫酸钠外，有机

硫酸盐、磺酸盐、羧酸盐、酚类以及无机硫氰酸盐、硝酸盐和氯化物等，均对本法产生不同程度的正干扰，通过水溶液反洗可部分去除（有机硫酸盐、磺酸盐除外）。

② 经水溶液反洗仍未能除去的非表面活性物质引起的正干扰，可用气提萃取法将阴离子表面活性剂从水相转移到有机相从而消除。

③ 一般存在于未经处理或一级处理的污水中的硫化物，能与亚甲蓝生成无色的还原物而消耗亚甲蓝试剂，遇此情况可将试样调至碱性，滴加适量的过氧化氢（30%），避免其干扰。

④ 季铵盐类等阳离子化合物和蛋白质能与表面活性剂作用，生成稳定的络合物，而不与亚甲蓝反应，因此造成负干扰。这些阳离子类物质在适当条件下可采用阳离子交换树脂去除。

⑤ 在样品中存在的并可被三氯甲烷萃取的有色物质，也会产生一定程度的干扰。

5. 实验安全提示

本实验所用药品三氯甲烷（危险性符号：Xn）属于有毒物质、易制毒管制药品，操作时应按规定要求佩戴防护器具并在通风橱内进行，避免接触皮肤，检测后的残渣废液应做妥善的安全处理。

6. 课前思考

① 亚甲蓝分光光度法测定水中阴离子表面活性剂时有哪些干扰物质？如何消除？

② 亚甲蓝分光光度法测定水中阴离子表面活性剂，加入三氯甲烷进行萃取时，如水相中的色变浅或消失，说明什么问题？应如何处理？

二、实验准备

（一）仪器和试剂

1. 实验仪器

① 分光光度计。

② 250mL 分液漏斗（最好用聚四氟乙烯活塞）。

③ 索氏抽提器（150mL 平底烧瓶，ϕ35mm×160mm 抽出筒，蛇形冷凝管）。

2. 实验试剂

① 氢氧化钠溶液：1mol/L。

② 硫酸溶液：0.5mol/L。

③ 直链烷基苯磺酸钠标准储备液：$\rho=1.00$mg/mL。称取 0.100g 标准物 LAS（平均分子量 344.4，准确至 0.001g），溶于 50mL 水中，转移到 100mL 容量瓶中，稀释至标线，混匀。保存于 4℃冰箱中，每周配制一次。

④ 直链烷基苯磺酸钠标准溶液：$\rho=10.0\mu$g/mL。准确吸取 10.00mL 直链烷基苯磺酸钠标准储备液，用水稀释至 1000mL，当天配制。

⑤ 亚甲蓝溶液：称取 50g 一水合磷酸二氢钠（$NaH_2PO_4 \cdot H_2O$）溶于 300mL 水中，转移入 1000mL 容量瓶中，缓慢加入 6.8mL 浓硫酸，摇匀。另称取 30mg 亚甲蓝（指示剂级），用 50mL 水溶解后也移入容量瓶中，用水稀释至标线，摇匀。此溶液贮存于棕色试剂瓶中。

⑥ 洗涤液：称取 50g 一水合磷酸二氢钠置于烧杯内，溶于 300mL 水中，转移到 1000mL 容量瓶中，缓慢加入 6.8mL 浓硫酸，用水稀释至 1000mL。

⑦ 酚酞指示剂溶液：将 1.0g 酚酞溶于 50mL 乙醇中，然后边搅拌边加入 50mL 水，滤

去沉淀物。

⑧ 玻璃棉或脱脂棉：在索氏抽提器中，用三氯甲烷提取 4h 后，取出干燥，保存在清洁的具塞玻璃瓶中备用。

（二）样品的采集和保存

水样应采集在预先用甲醇清洗过的清洁玻璃瓶中，尽量当天分析。否则，应加甲醛溶液保存，方法为每升样品中加 10mL 40%（体积分数）的甲醛溶液，此法可保存样品 4d。如加三氯甲烷于水样中达到饱和，则保存期可长达 8d。

三、实验操作

1. 校准曲线的绘制

取一组分液漏斗 10 个，分别加入 100mL、99mL、97mL、95mL、93mL、91mL、89mL、87mL、85mL、80mL 水，然后分别移入 0、1.00mL、3.00mL、5.00mL、7.00mL、9.00mL、11.00mL、13.00mL、15.00mL、20.00mL 直链烷基苯磺酸钠标准溶液，摇匀。按试样测定相同步骤操作，用测得的吸光度扣除空白试验值后，与相应的 LAS 量（μg）绘制校准曲线。

校准曲线绘制要点

1. 分液漏斗的活塞不得用油脂润滑，可在使用前用三氯甲烷润湿，使用前应检漏。
2. 浓度点可根据实际情况适当增减，但不得少于 5 个点（零浓度除外）。
3. 绘制校准曲线和水样的测定，应使用同一批三氯甲烷、亚甲蓝溶液和洗涤液。

---

2. 试样测定

① 将待测水样 100mL 移入分液漏斗中，以酚酞为指示剂，逐滴加入 1mol/L 氢氧化钠溶液至水溶液呈桃红色，再滴加 0.5mol/L 硫酸至桃红色刚好消失。

注：① 试样的体积应根据预计的亚甲蓝表面活性物质的浓度选用，见表 5-9。当预计 MBAS 浓度超过 2.0mg/L 时，按表格中体积选取试样量，用水稀释至 100mL。

② 调节水样 pH 值应严格到控制桃红色刚好消失，多加酸有时会出现乳化现象。

表 5-9　预计选用试样体积参考表

预计 MBAS 浓度/(mg/L)	0.050～2.0	2.0～10	10～20	20～40
试样量/mL	100	20	10	5

② 加入 25mL 亚甲蓝溶液，摇匀后再加入 10mL 三氯甲烷，激烈振摇 30s，注意放气。

注：过分振摇会发生乳化现象，必要时，可加入少量异丙醇（小于 10mL）以破乳（标准系列亦应加入相同体积的异丙醇）。再慢慢旋转分液漏斗，使带留在内壁上的三氯甲烷液珠降落，静置分层。

③ 将三氯甲烷层放入预先盛有 50mL 洗涤液的第二个分液漏斗中，用 10mL 三氯甲烷淋洗第一个分液漏斗的放液管，重复 3 次。合并所有三氯甲烷至第二个分液漏斗中，激烈摇动 30s，静置分层。将三氯甲烷层通过玻璃棉或脱脂棉，放入 50mL 容量瓶中。再用三氯甲烷萃取洗涤液两次（每次用量 5mL），此三氯甲烷层也并入容量瓶中，加三氯甲烷到标线。

④ 振荡容量瓶内的三氯甲烷萃取液，在 652nm 处，以三氯甲烷为参比，测定样品、标

准系列和空白试验的吸光度。

以样品的吸光度减去空白试验的吸光度后，从校准曲线上查得 LAS 的含量。

萃取操作要点

1. 如水相中蓝色变淡或消失，说明水样中亚甲蓝表面活性物（MBAS）浓度超过了预计量，以致加入的亚甲蓝全部被反应掉。应弃去试样，重新取少量试样重做。

2. 测定含量低的饮用水及地面水可将萃取用的三氯甲烷总量降至 25mL。三次萃取用量分别为 10mL、5mL、5mL，再用 3～4mL 三氯甲烷萃取洗涤液，此时测定下限可达 0.02mg/L。

3. 萃取过程中两相界面处有时会出现深蓝色絮状物，该絮状物不能进入洗涤液中。

4. 定容样品的容量瓶应保持干燥，因水与三氯甲烷互不相容，容量瓶中的小水珠在比色时，会影响测定结果。

5. 将三氯甲烷通过放液管中的玻璃棉放入容量瓶中，当分液漏斗中剩有少量时要逐滴放出，不能残留于分液漏斗中，不能把水溶液放入容量瓶中。

6. 萃取时间不宜过长，否则容易形成乳化层。出现乳化层时可加异丙醇消除乳化。

3. 空白试验

用 100mL 水代替试样，按"试样测定"步骤进行空白试验。

注：在试验条件下，用 10mm 光程比色皿时，空白试验的吸光度不应超过 0.02，否则应检查器皿和试剂是否有污染。

实验废液处理提示：由于三氯甲烷具有毒性，使用时应在通风橱中进行。而且实验结束后的三氯甲烷废液应收集，不得随意倾倒。

四、数据处理及评价

1. 结果计算

本方法用亚甲蓝活性物质报告结果，按式(5-31)计算，以 LAS 计（平均分子量为 344.4）。

$$\rho = \frac{m}{V} \tag{5-31}$$

式中 ρ——水样中亚甲蓝活性物质的浓度，mg/L；

m——从校准曲线上读取的 LAS 量，μg；

V——水样体积，mL。

注：当测定结果<10.0mg/L 时，保留至小数点后两位；当测定结果≥10.0mg/L 时，保留三位有效数字。

2. 结果评价

① 按实验报告要求记录实验结果，并分析结果的正确性。

② 根据污水来源，结合排放标准，进行结果评价。

五、实验注意事项

实验室用玻璃器皿不能用各类洗涤剂清洗。使用前先用水彻底清洗，然后用（1∶9）盐酸-乙醇洗涤，最后用水冲洗干净。

六、创新设计实验

本实验中所用三氯甲烷有毒性，而且为易制毒管制药品，请设计实验找到代替三氯甲烷的替代药品，或减小其在实验过程中的使用量。

实验十三　水中总磷和溶解性正磷酸盐的测定

▦ 学习目标　　　　　　　　　　　　　　　▥▥ 教学课件　❖ 思维导图

1. 学会钼锑抗分光光度法测定水体中正磷酸盐和总磷的原理、方法、步骤，熟练监测过程中操作技术，在监测过程中注意采取适当的质量控制措施。

2. 熟练数据处理方法，对结果正确表达，合理分析、评价。

一、自主学习导航

在天然水和废水中，磷主要以各种磷酸盐、缩合磷酸盐和有机磷化合物的形式存在。

一般天然水中磷酸盐含量不高，化肥、冶炼、合成洗涤剂等行业的工业废水及生活污水中含量较高。磷是生物生长必需的元素之一。但水体中磷含量过高（如超过 0.2mg/L）会导致富营养化，藻类的过度繁殖，造成湖泊、河流透明度降低，水质变坏，因此，磷是评价水质的重要指标。

1. 方法选择

水中磷的测定，通常按其存在的形式分别测定总磷、溶解性总磷和溶解性正磷酸盐。

正磷酸盐的测定可采用氯化亚锡还原钼蓝法、孔雀绿-磷钼杂多酸分光光度法、钼酸铵分光光度法（GB 11893—89）、离子色谱法（HJ 669—2013）、连续流动钼酸铵分光光度法（HJ 670—2013）和流动注射-钼酸铵分光光度法（HJ 671—2013）等。氯化亚锡还原钼蓝法的灵敏度较低，干扰较多。孔雀绿-磷钼杂多酸分光光度法灵敏度较高，方法检出限可达 $1\mu g/L$，适用于地表水和地下水中痕量磷的测定。钼酸铵分光光度法适用于测定地表水、污水和工业废水中的总磷，方法最低检出浓度为 0.01mg/L。离子色谱法能测定地表水、地下水、降水中的可溶性磷酸盐，方法检出限为 0.007mg/L。连续流动钼酸铵分光光度法和流动注射-钼酸铵分光光度法是行业标准，均适用于地表水、地下水、生活污水和工业废水的测定，前者可分别测定磷酸盐和总磷，方法检出限均为 0.01mg/L，后者测定总磷的检出限达 0.005mg/L。

本实验采用钼酸铵分光光度法进行水中磷含量的测定。

2. 实验原理

正磷酸盐（orthophosphate）的测定原理：在酸性介质中，正磷酸盐与钼酸铵、酒石酸锑氧钾反应，生成磷钼杂多酸后，立即被抗坏血酸还原，生成蓝色的络合物（磷钼蓝）。于 700nm 波长处测定吸光度，在一定浓度范围内吸光度与正磷酸盐的浓度成正比。

$$PO_4^{3-} + 3NH_4^+ + 12MoO_4^{2-} + 24H^+ \xrightarrow{\text{锑盐}} (NH_4)_3PO_4 \cdot 12MoO_3 + 12H_2O$$

$$(NH_4)_3PO_4 \cdot 12MoO_3 + 12H_2O + 抗坏血酸 \longrightarrow 磷钼蓝$$

总磷（total phosphorus）的测定原理：在中性条件下用过硫酸钾（或硝酸-高氯酸）消

解试样，将所含磷全部氧化为正磷酸盐，生成的正磷酸盐继续采用上述方法进行含量测定。

3. 方法的适用范围

📄 标准

本实验所用方法参照《水质 总磷的测定 钼酸铵分光光度法》（GB 11893—89），实验操作参考《国家地表水环境质量监测网作业指导书 总磷的测定》（GJW—03—SSG—009），当样品体积为 25mL 时，方法的检出限为 0.01mg/L，测定下限为 0.04mg/L。

此方法适用于测定地表水、生活污水及化工、磷肥、机加工金属表面磷化处理、农药、钢铁、焦化等行业的工业废水中的正磷酸盐。

4. 干扰及去除

砷大于 2mg/L 干扰测定，用硫代硫酸钠去除；硫化物大于 2mg/L 干扰测定，在酸性条件下通氮气去除；铬大于 50mg/L 干扰测定，用亚硫酸钠去除；亚硝酸盐大于 1mg/L 有干扰，用氧化消解或加氨磺酸均可以除去；铁浓度为 20mg/L，使结果偏低 5%；铜浓度 10mg/L 不干扰；氟化物小于 70mg/L 也不干扰测定；水中大多数常见离子对显色的影响可以忽略。

5. 实验影响因素分析

（1）采样瓶的洗涤及样品保存　实验所有玻璃器皿均应使用稀盐酸或稀硝酸清洗，再用自来水洗净，最后用纯水冲洗一次。由于总磷易于吸附，因此对采样瓶的清洗应更加仔细。清洗时可用铬酸洗液荡洗几次，再用自来水、蒸馏水淋洗，切不可用含磷洗涤剂进行刷洗。

（2）样品消解　测定总磷时，过硫酸钾的消解方法用于某些重污染的废水如含有大量铁、铝、钙等金属盐和有机物的废水，测定结果会偏低，因此测定前应对废水的来源、大体组分要有初步的了解，必要时须进行方法回收率试验并加以判断。若过硫酸钾消解法回收率高，才可选用，否则应采用硝酸-高氯酸消解为宜。

（3）显色温度和显色时间的影响　对于高浓度样品显色反应较快，常温下一般显色 15min；低浓度样品显色反应较慢，所需显色时间较长。当室温低于 13℃时，显色反应可在 20～30℃的水浴中进行，以保证 15min 的显色时间。

（4）比色皿的吸附　高浓度样品比色后磷钼蓝在比色皿上吸附比较明显，其吸光度可增加 0.003～0.005，导致测定结果偏高。为了准确测定，对高浓度样品可每测定一个样品，比色皿用蒸馏水冲洗 3 遍，再测下一个样品，并且尽量按浓度从低到高的顺序测定，以减少吸附产生的误差。测定完成后，往往可以在比色皿上看到壁上有明显的蓝色吸附物，应将比色皿放在铬酸洗液或稀硝酸中浸泡片刻，再进行冲洗。

（5）抗坏血酸溶液的配制和使用　抗坏血酸溶液有效期较短，不可多配，溶液变黄要弃去重配。配制后在 4℃条件下冷藏，可保存 1 个月。抗坏血酸溶液不得与钼酸铵溶液接触，所用吸管应分别清洗，不得用同支吸管移取抗坏血酸后再移取钼酸铵溶液，这极易引起钼酸铵溶液变质。

6. 实验安全提示

本实验所用药品过硫酸钾（危险品标志：Xn、O），遇到易燃物会导致起火；对眼睛、呼吸道和皮肤有刺激作用；吞咽有害；吸入和皮肤接触会导致过敏，使用时应注意安全。

7. 课前思考

① 用钼酸铵分光光度法测定总磷时，主要有哪些干扰？怎样去除？

② 抗坏血酸溶液易氧化发黄，如何延长溶液有效使用期？

③ 用钼酸铵分光光度法测定水中总磷时，如试样浑浊有色度，应如何处理？

二、实验准备

操作评分表

(一) 仪器和试剂

1. 实验仪器

① 高压蒸汽消毒器或一般压力锅（1.1～1.4kgf/cm², 1kgf/cm²＝98.07kPa）。

② 50mL 比色管。

③ 分光光度计。

2. 实验试剂

① 硫酸溶液 I：（1:1）硫酸溶液。

② 硫酸溶液 II：$c(1/2H_2SO_4) \approx 1mol/L$。将 27mL 硫酸 I 加入 973mL 水中。

③ 过硫酸钾溶液：$\rho = 50g/L$。将 5g 过硫酸钾（$K_2S_2O_8$）溶于水，并稀释至 100mL。

注：过硫酸钾溶解比较困难，可于 40℃ 左右的水浴锅上加热溶解，但切不可将烧杯直接放在电炉上加热，否则局部温度到达 60℃ 过硫酸钾即分解失效。

④ 抗坏血酸溶液：$\rho = 100g/L$。溶解 10g 抗坏血酸（$C_6H_8O_6$）于水中，并稀释至 100mL。此溶液贮存于棕色的试剂瓶中，在约 4℃ 下可稳定几周。如出现变色或浑浊不可使用。

⑤ 钼酸盐溶液：溶解 13g 钼酸铵 [$(NH_4)_6Mo_7O_{24} \cdot 4H_2O$] 于 100mL 水中，溶解 0.35g 酒石酸锑钾 [$KSbC_4H_4O_7 \cdot 1/2H_2O$] 于 100mL 水中，在不断搅拌下，把钼酸铵溶液徐徐加到 300mL(1:1) 硫酸中，加酒石酸锑钾溶液并且混合均匀。此溶液贮存于棕色试剂瓶中，在冷处可保存 2 个月。

⑥ 氢氧化钠 I：$c(NaOH) = 1mol/L$。40g 氢氧化钠溶于水，并稀释至 1L。

⑦ 氢氧化钠 II：$c(NaOH) = 6mol/L$。240g 氢氧化钠溶于水，并稀释至 1L。

⑧ 磷标准储备液：$\rho = 50\mu g/mL$。将优级纯磷酸二氢钾（KH_2PO_4）于 110℃ 下干燥 2h，在干燥器中放冷。称取 0.2197g 溶于水，移入 1000mL 容量瓶中，加（1:1）硫酸 5mL，用水稀释至标线。本溶液在玻璃瓶中可贮存至少 6 个月。

⑨ 磷标准使用溶液：$\rho = 2.0\mu g/mL$。将 10.0mL 的磷标准储备液转移至 250mL 容量瓶中，用水稀释至标线并混匀。使用当天配制。

⑩ 浊度-色度补偿液：混合两份（体积）(1:1) 硫酸和一份（体积）抗坏血酸溶液（100g/L）。使用当天配制。

(二) 样品的采集和保存

总磷的测定，水样采集时，加硫酸酸化至 pH≤1 保存；溶解性正磷酸盐的测定，不加任何保存剂，于 2～5℃ 下冷藏，可保存 24h。

注：含磷较少的水样不要用塑料瓶采样，易产生吸附。

三、实验操作

(一) 水样的预处理

水样采集后立即经 $0.45\mu m$ 微孔滤膜过滤，其滤液可供可溶性正磷酸盐的测定，滤液经强氧化剂（过硫酸钾、硝酸-硫酸或硝酸-高氯酸）氧化消解，可供可溶性总磷的测定。

水样采集后不过滤，经强氧化剂（过硫酸钾、硝酸-硫酸或硝酸-高氯酸）氧化消解，可测得水中总磷。

1. 样品消解

过硫酸钾消解法：移取 25.00mL 混匀水样于 50mL 具塞比色管中，加入 4mL 5% 过硫酸钾溶液（如果试液是酸化贮存的应预先中和成中性）。将比色管塞紧后并用纱布和棉线将玻璃塞扎紧，放在大烧杯中置于高压蒸汽消毒器内，加热，待压力达到 1.1kgf/cm^2（相应温度为 120℃），保持 30min 后停止加热。待压力回至零后，取出冷却，并用水稀释至刻度线。

注：取样时应将样品摇匀，使悬浮或沉淀能得到均匀取样，如果水样含磷量高，可相应减少取样量并用水补充至 25.00mL，使含磷量不超过 30μg。

2. 空白样、标准溶液消解

空白样、标准溶液的消解操作同样品。

注：消解后，若试样有浊度干扰时，可采用中速定性滤纸或纤维滤膜将样品过滤于另一个 50mL 比色管中，用水冲洗比色管及滤纸，一并移入比色管中，加水至标线，供分析用。所用滤纸和滤膜在过滤前应用纯水多次洗涤除磷，空白试样进行同样的过滤操作，空白吸光度应控制在 0.007 以下。

（二）标准曲线的绘制

取 7 支 50mL 具塞比色管，分别加入 0.00、0.50mL、1.00mL、2.50mL、5.00mL、10.00mL、15.00mL 正磷酸盐标准使用溶液，加水至 50mL。

1. 显色

分别向各份预处理后的溶液内加入 1mL 抗坏血酸溶液混匀，30s 后加 2mL 钼酸盐溶液充分混匀，室温下放置 15min。

注：当试样中含有浊度或色度时，需配制一个参比试样（取实际水样消解后用水稀释至标线），然后向试样中加入 3mL 浊度-色度补偿液，但不加抗坏血酸溶液和钼酸盐溶液。然后从试样的吸光度中扣除参比试样的吸光度。

2. 测定

使用光程为 10mm 或 30mm 的比色皿，在 700nm 波长下，以水作参比，测定吸光度。扣除空白实验的吸光度后，以校正后的吸光度对应相应磷含量绘制标准曲线。

注：室温低于 13℃ 时，可在 20~30℃ 水浴中显色 15min。显色后，尽快完成测定。

（三）水样的测定

分取适量经滤膜过滤或消解的水样（使含磷量不超过 30μg）加入 50mL 的比色管中，用水稀释至标线。按绘制标准曲线的步骤进行显色和测定。

四、数据处理及评价

1. 结果计算

磷酸盐含量以 $P(\mathrm{mg/L})$ 计，按下式计算：

$$磷酸盐(P,\mathrm{mg/L}) = \frac{m}{V} \tag{5-32}$$

式中 m——试样测得含磷量，μg；

V——测定用试样体积，mL。

注：当测定结果<10.0mg/L时，保留至小数点后两位；当测定结果≥10.0mg/L时，保留三位有效数字。

2. 结果评价

① 按实验报告要求记录实验结果，并分析结果的正确性。

② 根据污水来源，结合排放标准，进行结果评价。

五、创新设计实验

分光光度法只有在显色反应达到最大值时测量其吸光度，才能确保标准曲线具有良好的线性相关性，才有利于提高样品测量的准确度。因此，掌握显色反应随温度、浓度、时间的变化规律，对水质中总磷的测定非常重要。请同学们设计实验说明在钼酸铵分光光度法测定水中磷含量时，显色反应随温度、浓度、时间的变化规律，并给出在不同的条件下有助于提高显色准确度的有效建议。

实验十四 水中汞的测定（冷原子吸收法）

📚 学习目标　　　　　　🎞 教学课件　　☘ 思维导图

1. 学会冷原子吸收法测汞的原理与方法、监测操作技术，在监测过程中注意采取适当的质量控制措施。

2. 学会化学浸提法提取土壤中不同形态的汞。

3. 熟练数据处理方法，对结果正确表达、合理分析，给予自己的实验结果正确的评价。

一、自主学习导航

汞在自然界有 3 种存在形态，即元素汞、无机汞和有机汞，各种形态的汞及其化合物都会对机体造成以神经毒性和肾脏毒性为主的多系统损害，其中以金属汞和甲基汞对人体的危害最显著。鉴于汞对人体和环境极大的危害性，世界卫生组织将汞列为首要考虑的环境污染物。我国在《环境空气质量标准》（GB 3095—2012）中规定汞的参考浓度限值为 $0.05\mu g/m^3$。地表水和地下水中汞的 Ⅰ 类标准限值为 $0.05\mu g/L$，生活饮用水中汞的标准限值为 $1.0\mu g/L$。土壤汞的一级标准限值为 $0.15mg/kg$。我国已把汞作为实施排放总量控制的指标，因此汞是环境监测必测项目。

1. 方法选择

目前测定汞的分析方法主要有冷原子吸收法、冷原子荧光法和原子荧光法。冷原子吸收法在仪器方面相对成熟，冷原子荧光法和原子荧光法是我国发展较快的痕量分析技术，其特点在于方法的灵敏度比冷原子吸收法更好，检出限也更低。本实验采用冷原子吸收法进行水中总汞的测定。总汞（total mercury）指未经过滤的样品经消解后测得的汞，包括无机汞和有机汞。

2. 实验原理

在常温、常压下，汞可蒸发成汞蒸气，汞蒸气对波长 253.7nm 的紫外光具有强烈的吸收作用，其浓度与吸收值成正比。

首先，在加热条件下，在硫酸-硝酸介质中用高锰酸钾和过硫酸钾消解样品，或在硫酸介质中用溴酸钾-溴化钾混合剂消解样品，也可在硝酸-盐酸介质中用微波消解仪消解样品。消解后的样品中所含汞全部转化为二价汞，用盐酸羟胺将过剩的氧化剂还原，再在强酸性条件下用氯化亚锡将二价汞还原成单质汞。在室温下通入空气或氮气，将单质汞气化，载入冷原子吸收汞分析仪，于 253.7nm 波长处测定响应值，汞的含量与响应值成正比。

3. 干扰和消除

采用高锰酸钾-过硫酸钾消解法消解样品，在 0.5mol/L 的盐酸介质中，样品中离子超过下列质量浓度时，即 Cu^{2+} 500mg/L、Ni^{2+} 500mg/L、Ag^+ 1mg/L、Bi^{3+} 0.5mg/L、Sb^{3+} 0.5mg/L、Se^{4+} 0.05mg/L、As^{5+} 0.5mg/L、I^- 0.1mg/L，对测定产生干扰。可适当稀释样品来消除这些离子的干扰。

4. 方法的适用范围 标准

本实验所用方法参照《水质 总汞的测定 冷原子吸收分光光度法》（HJ 597—2011），方法适用于地表水、地下水、工业废水和生活污水中总汞的测定。采用高锰酸钾-过硫酸钾消解法和溴酸钾-溴化钾消解法，当取样量为 100mL 时，检出限为 $0.02\mu g/L$，测定下限为 $0.08\mu g/L$；当取样量为 200mL 时，检出限为 $0.01\mu g/L$，测定下限为 $0.04\mu g/L$。采用微波消解法，当取样量为 25mL 时，检出限为 $0.06\mu g/L$，测定下限为 $0.24\mu g/L$。

5. 实验安全提示 拓展阅读

重铬酸钾、汞及其化合物毒性很强，操作时应加强通风，操作人员应佩戴防护器具，避免接触皮肤和衣物。

6. 课前思考

① 什么样的水样不适合用冷原子吸收分光光度法测定其中的总汞？

② 用冷原子吸收分光光度法测定水中总汞时，哪些物质会对测定产生干扰？

③ 用冷原子吸收分光光度法测定水中总汞时，水样的消解方法有哪几种？它们的适用范围是什么？

二、实验准备

（一）仪器和试剂

1. 实验仪器

① 冷原子吸收汞分析仪。

② 反应装置：总容积为 250mL 或 500mL，具有磨口且带莲蓬形多孔吹气头的玻璃翻泡瓶，或与仪器相匹配的反应装置。

③ 可调温电热板或高温电炉。

④ 恒温水浴锅：温控范围为室温至 100℃。

2. 实验试剂

① 无汞水：一般使用二次重蒸水或去离子水。

② （1∶1）硝酸溶液：量取 100mL 浓硝酸（优级纯），缓慢加入 100mL 水中。

③ 高锰酸钾溶液：$\rho(KMnO_4)=50g/L$。称取 50g 高锰酸钾（优级纯）溶于少量水，加水定容至 1000mL。

④ 过硫酸钾溶液：$\rho(K_2S_2O_8)=50g/L$。称取 50g 过硫酸钾溶于少量水中，加水定容至 1000mL。

⑤ 盐酸羟胺溶液：$\rho(NH_2OH \cdot HCl)=200g/L$。称取 200g 盐酸羟胺溶于适量水中，然后加水定容至 1000mL。

⑥ 氯化亚锡溶液：$\rho(SnCl_2)=200g/L$。称取 20g 氯化亚锡（$SnCl_2 \cdot 2H_2O$）于干燥的烧杯中，加入 20mL 浓盐酸，微微加热。待完全溶解后，冷却，再用水稀释至 100mL。

⑦ 重铬酸钾溶液：$\rho(K_2Cr_2O_7)=0.5g/L$。称取 0.5g 重铬酸钾溶于 950mL 水中，再加入 50mL 浓硝酸。

⑧ 汞标准储备液：$\rho(Hg)=100mg/L$。称取置于硅胶干燥器中充分干燥的 0.1354g 氯化汞（$HgCl_2$），溶于重铬酸钾溶液后，转移至 1000mL 容量瓶中，再用重铬酸钾溶液稀释至标线，混匀。

⑨ 汞标准中间液：$\rho(Hg)=10.0mg/L$。量取 10.00mL 汞标准储备液至 100mL 容量瓶中，用重铬酸钾溶液稀释至标线，混匀。

⑩ 汞标准使用液Ⅰ：$\rho(Hg)=0.1mg/L$。量取 10.00mL 汞标准中间液至 1000mL 容量瓶中，用重铬酸钾溶液稀释至标线，混匀。

⑪ 汞标准使用液Ⅱ：$\rho(Hg)=10\mu g/L$。量取汞标准使用液Ⅰ 10.00mL 至 100mL 容量瓶中。用重铬酸钾浴液稀释至标线，混匀。临用现配。

⑫ 稀释液：称取 0.2g 重铬酸钾溶于 90mL 水中，再加入 27.8mL 浓硫酸，用水稀释至 1000mL。

⑬ 仪器洗液：称取 10g 重铬酸钾溶于 9L 水中，再加入 1000mL 浓硝酸。

(二) 样品的采集和保存

采集水样时，样品应尽量充满样品瓶，以减少器壁吸附。工业废水和生活污水的样品采集量应不少于 500mL，地表水和地下水的样品采集量应不少于 1000mL。

采样后应立即以每升水样中加入 10mL 浓盐酸的比例对水样进行固定，固定后水样的 pH 值应小于 1，否则应适当增加浓盐酸的加入量，然后加入 0.5g 重铬酸钾，若橙色消失，应适当补加重铬酸钾，使水样呈持久的淡橙色，密塞，摇匀。在室温阴凉处放置，可保存 1 个月。

三、实验操作

(一) 试样和空白试样的制备

采用高锰酸钾-过硫酸钾消解法制备试样和空白试样。

1. 近沸保温法

该消解方法适用于地表水、地下水、工业废水和生活污水。

① 样品摇匀后，量取 100.0mL 样品移入 250mL 锥形瓶中。若样品中汞含量较高，可减少取样量并稀释至 100mL。

② 依次加入 2.5mL 浓硫酸、2.5mL 硝酸溶液和 4mL 高锰酸钾溶液，摇匀。若 15min 内不能保持紫色，则需补加适量高锰酸钾溶液，以使颜色保持紫色，但高锰酸钾溶液总量不超过 30mL。然后，加入 4mL 过硫酸钾溶液。

③ 插入漏斗，置于沸水浴中在近沸状态下保温 1h，取下冷却。

④ 测定前，边摇边滴加盐酸羟胺溶液直至刚好使过剩的高锰酸钾及器壁上的二氧化锰全部褪色为止，待测。

注：当测定地表水或地下水时，量取 200.0mL 样品置于 500mL 锥形瓶中，依次加入 5mL 浓硫酸、5mL 硝酸溶液和 4mL 高锰酸钾溶液，摇匀。其他操作按照上述步骤进行。

2. 煮沸法

该消解方法适用于含有机物和悬浮物较多、组成复杂的工业废水和生活污水。

① 按照"近沸保温法"①、②步量取样品，加入试剂。

② 向锥形瓶中加入数粒玻璃珠或沸石，插入漏斗，擦干瓶底，然后用高温电炉或可调温电热板加热煮沸 10min，取下冷却。

③ 按照"近沸保温法"④步进行操作。

（二）仪器调试

按照仪器说明书进行调试。

（三）校准曲线的绘制

1. 高质量浓度校准曲线的绘制

（1）配制　分别量取 0.00、0.50mL、1.00mL、1.50mL、2.00mL、2.50mL、3.00mL 和 5.00mL 汞标准使用液Ⅰ于 100mL 容量瓶中，用稀释液定容至标线，总汞质量浓度分别为 0.00、0.50μg/L、1.00μg/L、1.50μg/L、2.00μg/L、2.50μg/L、3.00μg/L 和 5.00μg/L。

（2）测定　将上述标准系列依次移至 250mL 反应装置中，加入 2.5mL 氯化亚锡溶液，迅速插入吹气头，由低质量浓度到高质量浓度测定响应值。以零质量浓度校正的响应值为纵坐标，以对应的总汞质量浓度（μg/L）为横坐标，绘制校准曲线。

注：高质量浓度校准曲线适用于工业废水和生活污水的测定。

2. 低质量浓度校准曲线的绘制

（1）配制　分别量取 0.00、0.50mL、1.00mL、2.00mL、3.00mL、400mL 和 5.00mL 汞标准使用液Ⅱ于 200mL 容量瓶中，用稀释液定容至标线，总汞质量浓度分别为 0.000、0.025μg/L、0.050μg/L、0.100μg/L、0.150μg/L、0.200μg/L 和 0.250μg/L。

（2）测定　将上述标准系列依次移至 500mL 反应装置中，加入 5mL 氯化亚锡溶液，迅速插入吹气头，由低质量浓度到高质量浓度测定响应值。以零质量浓度校正的响应值为纵坐标，以对应的总汞质量浓度（μg/L）为横坐标，绘制校准曲线。

注：低质量浓度校准曲线适用于地表水和地下水的测定。

（四）测定

测定工业废水和生活污水样品时，将待测试样转移至 250mL 反应装置中，按照"高质量浓度校准曲线的绘制"中的"测定"方法测定；测定地表水和地下水样品时，将待测试样转移至 500mL 反应装置中，按照"低质量浓度校准曲线的绘制"中的"测定"方法测定。

（五）空白试验

按照与试样测定相同的步骤进行空白试样的测定。

实验废液处理提示：本实验产生的残渣、残液，应统一收集，委托有资质的单位集中处理。

四、数据处理及评价

1. 结果计算

样品中总汞的质量浓度 $\rho(\mu g/L)$ 按式(5-33)进行计算。

$$\rho = \frac{(\rho_1 - \rho_0)V_0}{V} \times \frac{V_1 + V_2}{V_1} \qquad (5\text{-}33)$$

式中　ρ——样品中总汞的质量浓度，$\mu g/L$；

　　　ρ_1——根据校准曲线计算出的试样中总汞的质量浓度，$\mu g/L$；

　　　ρ_0——根据校准曲线计算出的空白试样中总汞的质量浓度，$\mu g/L$；

　　　V_0——标准系列的定容体积，mL；

　　　V_1——采样体积，mL；

　　　V_2——采样时向水样中加入的浓盐酸的体积，mL；

　　　V——制备试样时分取样品的体积，mL。

注：当测定结果小于 $10\mu g/L$ 时，保留到小数点后两位；大于等于 $10\mu g/L$ 时，保留三位有效数字。

2. 结果评价

① 按实验报告要求记录实验结果，并分析结果的正确性。

② 根据污水来源，结合排放标准，进行结果评价。

五、注意事项

① 每测定一个样品后，取出吹气头，弃去废液，用水清洗反应装置两次，再用稀释液清洗数次，以去除可能残留的二价锡。

② 反应装置的连接管宜采用硼硅玻璃、高密度聚乙烯、聚四氟乙烯、聚砜等材质，不宜采用硅胶管。

③ 水蒸气对汞的测定有影响，会导致测定时响应值降低，应注意保持连接管路和汞吸收池干燥。可通过红外灯加热的方式去除汞吸收池中的水蒸气。

④ 吹气头与底部距离越近越好。采用抽气（或吹气）鼓泡法时，气相与液相的体积比应为 $(1:1)\sim(5:1)$，以 $(2:1)\sim(3:1)$ 最佳；当采用闭气振摇操作时，气相与液相的体积比应为 $(3:1)\sim(8:1)$。

⑤ 当采用闭气振摇操作时，试样中加入氯化亚锡后，先在闭气条件下用手或振荡器充分振荡 $30\sim60s$，待完全达到气液平衡后再将汞蒸气抽入（或吹入）吸收池。

六、创新设计实验

汞在环境的水体、空气、土壤中均有存在，我国国家标准中也都有针对水体、空气和土壤中汞含量的相应测定标准，请通过对这些标准的学习，找到水、气、固等各种形态汞的监测方法的异同点，并设计实验。

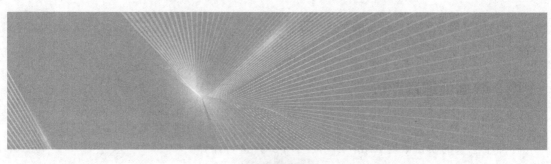

第六章

空气监测

实验十五　空气中颗粒物的测定
——TSP、$PM_{2.5}$、PM_{10}

📚 **学习目标**　　　　　　　　　　　📖 教学课件　♣ 思维导图

1. 学会空气中颗粒物（TSP、$PM_{2.5}$、PM_{10}）的测定原理与方法、监测操作技术，在监测过程中注意采取适当的质量控制措施。

2. 熟练数据处理方法，对结果正确表达，合理分析、评价。

空气中颗粒物的测定项目有总悬浮颗粒物（TSP）、细颗粒物（$PM_{2.5}$）、可吸入颗粒物（PM_{10}）、降尘量及其组分、颗粒物中化学组分含量等。

总悬浮颗粒物（TSP）

一、自主学习导航

大气中悬浮颗粒物不仅是严重危害人体健康的主要污染物，而且也是气态、液态污染物的载体，其成分复杂，并具有特殊的理化特性及生物活性，能在大气中长期悬浮而不沉降，降低大气能见度，并能参与大气化学反应，是大气污染监测重要项目之一。

1. 实验原理

总悬浮颗粒物（total suspended particles，TSP）系指空气中空气动力学直径小于$100\mu m$的颗粒物。

测定总悬浮颗粒物国内外普遍采用滤膜捕集-重量法。重量法测定大气中总悬浮颗粒物的方法一般分为大流量（工作点流量$1.05m^3/min$）和中流量（工作点流量$0.10m^3/min$）采样法。其原理为：通过具有一定切割特性的采样器，以恒速抽取一定体积的空气，则空气中粒径小于$100\mu m$的悬浮微粒被阻留在已恒重的滤膜上，根据采样前、后滤膜重量之差及采气体积，即可计算出总悬浮颗粒物的质量浓度。

2. 方法的适用范围

本实验所用方法参照《环境空气　总悬浮颗粒物的测定　重量法》（GB/T 15432—1995），操作方法参照《总悬浮颗粒物采样器技术要求及检测方法》（HJ/T 374—2007）。方法的检出限为 0.001mg/m^3，TSP过高或雾天采样使滤膜阻力大于10kPa时，不适用此方法。

3. 实验影响因素分析

用重量法进行总悬浮颗粒物的测定的影响因素主要来自样品采集、样品分析两个过程。

（1）样品采集过程的影响因素

① 监测点位布设及采样高度的影响　监测点位的布设及采样高度对测定结果有很大的影响。监测点的周围应开阔，从采样口到附近最高障碍物之间的水平距离应为该障碍物与采样口高度差的两倍以上，从采样口至周围障碍物顶部与地平线夹角应小于30°，监测点周围无局部污染源并避开树木及吸附能力较强的建筑物，因为这些屏障物的存在会产生涡流，使小半径范围内总悬浮颗粒物的浓度变化较大。距装置5～15m范围内不应有炉灶、烟囱等局部污染源，采样口周围（水平面）应有270°以上捕集空间，如果采样口一边靠近建筑物，采样口周围水平面应有180°以上的自由空间。采样口与基础面的高度应在1.5m以上，以减少扬尘的影响。

另外，当某监测点需设置多个采样口时，为防止其他采样口干扰颗粒物样品的采集，颗粒物采样口与其他采样口之间的直线距离应大于1m。若使用大流量总悬浮颗粒物（TSP）采样装置进行并行监测，其他采样口与颗粒物采样口的直线距离应大于2m。

② 采样流量的影响　采样时，空气采样器的准确度取决于采样流量保持恒定的程度。油状颗粒物、光化学烟雾等均可阻塞滤漠并造成空气流速不均，使流量迅速下降。在此监测点位应分段采样，集中累加，以降低流量变化对总悬浮颗粒物测量的影响。浓雾或高湿度空气使滤膜变潮，也会使流量明显下降，因此在能见度低或高湿度天气，应避免采样。

③ 大气压力与气温的影响　在采样体积与标况体积的换算中，影响体积的因素是气压与气温。采样器应具有自动统计平均温度的功能。气压是一个可变因素，一般气温下，气压每变化0.1kPa，标况体积变化2.5～3.0L。因此，气压需要准确观测，以提高监测值的准确度。

④ 采样仪器和滤膜的影响　安放滤膜前应用清洁布擦去采样夹和滤膜支架网表面的尘土，滤膜毛面朝上，用镊子夹入采样夹内，切勿用手直接接触滤膜，造成测量误差。固定密封滤膜时，拧力要适当，以不漏气为准。采样后取滤膜时，应小心将滤膜毛面朝内对折，不要折偏，否则将丢失尘屑，影响样品分析的准确度。

（2）样品分析过程的影响因素

① 滤膜质量的影响　滤膜质量的优劣直接影响总悬浮颗粒物测定的准确度。采样前必须进行滤膜筛选，采用看片机，检查滤膜均匀度以及有无针孔、黑点或其他缺陷，有明显缺陷或厚度不均匀的滤膜弃去。同一批大小相同的滤膜质量不应相差太大，若出现个别质量差别太大的滤膜应该剔除。

② 恒重过程的影响　滤膜测定总悬浮颗粒物前后均应在恒温恒湿箱内平衡，称量。恒

温恒湿箱温度需在 25～30℃之间，温度变化小于±3℃，相对湿度 50％，湿度变化小于5％，恒定时间 24h。如测定前后滤膜平衡条件不一致，会导致尘膜小于空膜等现象。为降低称量环境对滤膜称量的影响，必要时采用空白滤膜修正法，即全程用空白滤膜进行修正，以消除温度、湿度对滤膜的影响。

4. 课前思考

① 测定总悬浮颗粒物时，天气会对测定结果产生什么样的影响？什么样的天气条件不适合测定？

② 用重量法测定空气中总悬浮颗粒物时，应如何保证测定结果的准确性？

二、实验仪器

① KC-6120 型大气综合采样器。

② 滤膜：超细玻璃纤维滤膜或聚氯乙烯等有机滤膜。

③ 滤膜袋：用于存放采样后对折的采尘滤膜。

④ 镊子：用于夹取滤膜。

⑤ 分析天平：感量 0.1mg。

⑥ 恒温恒湿箱：箱内空气温度要求在 15～30℃范围内连续可调。

⑦ X 光看片机：用于检查滤膜有无缺损。

三、实验操作

1. 采样器的流量校准

新购置或维修后的采样器在启用前，需进行流量校准；正常使用的采样器每月用孔口校准器进行流量校准。

2. 滤膜准备

① 每张滤膜使用前均需光照检查，不得使用有针孔或有任何缺陷的滤膜采样。

② 迅速称重在恒温恒湿箱内已平衡 24h 的滤膜，读数准确至 0.1mg，记下滤膜质量 W_0(g)，将其平展地放在光滑洁净的纸袋内，备用。

平衡条件：平衡温度在 15～30℃中任选一点，相对湿度在 45％～55％范围内。

3. 采样

① 打开采样头顶盖，取出滤膜夹，用清洁干布擦去采样头内及滤膜夹上的灰尘。

② 将已编号并称量过的滤膜毛面向上，放在滤膜网托上，然后放上滤膜夹，对正、拧紧，使不漏气，盖好采样头顶盖，按照采样器使用说明，设置采样时间，即可启动采样。

注：① 采样 5min 后和采样结束前 5min，各记录一次大气压力值。若采样器配有流量记录器，则可直接记录流量。

② 测定日平均浓度一般从 8：00 开始采样至第二天 8：00 结束。若污染严重，可用几张滤膜分段采样，合并计算日平均浓度。

③ 采样后，打开采样头，用镊子轻轻取下滤膜，采样面向里，将滤膜对折好，放入相同的滤膜袋中。将有关参数及现场温度、大气压力等记录填写在表中。

注：取滤膜时，如发现滤膜损坏，或滤膜上尘的边缘轮廓不清晰、滤膜安装歪斜等（说明滤膜可能已漏气），则本次采样作废，需重新采样。

4. 尘膜的平衡及称量

① 尘膜放在恒温恒湿箱中，用同干净滤膜平衡条件相同的温度、湿度，平衡 24h。

② 在上述平衡条件下称重尘膜，大流量采样器滤膜称重精确到 1mg，中流量采样器滤膜称重精确到 0.1mg，记录尘膜质量 W_1 (g)。

注：滤膜增重，大流量滤膜不小于 100mg，中流量滤膜不小于 10mg。

四、数据处理及评价

1. 结果计算

$$\text{TSP}(\text{mg/m}^3) = \frac{W_1 - W_0}{V_n} \times 100\% \qquad (6\text{-}1)$$

式中　W_1——尘膜质量，mg；

　　　W_0——空白滤膜质量，mg；

　　　V_n——标准状况下的累积采样体积，m^3。

V_n 按下式计算：

$$V_n = Q \times \frac{P_2 T_n}{P_n T_2} \times t \times 60 \qquad (6\text{-}2)$$

式中　Q——采样器采气流量，m^3/min；

　　　P_2——采样期间测试现场平均大气压力，kPa；

　　　P_n——标准状况下的大气压力，101.325kPa；

　　　t——累积采样时间，h；

　　　T_n——标准状况下的热力学温度，273K；

　　　T_2——采样期间测试现场平均环境温度，K。

2. 结果评价

① 采样及结果记录见表 6-1。

表 6-1　TSP 滤膜称量及浓度记录表

测试时间	滤膜编号	采气流量 $Q/(\text{m}^3/\text{min})$	采样期间环境温度 T_2/K	采样期间大气压 P_2/kPa	累积采样时间 t/h	累积采样标况体积 V_n/m^3	滤膜质量 /g	TSP 浓度 /(mg/m³)

注：大流量采样器流量单位为 m^3/min，中流量采样器流量单位为 L/min。

② 根据采样来源，结合排放标准，进行结果评价。

五、实验注意事项

要经常检查采样头是否漏气。滤膜安放正确，采样后滤膜上颗粒物与四周白边之间界限模糊时，则表明应更换滤膜密封垫。

PM$_{2.5}$ 和 PM$_{10}$

一、自主学习导航

空气中的颗粒物（particulate matter，PM）的粒径多数处于 $0.01 \sim 100\mu m$，其中 PM$_{2.5}$ 和 PM$_{10}$ 是空气环境质量例行监测的必测项目。PM$_{2.5}$ 是指悬浮在空气中，空气动力学当量直径≤$2.5\mu m$ 的颗粒物，又称为可入肺颗粒物或细颗粒物；PM$_{10}$ 是指悬浮在空气中，空气动力学当量直径≤$10\mu m$ 的颗粒物，又称为可吸入颗粒物；PM$_{2.5}$、PM$_{10}$ 是表征环境空气质量的两个主要污染物指标。在 2012 年国家颁布的《环境空气质量标准》（GB 3095—2012）中首次增设了 PM$_{2.5}$ 年均、日均浓度限值，调整了 PM$_{10}$ 浓度限值。

PM$_{2.5}$ 的来源可分为自然源和人为源。自然源包括风扬尘土、火山灰、森林火灾、海盐等；人为源包括一次颗粒物和二次颗粒物。一次颗粒物由燃煤烟尘、工业粉尘、机动车排气、建筑及道路扬尘等污染源直接排放；二次颗粒物由排放到大气中的硫氧化物、氮氧化物、氨、挥发性有机物等通过发生复杂的化学反应而产生，是大气中 PM$_{2.5}$ 的主要来源。颗粒物通过呼吸进入人体肺部，在肺泡中积累，粒径越小，进入呼吸道的位置越深，对人类健康的危害就越大。它还会使城市大气能见度降低，引起大气光化学烟雾、酸沉降、臭氧层破坏及全球气候变化。

常用的测量方法有重量法、微量振荡天平、β射线吸收法和光散射法。

1. 实验原理

以恒速抽取定量体积的空气，使其通过具有 PM$_{2.5}$ 和 PM$_{10}$ 切割器的采样器，PM$_{2.5}$ 和 PM$_{10}$ 被收集在已恒重的滤膜上。根据采样前、后滤膜重量之差及采气体积，即可计算出 PM$_{2.5}$ 和 PM$_{10}$ 的质量浓度。

2. 方法的适用范围

 标准

本实验所用方法参照《环境空气 PM$_{10}$ 和 PM$_{2.5}$ 的测定 重量法》（HJ 618—2011），实验操作参照《环境空气颗粒物（PM$_{10}$ 和 PM$_{2.5}$）采样器技术要求及检测方法》（HJ 93—2013）。方法的检出限为 $0.010mg/m^3$（以感量 0.1mg 分析天平，样品负载量为 1.0mg，采集 108m^3 空气样品计）。

3. 课前思考

① TSP、PM$_{2.5}$、PM$_{10}$ 三种颗粒物在采样时有何不同？各应如何安装采样器？

② 重量法实验应如何减小误差，如何进行质量控制？

二、实验准备

① 大气综合采样器。

② PM$_{10}$ 切割器、采样系统：切割粒径 $D_{a50} = (10\pm0.5)\mu m$。

③ PM$_{2.5}$ 切割器、采样系统：切割粒径 $D_{a50} = (2.5\pm0.5)\mu m$。

④ 滤膜：超细玻璃纤维滤膜或聚氯乙烯等滤膜。滤膜性能同 TSP 测定方法。

⑤ 流量校准器：用于对不同流量的采样器进行流量校准。

三、实验操作

1. 采样前准备

① 切割器清洗：切割器应定期清洗，一般情况下累计采样 168h 应清洗一次切割器，如遇扬尘、沙尘暴等恶劣大气，应及时清洗。

② 环境温度检查和校准：用温度计检查采样器的环境温度测量示值误差，每次采样前检查一次，若环境温度测量示值误差超过±2℃，应对采样器进行温度校准。

③ 环境大气压检查和校准：用气压计检查采样器的环境大气压测量示值误差，每次采样前检查一次，若环境大气压测量示值误差超过±1kPa，应对采样器进行压力校准。

④ 气密性检查：应定期检查，方法如下。

> **气密性检查方法**：密封采样器连接杆入口。在抽气泵之前接入一个嵌入式三通阀门，阀门的另一接口接负压表。启动采样器抽气泵，抽取空气，使采样器处于部分真空状态，负压表显示为（30±5）kPa 的任一点。关闭三通阀，阻断抽气泵和流量计的流路。关闭抽气泵。观察负压表压力值，30s 内变化小于等于 7kPa 为合格。移除嵌入式三通阀门，恢复采样器。

⑤ 采样流量检查：用流量校准器检查采样流量，一般情况下累计采样 168h 检查一次，若流量测量误差超过采样器设定流量的±2%，应对采样流量进行校准。

⑥ 滤膜检查：滤膜应边缘平整、厚薄均匀、无毛刺、无污染，而且不得有针孔或任何破损。

2. 清洁滤膜称重

迅速对在恒温恒湿箱内已平衡 24h 的滤膜进行称重（平衡条件同 TSP），读数准确至 0.1mg，记下滤膜质量 W_0(g)，将其平展地放在光滑洁净的纸袋内，然后贮存于盒内备用。

3. 样品采集

① 采样要求：采样器入口距地面高度不得低于 1.5m；采样不宜在风速大于 8m/s 等天气条件下进行；采样点应避开污染源及障碍物，如果测定交通枢纽处 $PM_{2.5}$ 和 PM_{10}，采样点应布置在距人行道边缘外侧 1m 处。

② 采样时，将已称重的滤膜用镊子放入洁净采样夹内的滤网上，滤膜毛面应朝进气方向。将滤膜牢固压紧至不漏气。如测任何一次浓度，每次需更换滤膜；如测日平均浓度，样品可采集在一张滤膜上。采样结束后，用镊子取出。将有尘面两次对折，放入样品盒或纸袋，并做好采样记录。

注：① 当 $PM_{2.5}$ 和 PM_{10} 含量很低时，采样时间不能过短，要保证足够的采尘量，以减小称量误差。

② 采用间断采样方式测定日平均浓度时，其次数不应少于 4 次，累计采样时间不应少于 18h。

4. 尘膜的平衡和称重

将尘膜放在恒温恒湿箱中平衡 24h（平衡条件如清洁滤膜），记录平衡温度与湿度，在上述平衡条件下，用感量为 0.1mg 或 0.01mg 的分析天平称量尘膜，记录滤膜质量 W_1(g)。同一滤膜在恒温恒湿箱中相同条件下再平衡 1h 后称重。对于 PM_{10} 和 $PM_{2.5}$ 颗粒物样品滤膜，两次重量之差分别小于 0.4mg 或 0.04mg 为满足恒重要求。

四、数据处理及评价

1. 结果计算

PM$_{2.5}$ 和 PM$_{10}$ 的浓度按式(6-3) 计算：

$$\rho(mg/m^3) = \frac{W_1 - W_0}{V_n} \times 100\%\tag{6-3}$$

式中　ρ——PM$_{2.5}$ 或 PM$_{10}$ 浓度，mg/m^3；

W_1——采样后滤膜质量，mg；

W_0——空白滤膜的质量，mg；

V_n——标准状况下的采样体积，m^3。

注：计算结果保留3位有效数字。

2. 结果评价

① 按实验报告要求记录实验结果，并分析结果的正确性。

② 根据采样地点，结合排放标准，进行结果评价。

五、创新设计实验

颗粒物是大气污染的主要来源，附着在大气颗粒物上的重金属元素会对环境和人体造成一定危害。请设计实验探究在相同环境下，颗粒物附着的重金属的种类和质量与不同粒径颗粒物之间的关系。

实验十六　空气中二氧化硫的测定

📚 **学习目标**　　　　　　　　　　　　🎞 **教学课件**　🔗 **思维导图**

1. 学会甲醛吸收-副玫瑰苯胺分光光度法测定空气中二氧化硫的测定原理与方法、监测操作技术，在监测过程中注意采取适当的质量控制措施。

2. 熟练数据处理方法，对结果正确表达，合理分析、评价。

一、自主学习导航

二氧化硫是主要大气污染物之一，为空气环境污染例行监测的必测项目。它来源于煤和石油等燃料的燃烧、含硫矿石的冶炼、硫酸等化工产品生产排放的废气等。二氧化硫是一种无色、易溶于水、有刺激性气味的气体，能通过呼吸进入气管，对局部组织产生刺激和腐蚀作用，是诱发支气管炎等疾病的原因之一，特别是当它与烟尘等气溶胶共存时，可加重对呼吸道黏膜的损害。

（一）方法的选择

空气中二氧化硫的监测方法主要有碘量法、盐酸副玫瑰苯胺分光光度法、定电位电解法、非分散红外吸收法、紫外荧光光谱法、电导法等。盐酸副玫瑰苯胺分光光度法方法灵敏，适用于低浓度二氧化硫的测定。目前盐酸副玫瑰苯胺分光光度法主要有四氯汞钾溶液吸收和甲醛缓冲溶液吸收两种方法，两种方法的精密度、准确度、选择性和检出限相近，但甲醛法避免了使用毒性大的含汞吸收液，目前多被采用。其中碘量法、定电位电解法、非分散红外吸收法主要适用于固定污染源排放二氧化硫的测定，紫外荧光光谱法和电导法主要适用于自动监测。本实验采用甲醛吸收-副玫瑰苯胺分光光度法。

（二）实验原理

样品中的二氧化硫被甲醛缓冲溶液吸收后，生成稳定的羟甲基磺酸加成化合物，加入氢氧化钠溶液使加成化合物分解，释放出的二氧化硫与副玫瑰苯胺反应，生成紫红色化合物，在波长577nm处测量吸光度。

（三）方法的适用范围

 标准

本实验所用方法参照《环境空气 二氧化硫的测定 甲醛吸收-副玫瑰苯胺分光光度法》（HJ 482—2009），实验方法适用于环境空气中二氧化硫的测定。当使用10mL吸收液，采样体积为30L时，测定空气中二氧化硫的检出限为0.007mg/m³，测定下限为0.028mg/m³，测定上限为0.667mg/m³。当使用50mL吸收液，采样体积为288L，24h采气样300L，取出10mL时，测定空气中二氧化硫的检出限为0.004mg/m³，测定下限为0.014mg/m³，测定上限为0.347mg/m³。

（四）干扰与消除

① 实验中主要干扰物为氮氧化物、臭氧及某些重金属元素。采样后放置一段时间可使臭氧自行分解；加入氨基磺酸钠溶液可消除氮氧化物的干扰；吸收液中加入磷酸及环己二胺四乙酸二钠盐可以消除或减少某些金属离子的干扰。

② 在10mL样品溶液中含有50μg钙、镁、铁、镍、镉、铜等金属离子及5μg二价锰离子时，对本方法测定不产生干扰。当10mL样品溶液中含有10μg二价锰离子时，可使样品的吸光度降低27%。

③ 六价铬能使紫红色络合物褪色，产生负干扰，故应避免用硫酸-铬酸洗液洗涤玻璃器皿。若已用硫酸-铬酸洗液洗涤过，则需用（1∶1）盐酸溶液浸洗，再用水充分洗涤。

（五）实验影响因素分析

1. 采样条件的影响

采样时应注意检查采样系统的气密性，及时更换干燥剂及限流孔前的过滤膜，进行流量校准。有研究表明，采样时吸收液应保持在23～29℃，此时二氧化硫标准气体吸收率为100%。10～15℃时吸收效率比23～29℃时低约5%；高于33℃或低于9℃时，比23～29℃时吸收效率低约10%。另外，空气相对湿度大时，可少加2～5mL吸收液，采样后定容至50mL。若空气中二氧化硫浓度较低，可用25mL吸收液采样，定容后吸取10.00mL样品溶液测定。短时间采样，应采取加热保温或冷水降温等办法维持吸收液温度为23℃。

2. 显色温度、显色时间的选择及操作时间的影响

操作中应严格控制显色温度和显色时间。研究表明，显色温度低，显色慢，稳定时间长。显色温度高，显色快，稳定时间短。为保证显色温度，显色反应可在恒温水浴中进行。

3. 试剂纯度及加入顺序的影响

盐酸副玫瑰苯胺的纯度对测定结果的影响很大，未经提纯的试剂使试剂空白液的吸光度增高。

显色反应需在酸性溶液中进行，故加入试剂时，应将含样品（或标准）溶液、氨磺酸钠的溶液（A管）以较快的速度倒入强碱性的盐酸副玫瑰苯胺使用溶液（B管）中，使混合液瞬间呈酸性，以利显色反应的进行，否则会影响测定的精度。

4. 其他

二氧化硫在阳光照射下易分解，在样品采集过程中应采取避光措施。可优先选择使用棕色吸收管，注入吸收液前应保证吸收管内外干燥，注入吸收液后保证两端口无吸收液残留，连接的导气管不得打结和弯曲，以免水分凝结。采样时，应注意保持采样器流量稳定，流量突然增大会导致吸收液吸入仪器。

（六）实验安全提示

实验中所使用的乙二胺四乙酸二钠盐（危险品标志：Xi）、甲醛（危险品标志：T）、盐酸副玫瑰苯胺（危险品标志：T）等多种有毒有害物质对人体健康有害，标准溶液配制、样品制备以及测定过程应在通风橱内进行，操作时应按规定要求佩戴防护器具，避免接触皮肤和衣物。

（七）课前思考

甲醛吸收-盐酸副玫瑰苯胺分光光度法测定环境空气或废气中二氧化硫时，有哪些干扰？应如何排除？

二、实验准备

（一）仪器和试剂

1. 实验仪器

① 分光光度计：配 10mm 比色皿。

② 多孔玻板吸收管：10mL 多孔玻板吸收管，用于短时间采样；50mL 多孔玻板吸收管，用于 24h 连续采样。

③ 恒温水浴：0～40℃，控制精度为±1℃。

④ 具塞比色管：10mL。

⑤ 空气采样器：用于短时间采样的普通空气采样器，流量范围 0.1～1L/min，应具有保温装置；用于 24h 连续采样的采样器应具备有恒温、恒流、计时、自动控制开关的功能，流量范围 0.1～0.5L/min。

2. 实验试剂

① 碘酸钾（KIO_3）：优级纯，于 110℃下干燥 2h。

② 环己二胺四乙酸二钠溶液：$c(CDTA\text{-}2Na)=0.05mol/L$。称取 1.82g 反式 1,2-环己二胺四乙酸（CDTA），加入氢氧化钠溶液（$c=1.5mol/L$）6.5mL，用水稀释至 100mL。

③ 氢氧化钠溶液：$c(NaOH)=1.5mol/L$。称取 6.0g NaOH 溶于 100mL 水中。

④ 甲醛缓冲吸收储备液：吸取 36%～38% 的甲醛溶液 5.5mL，0.050mol/L 的 CDTA-2Na 溶液 20.00mL。称取 2.04g 邻苯二甲酸氢钾，溶于少量水中。将三种溶液合并，再用水稀释至 100mL。此溶液 1mL 约相当于 20mg 甲醛，贮于冰箱可保存 1 年。

⑤ 甲醛缓冲吸收液：用水将甲醛缓冲吸收储备液稀释 100 倍。临用时现配。

⑥ 氨基磺酸钠溶液：$\rho(NaH_2NSO_3) = 6.0g/L$。称取 0.60g 氨基磺酸（$H_2NSO_3H$），加入 1.50mol/L 氢氧化钠 4.0mL，搅拌至完全溶解后稀释至 100mL，摇匀。此溶液密封可保存 10d。

⑦ 碘储备液：$c(1/2I_2) = 0.10mol/L$。称取 12.7g 碘（I_2）于烧杯中，加入 40.00g 碘化钾和 25mL 水，搅拌至完全溶解，用水稀释至 1000mL，贮存于棕色瓶中。

⑧ 碘使用溶液：$c(1/2I_2) = 0.010mol/L$。量取碘储备液 50mL，用水稀释至 500mL，贮于棕色瓶中。

⑨ 淀粉溶液：$\rho = 5.0g/L$。称取 0.5g 可溶性淀粉于 150mL 烧杯中，用少量水调成糊状，慢慢倒入 100mL 沸水，继续煮沸至溶液澄清，冷却后贮于试剂瓶中。

⑩ 碘酸钾标准溶液：$c(1/6KIO_3) = 0.1000mol/L$。准确称取 3.5667g 碘酸钾溶于水，移入 1000mL 容量瓶中，用水稀释至标线，摇匀。

⑪ 盐酸溶液：$c(HCl) = 1.2mol/L$。量取 100mL 浓盐酸，用水稀释至 1000mL。

⑫ 硫代硫酸钠标准储备液：$c(Na_2S_2O_3) \approx 0.10mol/L$。称取 25.0g 硫代硫酸钠（$Na_2S_2O_3 \cdot 5H_2O$）溶于 1000mL 新煮沸但已冷却的水中，加入 0.2g 无水碳酸钠，贮于棕色瓶中，放置一周后备用。如溶液出现浑浊，必须过滤。

⑬ 硫代硫酸钠标准溶液：$c(Na_2S_2O_3) \approx 0.05mol/L$。取 50.0mL 硫代硫酸钠储备液置于 500mL 容量瓶中，用新煮沸但已冷却的水稀释至标线，摇匀。

硫代硫酸钠标准溶液的标定

吸取三份 20.00mL 碘酸钾标准溶液分别置于 250mL 碘量瓶中，加 70mL 新煮沸但已冷却的水，加 1g 碘化钾，振摇至完全溶解后，加 10mL 盐酸溶液（$c = 1.2mol/L$），立即盖好瓶塞，摇匀。于暗处放置 5min 后，用硫代硫酸钠标准溶液滴定溶液至浅黄色，加 2mL 淀粉溶液，继续滴定至蓝色刚好褪去为终点。硫代硫酸钠标准溶液的浓度按下式计算：

$$c_1 = \frac{c_2 V_2}{V_1}$$

式中　c_1——硫代硫酸钠标准溶液的浓度，mol/L；

　　　V_1——滴定所耗硫代硫酸钠标准溶液的体积，mL；

　　　c_2——KIO_3 标准溶液浓度，为 0.1mol/L；

　　　V_2——滴定时，取 KIO_3 标准溶液体积，mL。

⑭ 乙二胺四乙酸二钠盐溶液：$\rho(EDTA-2Na) = 0.50g/L$。称取 0.25g 乙二胺四乙酸二钠盐 [$C_{10}H_{14}N_2O_8Na_2 \cdot 2H_2O$] 溶于 500mL 新煮沸但已冷却的水中，稀释至标线。临用时现配。

⑮ 亚硫酸钠溶液：$\rho(Na_2SO_3) \approx 1.00g/L$。称取 0.2g 亚硫酸钠（$Na_2SO_3$），溶于 200mL EDTA-2Na 溶液中，缓缓摇匀以防充氧，使其溶解。放置 2～3h 后标定。此溶液每毫升相当于 320.00～400.00μg 二氧化硫。

亚硫酸钠溶液的标定

1. 取 6 个 250mL 碘量瓶（A_1、A_2、A_3、B_1、B_2、B_3），在 A_1～A_3 内各加入 25mL 乙二胺四乙酸二钠盐溶液，在 B_1～B_3 内各加入 25.00mL 亚硫酸钠溶液，分别加入 50.0mL 碘溶液和 1.00mL 冰乙酸，盖好瓶盖，摇匀。

2. 立即吸取 2.00mL 亚硫酸钠溶液加到一个已装有 40～50mL 甲醛吸收液的 100mL 容量瓶中，并用甲醛吸收液稀释至标线，摇匀，此溶液即为二氧化硫标准储备液，在 4～5℃下冷藏，可稳定 6 个月。

3. A_1、A_2、A_3、B_1、B_2、B_3 六个瓶子于暗处放置 5min 后，用硫代硫酸钠溶液滴定至浅黄色，加 5mL 淀粉指示剂，继续滴定至蓝色刚刚消失。平行滴定所用硫代硫酸钠溶液的体积之差应不大于 0.05mL。

$$\rho(SO_2) = \frac{(V_0 - V)c_2 M(1/2SO_2) \times 10^3}{V_2} \times \frac{V_1}{V_3}$$

式中　$\rho(SO_2)$——二氧化硫标准储备液的质量浓度，$\mu g/mL$；

　　　　V_0——空白滴定所用硫代硫酸钠溶液的体积，mL；

　　　　V——样品滴定所用硫代硫酸钠溶液的体积，mL；

　　　　c_2——硫代硫酸钠溶液的浓度，mol/L；

　$M(1/2SO_2)$——1/2SO_2 的摩尔质量，为 32.02g/mol；

　　　　V_1——吸取的亚硫酸钠溶液的体积，为 2mL；

　　　　V_2——加入容量瓶中亚硫酸钠溶液的体积，为 25mL；

　　　　V_3——定容体积，为 100mL。

⑯ 二氧化硫标准溶液：$\rho(SO_2) = 1.00\mu g/mL$；用甲醛吸收液将二氧化硫标准储备液稀释成每毫升含 1.0μg 二氧化硫的标准溶液。此溶液用于绘制校准曲线，在 4～5℃下冷藏，可稳定 1 个月。

⑰ 盐酸副玫瑰苯胺（pararosaniline，PRA，即副品红或对品红）储备液：$\rho(PRA) = 2.0g/L$。

⑱ 盐酸副玫瑰苯胺溶液：$\rho(PRA) = 0.50g/L$。吸取 25.00mL 盐酸副玫瑰苯胺储备液于 100mL 容量瓶中，加 30mL 85% 的浓磷酸、12mL 浓盐酸，用水稀释至标线，摇匀，放置过夜后使用。避光密封保存。

⑲ 盐酸-乙醇清洗液：由三份（1∶4）盐酸和一份 95% 乙醇混合配制而成，用于清洗比色管和比色皿。

（二）样品采集与保存

① 短时间采样：采用内装 10mL 吸收液的多孔玻板吸收管，以 0.5L/min 的流量采气 45～60min。吸收液温度保持在 23～29℃ 的范围。

② 24h 连续采样：用内装 50mL 吸收液的多孔玻板吸收瓶，以 0.2L/min 的流量连续采样 24h。吸收液温度保持在 23～29℃ 的范围。

③ 现场空白：将装有吸收液的采样管带到采样现场，除了不采气之外，其他环境条件与样品相同。

注：样品采集、运输和贮存过程中应避免阳光照射。

三、实验操作

1. 校准曲线的绘制

取14支10mL具塞比色管，分A、B两组，每组7支，分别对应编号。A组按表6-2配制校准系列。

表6-2 二氧化硫校准系列

管号	0	1	2	3	4	5	6
二氧化硫标准溶液体积/mL	0	0.50	1.00	2.00	5.00	8.00	10.00
甲醛缓冲吸收液体积/mL	10.00	9.50	9.00	8.00	5.00	2.00	0
二氧化硫含量/μg	0	0.50	1.00	2.00	5.00	8.00	10.00

① 在A组各管中分别加入0.5mL氨磺酸钠溶液和0.5mL氢氧化钠溶液，混匀。

② 在B组各管中分别加入1.00mL PRA溶液。

③ 将A组各管的溶液迅速地全部倒入对应编号并盛有PRA溶液的B管中，立即加塞混匀后放入恒温水浴装置中显色。

④ 在波长577nm处，用10mm比色皿，以水为参比测量吸光度。

⑤ 以空白校正后各管的吸光度为纵坐标，以二氧化硫的含量（μg）为横坐标，用最小二乘法建立校准曲线的回归方程。

显色温度与室温之差不应超过3℃。根据季节和环境条件按表6-3选择合适的显色温度与显色时间。

表6-3 显色温度与显色时间

显色温度/℃	10	15	20	25	30
显色时间/min	40	25	20	15	5
稳定时间/min	35	25	20	15	10
试剂空白吸光度/A_0	0.03	0.035	0.04	0.05	0.06

2. 样品测定

① 样品溶液中如有浑浊物，则应离心分离除去。

② 样品放置20min，以使臭氧分解。

③ 短时间采集的样品：将吸收管中的样品溶液移入10mL比色管中，用少量甲醛吸收液洗涤吸收管，洗液并入比色管中并稀释至标线。加入0.5mL氨磺酸钠溶液，混匀，放置10min以除去氮氧化物的干扰。以下步骤同校准曲线的绘制。

④ 连续24h采集的样品：将吸收瓶中样品移入50mL容量瓶（或比色管）中，用少量甲醛吸收液洗涤吸收瓶后再倒入容量瓶（或比色管）中，并用甲醛吸收液稀释至标线。吸取适当体积的试样（视浓度高低而决定取2~10mL）于10mL比色管中，再用甲醛吸收液稀释至标线，加入0.5mL氨磺酸钠溶液，混匀，放置10min以除去氮氧化物的干扰，以下步骤同校准曲线的绘制。

注：用过的比色管和比色皿应及时用盐酸-乙醇清洗液浸洗，否则红色难以洗净。

实验废液处理提示：本实验产生的废物，应统一收集，委托有资质的单位集中处理。

四、数据处理及评价

1. 结果计算

空气中二氧化硫的质量浓度按式（6-4）计算：

$$\rho(SO_2) = \frac{A - A_0 - a}{bV_r} \times \frac{V_t}{V_a} \tag{6-4}$$

式中　$\rho(SO_2)$——空气中二氧化硫的质量浓度，mg/m^3；

A——样品溶液的吸光度；

A_0——试剂空白溶液的吸光度；

b——校准曲线的斜率，吸光度/μg；

a——校准曲线的截距（一般要求小于 0.005）；

V_t——样品溶液的总体积，mL；

V_a——测定时所取试样的体积，mL；

V_r——换算成标准状况（101.325kPa，273K）下的采样体积，L。

注：计算结果准确到小数点后三位。

2. 结果评价

① 按实验报告要求记录实验结果，并分析结果的正确性。

② 根据监测地点，结合空气标准，进行结果评价。

五、实验注意事项

① 当空气中二氧化硫浓度高于测定上限时，可以适当减少采样体积或者减少试样的体积。

② 如果样品溶液的吸光度超过校准曲线的上限，可用试剂空白液稀释，在数分钟内再测定吸光度，但稀释倍数不要大于 6。

③ 测定样品时的温度与测定标准溶液时的温度之差不应超过 2℃。

④ 在给定条件下校准曲线斜率应为 0.042±0.004，测定样品时的试剂空白吸光度 A_0 和绘制校准曲线时的 A_0 波动范围不超过±15%。

六、创新设计实验

请设计实验完成"校园中 SO_2 的监测"，包括布点、采样、分析、数据处理和分析评价等内容。 拓展阅读

●●● 知识拓展 ●●●

副玫瑰苯胺提纯及检验方法

1. 试剂

① 盐酸溶液：$c(HCl)=1mol/L$。

② 乙酸-乙酸钠溶液：$c(CH_3COONa)=1.0mol/L$。称取 13.6g 乙酸钠（$CH_3COONa \cdot 3H_2O$）溶于水，移入 100mL 容量瓶中，加 5.7mL 冰醋酸，用水稀释至标线，摇匀。此溶液 pH 值为 4.7。

2. 试剂提纯方法

取正丁醇和 1mol/L 盐酸溶液各 500mL，放入 1000mL 分液漏斗中盖塞振摇 3min，使其互溶达到平衡，静置 15min，待完全分层后，将下层水相（盐酸溶液）和上层有机相（正丁醇）分别转入试剂瓶中备用。称取 0.100g 副玫瑰苯胺放入小烧杯中，加入平衡过的 1mol/L 盐酸溶液 40mL，用玻璃棒搅拌至完全溶解后，转入 250mL 分液漏斗中，再用平衡过的正丁醇 80mL 分数次洗涤小烧杯，洗液并入分液漏斗中。盖塞，振摇 3min，静置 15min，待完全分层后，将下层水相转入另一个 250mL 分液漏斗中，再加 80mL 平衡过的正丁醇，按上述操作萃取。按此操作每次用 40mL 平衡过的正丁醇重复萃取 9～10 次后，将下层水相滤入 50mL 容量瓶中，并用 1mol/L 盐酸溶液稀释至标线，摇匀。此 PRA 储备液浓度约为 0.20%，呈橘黄色。

3. 副玫瑰苯胺储备液的检验方法

吸取 1.00mL 副玫瑰苯胺储备液于 100mL 容量瓶中，用水稀释至标线，摇匀。取稀释液 5.00mL 于 50mL 容量瓶中，加 5.00mL 乙酸-乙酸钠溶液，用水稀释至标线，摇匀，1h 后测量光谱吸收曲线，在波长 540nm 处有最大吸收峰。

实验十七　空气中氮氧化物的测定

📚 **学习目标**　　　　　　　　　　🎞 **教学课件**　🔗 **思维导图**

1. 学会空气中氮氧化物的测定原理与方法、监测操作技术，在监测过程中注意采取适当的质量控制措施。

2. 熟练数据处理方法，对结果正确表达，合理分析、评价。

一、自主学习导航

大气中的氮氧化物主要以一氧化氮（NO）和二氧化氮（NO_2）的形式存在。它们主要来源于化石燃料高温燃烧和硝酸、化肥等生产排放的废气，以及汽车排放尾气。一氧化氮为无色、无臭、微溶于水的气体，在大气中易被氧化为 NO_2。NO_2 为棕红色气体，具有强刺激性臭味，是引起支气管炎等呼吸道疾病的有害物质。大气中的 NO 和 NO_2 可以分别测定，也可以测定二者的总量。常用的测定方法有盐酸萘乙二胺分光光度法、化学发光法及恒电流库仑滴定法等。

1. 方法的选择

现行国家标准中，测定氮氧化物的标准方法有酸碱滴定法、定电位电解法、便携式紫外吸收法、非分散红外吸收法、紫外分光光度法、盐酸萘乙二胺分光光度法、化学发光法等。其中酸碱滴定法、定电位电解法、便携式紫外吸收法、非分散红外吸收法、紫外分光光度法、化学发光法常用于固定污染源排气中氮氧化物的测定。盐酸萘乙二胺分光光度法适用于环境空气中低浓度氮氧化物的测定。

2. 实验原理

氮氧化物浓度的测定，手工采样系列见图 6-1。采样时，空气中的二氧化氮被串联的第一支吸收瓶中的吸收液吸收，生成亚硝酸和硝酸。在无水乙酸存在条件下，亚硝酸与对氨基苯磺酸发生重氮化反应，再与盐酸萘乙二胺偶合，生成玫瑰红色偶氮染料。空气中的一氧化氮不与吸收液反应，通过氧化瓶时被酸性高锰酸钾溶液氧化为二氧化氮，被串联的第二支吸收瓶中的吸收液吸收，并反应生成粉红色偶氮染料。生成的偶氮染料在波长 540nm 处的吸光度与二氧化氮的含量成正比。分别测定第一支和第二支吸收瓶中样品的吸光度，计算两支吸收瓶内二氧化氮和一氧化氮的质量浓度，二者之和即为氮氧化物的质量浓度（以 NO_2 计）。因为 NO_2（气）不是全部转化为 NO_2^-（液），故在计算结果时应除以转换系数（称为 Saltzman 实验系数，用标准混合气体通过实验测定）。

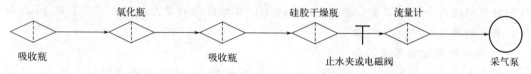

图 6-1　手工采样系列示意图

3. 方法的适用范围

本实验所用方法参照《环境空气 氮氧化物（一氧化氮和二氧化氮）的测定 盐酸萘乙二胺分光光度法》（HJ 479—2009）。本方法适用于环境空气中氮氧化物、二氧化氮、一氧化氮的测定。当吸收液总体积为 10mL，采样体积为 24L 时，空气中氮氧化物的检出限为 $0.005mg/m^3$。当吸收液总体积为 50mL，采样体积为 288L 时，空气中氮氧化物的检出限为 $0.003mg/m^3$。当吸收液总体积为 10mL，采样体积为 12～24L 时，环境空气中氮氧化物的测定范围为 $0.020～2.5mg/m^3$。

4. 干扰与消除

① 空气中臭氧浓度超过 $0.250mg/m^3$ 时，对氮氧化物的测定产生负干扰，采样时在吸收瓶入口端串接一段 15～20cm 长的硅橡胶管，排除干扰。

② 空气中二氧化硫质量浓度为氮氧化物质量浓度的 30 倍时，对二氧化氮的测定产生负干扰。

5. 实验安全提示

本实验中用冰乙酸，浓度较高的乙酸具有腐蚀性，能导致皮肤烧伤、眼睛永久失明以及黏膜发炎，因此需要适当地防护。

6. 课前思考

① 测定空气中氮氧化物含量时有哪些干扰因素？应如何消除？

② 结合实验过程，分析影响测定准确度的因素，说明如何减小在样品采集、运输和测定过程中的误差。

二、实验准备

1. 实验仪器

① 分光光度计。

② 空气采样器：流量范围 0.1～1.0L/min。

③ 恒温、半自动连续空气采样器：采样流量为 0.2L/min 时，相对误差小于 ±5%，能将吸收液温度保持在 20℃±4℃。采样连接管线为硼硅玻璃管、不锈钢管、聚四氟乙烯管或

硅胶管，内径约为 6mm，尽可能短些，任何情况下不得超过 2m，配有朝下的空气入口。

④ 多孔玻板吸收瓶：棕色或配有黑色避光罩。新的多孔玻板吸收瓶或使用后的多孔玻板吸收瓶，应用（1∶1）HCl 浸泡 24h 以上，用清水洗净。

⑤ 氧化瓶：可装 5mL、10mL 或 50mL 酸性高锰酸钾溶液的洗气瓶，液柱高度不能低于 80mm。使用后，用盐酸羟胺溶液浸泡洗涤。

2. 实验试剂

① 盐酸羟胺溶液：$\rho = 0.2 \sim 0.5\text{g/L}$。

② 硫酸溶液：$c(1/2\text{H}_2\text{SO}_4) = 1\text{mol/L}$。取 15mL 浓硫酸加入 500mL 水中，冷却备用。

③ 酸性高锰酸钾溶液：$\rho(1/2\text{KMnO}_4) = 25\text{g/L}$。称取 25g 高锰酸钾于 1000mL 烧杯中，加入 500mL 水，稍微加热使其全部溶解，然后加入 1mol/L 硫酸溶液 500mL，搅拌均匀，贮于棕色试剂瓶中。

④ N-(1-萘基) 乙二胺盐酸盐储备液：$c[\text{C}_{10}\text{H}_7\text{NH}(\text{CH}_2)_2\text{NH}_2 \cdot 2\text{HCl}] = 1.00\text{g/L}$。称取 0.50g N-(1-萘基) 乙二胺盐酸盐用水溶解，转移在 500mL 容量瓶中，用水稀释至刻度。此溶液贮于密闭的棕色瓶中，在冰箱中冷藏，可稳定保存 3 个月。

⑤ 显色液：称取 5.0g 对氨基苯磺酸（$\text{NH}_2\text{C}_6\text{H}_4\text{SO}_3\text{H}$）溶解于约 200mL 40～50℃ 热水中，将溶液冷却至室温，加入 50mL N-(1-萘基) 乙二胺盐酸盐储备液和 50mL 冰乙酸，用水稀释至 1000mL。此溶液贮于密闭的棕色瓶中，在 25℃ 以下于暗处存放可稳定 3 个月。若溶液呈淡红色，应弃之重配。

⑥ 吸收液：使用时将显色液和水按 4∶1 比例混合，即为吸收液。吸收液的吸光度应小于等于 0.005。

⑦ 亚硝酸盐标准储备液：$\rho(\text{NO}_2^-) = 250\mu\text{g/L}$。准确称取 0.3750g 亚硝酸钠 [$\text{NaNO}_2$，优级纯，使用前在（105±5）℃下干燥恒重] 溶于水，移入 1000mL 容量瓶中，用水稀释至标线。此溶液贮于密闭棕色瓶中于暗处存放，可稳定保存 3 个月。

⑧ 亚硝酸盐标准工作液：$\rho(\text{NO}_2^-) = 2.5\mu\text{g/mL}$。准确吸取亚硝酸盐标准储备液 1.00mL 于 100mL 容量瓶中，用水稀释至标线。临用现配。

三、实验操作

（一）采样

1. 短时间采样（1h 以内）

取两支内装 10.0mL 吸收液的多孔玻板吸收瓶和一支内装 5～10mL 酸性高锰酸钾溶液的氧化瓶（液柱高度不低于 80mm），用尽量短的硅橡胶管将氧化瓶串联在两支吸收瓶之间，以 0.4L/min 流量采气 4～24L。

2. 长时间采样（24h）

取两支大型多孔玻板吸收瓶，装入 25.0mL 或 50.0mL 吸收液（液柱高度不低于 80mm），标记液面位置。取一支内装 50mL 酸性高锰酸钾溶液的氧化瓶，将吸收液恒温在（20±4）℃，以 0.2L/min 流量采气 288L。

注：① 氧化管中有明显的沉淀物析出时，应及时更换。

② 一般情况下，内装 50mL 酸性高锰酸钾溶液的氧化瓶可使用 15～20d（隔日采样）。

③ 采样过程注意观察吸收液颜色变化，避免因氮氧化物质量浓度过高而穿透。

3. 采样要求

① 采样前应检查采样系统的气密性，进行流量校准。采样流量的相对误差应小于±5%。

② 采样期间，样品运输和存放过程中应避免阳光照射。气温超过 25℃时，长时间（8h以上）运输和存放样品应采取降温措施。

③ 采样结束时，为防止溶液倒吸，应在采样泵停止抽气的同时，闭合连接在采样系统中的止水夹或电磁阀。

4. 现场空白

装有吸收液的吸收瓶带到采样现场，与样品在相同的条件下保存、运输，直至送交实验室分析，运输过程中应注意防止沾污。要求每次采样至少做 2 个现场空白测试。

5. 样品的保存

样品采集、运输及存放过程中避光保存，样品采集后尽快分析。若不能及时测定，将样品于低温暗处存放。样品在 30℃暗处存放，可稳定 8h；在 20℃暗处存放，可稳定 24h；于 0～4℃冷藏，至少可稳定 3d。

（二）测定

1. 标准曲线的绘制

取 6 支 10mL 具塞比色管，按表 6-4 制备亚硝酸盐标准溶液系列。各管混匀，于暗处放置 20min（室温低于 20℃时放置 40min 以上），在波长 540nm 处，以水为参比测量吸光度，扣除空白样品的吸光度以后，对应 NO_2^- 的质量浓度（$\mu g/mL$），用最小二乘法计算标准曲线的回归方程。

表 6-4 亚硝酸盐标准溶液系列

管号	0	1	2	3	4	5
标准工作液体积/mL	0.00	0.40	0.80	1.20	1.60	2.00
水体积/mL	2.00	1.60	1.20	0.80	0.40	0.00
显色液体积/mL	8.00	8.00	8.00	8.00	8.00	8.00
亚硝酸盐质量浓度/($\mu g/mL$)	0.00	0.10	0.20	0.30	0.40	0.50

注：空白样品、样品和标准曲线应用同一批吸收液。

2. 空白样品

取未经采样的空白吸收液，在波长 540nm 处，以水为参比测定吸光度。

3. 样品测定

采样后放置 20min，室温 20℃以下时放置 40min 以上，用水将采样瓶中吸收液的体积补充至标线，混匀。按照标准曲线的绘制步骤测定样品的吸光度。

实验废液处理提示：本实验产生的废液含高锰酸钾、盐酸羟胺等有害物质，应统一收集，委托有资质的单位集中处理。

四、数据处理及评价

1. 结果计算

空气中二氧化氮质量浓度 ρ_{NO_2}（mg/m³）按式（6-5）计算：

$$\rho_{NO_2} = \frac{(A_1 - A_0 - a)VD}{bfV_0} \tag{6-5}$$

空气中一氧化氮质量浓度 ρ_{NO}（mg/m³）以二氧化氮（NO₂）计，按式（6-6）计算：

$$\rho_{NO} = \frac{(A_2 - A_0 - a)VD}{bfV_0K} \tag{6-6}$$

空气中一氧化氮质量浓度 ρ'_{NO}（mg/m³）以一氧化氮（NO）计，按式（6-7）计算：

$$\rho'_{NO} = \frac{\rho_{NO} \times 30}{46} \tag{6-7}$$

空气中氮氧化物的质量浓度 ρ_{NO_x}（mg/m³）以二氧化氮（NO₂）计，按式（6-8）计算：

$$\rho_{NO_x} = \rho_{NO_2} + \rho_{NO} \tag{6-8}$$

式中　A_1、A_2——串联的第一支和第二支吸收瓶中样品的吸光度；

　　　　A_0——空白的吸光度；

　　　　b——标准曲线的斜率，吸光度·mL/μg；

　　　　a——标准曲线的截距；

　　　　V——采样用吸收液体积，mL；

　　　　V_0——换算为标准状况（101.325kPa，273K）下的采样体积，L；

　　　　K——NO→NO₂ 氧化系数，0.68；

　　　　D——样品的稀释倍数；

　　　　f——Saltzman 实验系数，0.88（当空气中二氧化氮质量浓度高于 0.72mg/m³ 时，f 取值 0.77）。

2. 结果评价

（1）按实验报告要求记录实验结果，并分析结果的正确性。

（2）根据监测地点，结合空气标准，进行结果评价。

五、实验注意事项

① 吸收液应避光，而且不能长时间暴露在空气中，以防止光照使吸收液显色或吸收空气中的氮氧化物而使试剂空白值增高。

② 在采样过程中，如吸收液体积显著缩小，要用水补充到原来的体积（应预先做好标记）。

③ 氧化管应于相对湿度为 30%～70% 时使用；当空气的相对湿度大于 70% 时，应勤换氧化管；小于 30% 时，在使用前将经过水面的潮湿空气通过氧化管，平衡 1h 后再使用。

●●● 知识拓展 ●●●

Saltzman 实验系数

（1）Saltzman 实验系数定义　用渗透法制备的二氧化氮校准用混合气体，在采气过程中被吸收液吸收生成的偶氮染料相当于亚硝酸根的量与通过采样系统的二氧化氮总量的比值。

（2）Saltzman 实验系数的测定　按 GB/T 5275 规定的方法，制备零气和欲测浓度范围的二氧化氮校准用混合气体。按照实验中采集方法采集混合标气。当吸收瓶中 NO_2 质量浓度达到 $0.4\mu g/mL$ 左右时，停止采样。测量样品的吸光度。

Saltzman 实验系数（f）按下式计算：

$$f = \frac{(A-A_0-a)V}{bV_0\rho_{NO_2}}$$

式中　A——样品溶液的吸光度；

A_0——实验室空白样品的吸光度；

b——测得的标准曲线的斜率，吸光度，$mL/\mu g$；

a——测得的标准曲线的截距；

V——采样用吸收液体积，mL；

V_0——换算为标准状况（$101.325kPa$，$273K$）时的采样体积，L；

ρ_{NO_2}——通过采样系统的 NO_2 标准混合气体的质量浓度，mg/m^3（标准状况 $101.325kPa$，$273K$）。

f 值的大小受空气中 NO_2 的质量浓度、采样流量、吸收瓶类型、采样效率等因素的影响，故测定 f 值时，应尽量使测定条件与实际采样时保持一致。

实验十八　公共场所空气中甲醛含量的测定

📚 **学习目标**　　　　　　　　　　　　📖 **教学课件**　🕸 **思维导图**

1. 学会酚试剂分光光度法测定空气中甲醛的原理与方法、监测操作技术，在监测过程中注意采取适当的质量控制措施。

2. 熟练数据处理方法，对结果正确表达，合理分析、评价。

一、自主学习导航

甲醛是一种无色、有强烈刺激性气味、易溶于水的气体。室内甲醛主要来源于建筑材料、装饰物品及生活物品等在室内的使用。长期、低浓度接触甲醛会引起头痛、头晕、乏力、感觉障碍、免疫力降低，并可出现瞌睡、记忆力减退或神经衰弱、精神抑郁的症状，甲醛甚至还有致癌和促癌作用。测定甲醛常用的方法有酚试剂分光光度法、AHMT 分光光度法、乙酰丙酮分光光度法和气相色谱法。

1. 实验原理

空气中的甲醛与酚试剂（3-甲基-2-苯并噻唑啉酮腙盐酸盐）反应生成嗪（含有一个或几个氮原子的不饱和六元杂环化合物的总称），嗪在酸性溶液中被高铁离子氧化形成蓝绿色化合物，在 630nm 波长处测定分光光度值。

2. 方法的适用范围　　　　　　　　　　　　　　　　　📄 **标准**

本实验所用方法参照《公共场所卫生检验方法 第 2 部分：化学污染物》（GB/T 18204.2—2014）中的酚试剂分光光度法。该方法适用于空气中甲醛浓度的测定，检出下限为 0.056μg。当样品溶液为 5mL 时，本法测定范围为 0.1～1.5μg；当甲醛采样体积为 10L 时，可测浓度范围为 0.01～0.15mg/m³。

3. 干扰与消除

二氧化硫共存时，使测定结果偏低。因此对二氧化硫干扰不可忽视，可将气样先通过硫酸锰滤纸过滤器，予以排除。20μg 酚、2μg 醛以及二氯化氮对本法无干扰。

4. 实验安全提示

本实验所用药品甲醛（危险品标志：T、C）对黏膜、上呼吸道、眼睛和皮肤有强烈刺激性，其溶液配制及样品前处理过程应在通风橱中进行，操作时应按规定要求佩戴防护器具，避免接触皮肤和衣物。

5. 课前思考

① 在甲醛标准溶液配制过程中，为什么要用吸收液进行稀释？

② 在室内采集样品之前，为什么要关闭门窗 12h 以上？

③ 气态物质跟溶液中的物质发生化学反应的一般装置是怎样的？要使气态物质跟溶液中的物质发生完全反应，其实验装置和操作各应注意什么？

二、实验准备

1. 实验仪器

① 大气恒流采样器：流量范围 0～1L/min。

② 分光光度计。

③ 10mL 大型气泡吸收管。

④ 10mL 具塞比色管、吸量管若干。

2. 实验试剂

① 吸收液原液：称量 0.10g 酚试剂 $[C_6H_4SN(CH_3)C:NNH_2 \cdot HCl，MBTH]$，加水溶解，定容至 100mL，0～7℃下可保存 3d。

② 吸收液：量取吸收液原液 5mL，定容至 100mL，配制成吸收液。采样时，临用现配。

③ 硫酸铁铵溶液（1%）：称量 1.0g 硫酸铁铵 $[NH_4Fe(SO_4)_2 \cdot 12H_2O]$，用 0.1mol/L 盐酸溶液溶解，并稀释至 100mL。

④ 甲醛标准储备液：取 2.8mL 含量为 36%～38% 的甲醛溶液，放入 1L 容量瓶中，加水稀释至刻度。此溶液 1mL 约相当于 1.00mg 甲醛。其准确浓度用下述碘量法标定。

甲醛的标定

精确量取 20.00mL 待标定的甲醛标准储备液，置于 250mL 碘量瓶中。加入 20mL 碘溶液 $[c(1/2I_2) = 0.1000mol/L]$ 和 15mL 1mol/L 氢氧化钠溶液，放置 15min。加入 20mL 0.5mol/L 硫酸溶液，再放置 15min，用 $[c(Na_2S_2O_3) = 0.1000mol/L]$ 硫代硫酸钠溶液滴定，至溶液呈黄色时，加入 1mL 新配制的 1% 淀粉溶液，此时呈蓝色，继续滴定至蓝色刚刚褪去。记录所用硫代硫酸钠溶液体积 V_2（mL）。同时用水作试剂空白滴定，操作步骤同上，记录空白滴定所用硫代硫酸钠溶液体积 V_1（mL）。甲醛溶液的浓度用下述公式计算：

$$甲醛溶液浓度\ \rho(\text{mg/mL})=\frac{M(1/2\text{HCHO})(V_1-V_2)c}{V}$$

式中　　　　V_1——试剂空白消耗硫代硫酸钠标准溶液的体积，mL；

　　　　　　V_2——甲醛标准溶液消耗硫代硫酸钠标准溶液的体积，mL；

　　　　　　　c——硫代硫酸钠标准溶液的浓度，mol/L；

　　$M(1/2\text{HCHO})$——1/2HCHO 的摩尔质量，为 15.01g/mol；

　　　　　　　V——所取甲醛标准储备液的体积，为 20mL。

　　⑤ 甲醛标准溶液：取甲醛标准储备液 1.00mL，定容至 100mL，配制成浓度为 10.00mg/L 的标准中间液。取标准中间液 10.00mL，加入 100mL 容量瓶中，再加入 5mL 吸收原液，用水定容至刻度，此溶液浓度为 1.00mg/L。放置 30min 后，用于配制标准曲线浓度系列，此溶液可稳定 24h。

　　⑥ 碘溶液：$c(1/2\text{I}_2)=0.1000$mol/L。称取 30g 碘化钾溶于 25mL 水中，加入 127g 碘，待碘完全溶解后，用水定容至 1000mL。移入棕色瓶中，于暗处贮存。

　　⑦ 淀粉溶液：$\rho=5$g/L。将 0.50g 淀粉溶于少量水中，加入 100mL 沸水，并煮沸 2～3min。冷却后加入 0.1g 水杨酸或 0.4g 氯化锌保存。

　　⑧ 硫代硫酸钠溶液：$c(\text{Na}_2\text{S}_2\text{O}_3)\approx0.1000$mol/L。称取 25g 硫代硫酸钠（$\text{Na}_2\text{S}_2\text{O}_3\cdot5\text{H}_2\text{O}$）溶于煮沸放冷的水中，加入 0.2g 碳酸钠，用水稀释至 1000mL，贮于棕色瓶中，使用前标定。

硫代硫酸钠的标定

　　精确量取 25.00mL 0.1000mol/L 碘酸钾标准溶液，置于 250mL 碘量瓶中。加入 75mL 新煮沸后冷却的水。加 3.00g 碘化钾和 0.1mol/L 的盐酸溶液，摇匀后放暗处 5min。用硫代硫酸钠标准溶液滴定至溶液呈黄色时，加入 1mL 新配制的 1% 淀粉溶液，此时呈蓝色，继续滴定至蓝色刚刚褪去，即为终点。记录所用硫代硫酸钠溶液体积 V（mL）。其浓度用下述公式计算：

$$硫代硫酸钠溶液浓度\ c(\text{mol/L})=\frac{c_0V_0}{V}$$

式中　c_0——碘酸钾标准溶液浓度，为 0.1mol/L；

　　　V_0——量取碘酸钾标准溶液体积，为 25mL。

　　⑨ 氢氧化钠溶液：$c(\text{NaOH})=1$mol/L。将 40g 氢氧化钠溶于水，稀释至 1000mL。

　　⑩ 盐酸溶液：$c(\text{HCl})=0.1$mol/L。将 9mL 浓盐酸溶于水中，稀释至 1000mL。

　　⑪ 碘酸钾溶液：$c(1/6\text{KIO}_3)=0.1000$mol/L。准确称取 3.5667g 于 105℃ 下干燥 2h 的碘酸钾溶于水中，稀释至 1000mL。

三、实验操作

1. 标准曲线的绘制

取 10mL 具塞比色管，用甲醛标准溶液按表 6-5 制备标准系列。

表 6-5 甲醛标准系列

管号	0	1	2	3	4	5	6	7	8
标准溶液体积/mL	0	0.10	0.20	0.40	0.60	0.80	1.00	1.50	2.00
吸收液体积/mL	5.0	4.9	4.8	4.6	4.4	4.2	4.0	3.5	3.0
甲醛含量/μg	0	0.1	0.2	0.4	0.6	0.8	1.0	1.5	2.0

在表 6-5 各比色管中,加入 0.4mL 1‰硫酸铁铵溶液,摇匀,放置 15min。用 1cm 比色皿,在波长 630nm 处,以水作参比,测定各管溶液的吸光度。以甲醛含量为横坐标,以吸光度为纵坐标,绘制标准曲线,以斜率的倒数作为样品测定的计算因子 Bg(μg/吸光度)。

2. 采样

在密闭门窗 12h 以上的房间内,用一个内装 5mL 吸收液的大型气泡吸收管,以 0.5L/min 流量,采气 10L。每个点位采集两个样品,互为平行样。并记录采样点的温度和大气压力。采样后样品在室温下应在 24h 内分析。

3. 样品测定

采样后,将样品溶液全部转入比色管中,用少量吸收液洗吸收管,合并使总体积为 5mL。按照绘制标准曲线的步骤测定吸光度(A),每批样品测定的同时,用 5mL 未采样的吸收液作试剂空白,测定试剂空白的吸光度(A_0)。

实验废液处理提示:本实验产生的废液含甲醛等有害物质,应统一收集,委托有资质的单位集中处理。

四、数据处理及评价

1. 结果计算

① 将采样体积换算成标准状况下采样体积,见式(6-9):

$$V_0 = V_t \frac{T_0}{273+t} \times \frac{P}{P_0} \tag{6-9}$$

式中　V_0——标准状况下的采样体积,L;

　　　V_t——采样体积,为采样流量与采样时间的乘积;

　　　t——采样点的气温,℃;

　　　T_0——标准状况下的热力学温度,273K;

　　　P——采样点的大气压,kPa;

　　　P_0——标准状况下的大气压,101.325kPa。

② 空气中甲醛浓度按下式(6-10)计算:

$$\rho = \frac{(A - A_0)Bg}{V_0} \tag{6-10}$$

式中　ρ——空气中甲醛浓度,mg/m^3;

　　　A——样品溶液的吸光度;

　　　A_0——空白溶液的吸光度;

Bg——由斜率的倒数得到的计算因子，μg/吸光度；

V_0——换算成标准状况下的采样体积，L。

2. 结果评价

① 按实验报告要求记录实验结果，并分析结果的正确性。

② 结合国家公布的《室内空气质量标准》（GB/T 18883—2022），对所监测空间进行结果评价。

五、创新设计实验

采用酚试剂分光光度法进行空气中甲醛测定时，会受到很多因素的影响，例如采样量、显色时间、显色温度等都会对测定结果产生很大影响。请设计实验探索酚试剂分光光度法中各影响因素与测试结果的定性或定量关系。

实验十九　空气中总烃和非甲烷总烃的测定

📚 **学习目标**　　　　　　　　　📖 **教学课件**　⚙ **思维导图**

1. 学会空气中总烃和非甲烷总烃的测定原理与方法、监测操作技术，在监测过程中注意采取适当的质量控制措施。

2. 熟练数据处理方法，对结果正确表达，合理分析、评价。

一、自主学习导航

污染环境的烃类一般指具有挥发性的碳氢化合物，常用总烃和非甲烷总烷表示。总烃（total hydrocarbons，THC）指包括甲烷在内的碳氢化合物，非甲烷总烃（normethane hydrocarbons，NMHC）是除甲烷以外的碳氢化合物。非甲烷总烃主要包括烷烃、烯烃、芳香烃和含氧烃。一般环境空气中 NMHC 的含量不高，但近些年随着现代工业的飞速发展，大量废气排入环境空气中，使得 NMHC 大量增加。有数据表明，非甲烷烃超过一定浓度时，会直接影响人体健康。另外，其在阳光作用下可生成包含臭氧、过氧乙酰硝酸酯和醛类等被称为光化学烟雾的物质，其危害性和毒性极大，已成为最受关注的环境污染类型之一。

1. 方法选择

监测环境空气和工业废气中的 NMHC 有许多方法，但目前多数采用气相色谱法。用气相色谱氢火焰离子化检测器（FID）测得的空气中总烃与甲烷的含量之差表示，以碳计，单位为 mg/m^3。

以氮气为载气测定空气和废气中总烃时，总烃的峰中包含含氧烃，即气样中的氧产生正干扰。当气相色谱条件一定时，一定量的氧的响应值是固定的。因此可以先用除烃空气求出空白值，再从总烃峰中扣除该值以消除氧的干扰。方法最低检出浓度为 0.1mg/m^3。

2. 实验原理

将气体样品直接注入具氢火焰离子化检测器的气相色谱仪，分别在总烃柱和甲烷柱上测定总烃和甲烷的含量，两者之差即为非甲烷总烃的含量。同时以除烃空气代替样品，测定氧在总烃柱上的响应值，以扣除样品中的氧对总烃测定的干扰。

3. 方法的适用范围

本实验采用的方法参照《环境空气 总烃、甲烷和非甲烷总烃的测定 直接进样-气相色谱法》（HJ 604—2017），本方法适用于环境空气中总烃和非甲烷总烃的测定，也适用于污染源无组织排放监控点空气中总烃、甲烷和非甲烷总烃的测定。

当进样体积为 1.0mL 时，总烃、甲烷的检出限均为 $0.06mg/m^3$（以甲烷计），测定下限均为 $0.24mg/m^3$（以甲烷计）；非甲烷总烃的检出限为 $0.07mg/m^3$（以碳计），测定下限为 $0.28mg/m^3$（以碳计）。

4. 课前思考

① 测定非甲烷总烃时，为什么要扣除氧峰？

② 学习《环境空气质量手工监测技术规范》（HJ 194—2017）、《环境空气质量监测点位布设技术规范》（HJ 664—2013）和《大气污染物无组织排放监测技术导则》（HJ/T 55—2000）相关的规定及采样要求，确定本次实验的布点、采样方法。

二、实验准备

（一）仪器和试剂

1. 实验仪器

① 气相色谱仪：具 FID 检测器。

② 色谱柱

a. 填充柱

甲烷柱：不锈钢或硬质玻璃材质，2m×4mm，内填充粒径 80～60 目的 GDX-502 或 GDX-104 担体。

总烃柱：不锈钢或硬质玻璃材质，2m×4mm，内填充粒径 80～60 目的硅烷化玻璃微珠。

b. 毛细管柱

甲烷柱：30m×0.53mm×25μm，多孔层开口管分子筛柱或其他等效毛细管柱。

总烃柱：30m×0.53mm 脱活毛细管空柱。

③ 采样容器：全玻璃材质注射器，容积不小于 100mL，清洗干燥后备用；气袋容积不小于 1L，使用前用除烃空气清洗至少 3 次。

④ 真空气体采样箱：由进气管、真空箱、阀门和抽气泵等部分组成，样品经过的管路材质应不与被测组分发生反应。

⑤ 进样器：带 1mL 定量管的进样阀或 1mL 气密玻璃注射器。

2. 实验试剂

① 除烃空气：总烃含量（含氧峰）$\leqslant 0.40mg/m^3$（以甲烷计）；或在甲烷柱上测定，除氧峰外无其他峰。

② 甲烷标准气体：$10.0\mu mol/mol$，平衡气为氮气。

③ 氮气：纯度≥99.999%。

④ 氢气：纯度≥99.9%。

⑤ 空气：用净化管净化。

⑥ 标准空气稀释气：高纯氮气或除烃氮气，纯度≥99.999%。

（二）样品的采集和保存

采样容器经现场空气清洗至少 3 次后采样。以玻璃注射器满刻度采集空气样品的，用惰性密封头密封；以气袋采集样品的，用真空气体采样箱将空气样品引入气袋，至最大体积的80%左右，立刻密封。

样品常温下避光保存，采样后尽快完成分析。玻璃注射器保存的样品，放置时间不超过8h；气袋保存的样品，放置时间不超过 48h。如仅测定甲烷，应在 7d 内完成。

注：环境空气按照《环境空气质量手工监测技术规范》（HJ 194—2017）和《环境空气质量监测点位布设技术规范》（HJ 664—2013）的相关规定布点、采样；污染源无组织排放监控点空气按照《大气污染物无组织排放监测技术导则》（HJ/T 55—2000）或者其他相关标准布点和采样。

三、实验操作

（一）参考色谱条件

① 进样口温度：100℃。

② 柱温：80℃。

③ 检测器温度：200℃。

④ 载气：氮气，填充柱流量 15～25mL/min，毛细管柱流量 8～10mL/min。

⑤ 燃烧气：氢气，流量约 30mL/min。

⑥ 助燃气：空气，流量约 300mL/min。

⑦ 进样量：1.0mL。

（二）校准

1. 校准系列的制备

以 100mL 注射器（预先放入一片硬质聚四氟乙烯小薄片）或 1L 气袋为容器，按 1∶1 的体积比，用标准气体稀释气将甲烷标准气体逐级稀释，配制 5 个浓度梯度的校准系列，该校准系列的浓度分别是 0.625μmol/mol、1.25μmol/mol、2.50μmol/mol、5.00μmol/mol、10.0μmol/mol。

注：校准系列可根据实际情况确定适宜的浓度范围，也可选用动态气体稀释仪配制。

2. 绘制校准曲线

由低浓度到高浓度依次抽取 1.0mL 校准系列，注入气相色谱仪，分别测定总烃、甲烷。以总烃和甲烷的浓度（μmol/mol）为横坐标，以其对应的峰面积为纵坐标，分别绘制总烃、甲烷的校准曲线。

注：① 当样品浓度与校准气样浓度相近时可采用单点校准，单点校准气应至少进样 2 次，色谱响应相对偏差应≤10%，计算时采用平均值。

② 校准曲线的相关系数应≥99.5%。

（三）样品测定

1. 总烃和甲烷的测定

按照与绘制校准曲线相同的操作步骤和分析条件，测定样品的总烃和甲烷峰面积，总烃峰面积应扣除氧峰面积后参与计算。

注：总烃色谱峰后出现的其他峰，应一并计入总烃峰面积。

2. 氧峰面积的测定

按照与绘制校准曲线相同的操作步骤和分析条件，测定除烃空气在总烃柱上的氧峰面积。

四、数据处理及评价

1. 结果计算

① 样品中总烃、甲烷的质量浓度按照式(6-11)进行计算：

$$\rho = \varphi \times \frac{M(CH_4)}{V_0} \tag{6-11}$$

式中　　ρ——样品中总烃或甲烷的质量浓度（以甲烷计），mg/m^3；

　　　　φ——从校准曲线或对比单点校准点获得的样品中总烃或甲烷的浓度（总烃计算时应扣除氧峰面积），$\mu mol/mol$；

$M(CH_4)$——甲烷的摩尔质量，为 $16g/mol$；

　　V_0——标准状况（273.15K，101.325kPa）下气体的摩尔体积，为 $22.4L/mol$。

② 样品中非甲烷总烃质量浓度按照式(6-12)计算：

$$\rho_{NMHC} = (\rho_{THC} - \rho_M) \times \frac{M(C)}{M(CH_4)} \tag{6-12}$$

式中　　ρ_{NMHC}——样品中非甲烷总烃的质量浓度（以碳计），mg/m^3；

　　　　ρ_{THC}——样品中总烃的质量浓度（以甲烷计），mg/m^3；

　　　　ρ_M——样品中甲烷的质量浓度（以甲烷计），mg/m^3；

　　　$M(C)$——碳的摩尔质量，为 $12g/mol$；

　　$M(CH_4)$——甲烷的摩尔质量，为 $16g/mol$。

注：① 非甲烷总烃也可根据需要以甲烷计，并注明。

② 单独检测甲烷时，结果可换算为体积分数等表达方式。

③ 当测定结果小于 $1mg/m^3$ 时，保留至小数点后两位；当测定结果大于等于 $1mg/m^3$ 时，保留三位有效数字。

2. 结果评价

① 按实验报告要求记录实验结果，并分析结果的正确性。

② 结合国家标准，对所监测结果进行评价。

五、实验注意事项

① 采样容器使用前应充分洗净，经气密性检查合格，置于密闭采样箱中以避免污染。

② 样品返回实验室时，应平衡至环境温度后再进行测定。

③ 测定复杂样品后，如发现分析系统内有残留时，可通过提高柱温等方式去除，通过分析除烃空气确认是否除净。

六、创新设计实验

拓展阅读

总烃峰型异常和氧峰干扰是影响 NMHC 测定结果准确性的主要问题，而引起总烃峰型异常的主要原因是样品中烃的衍生物的干扰和色谱柱类型的影响。例如，为避免总烃含量低于甲烷或 NMHC 含量等单项有机指标的现象出现，常在测定 NMHC 时，配制混合标气，以除烃空气为载气，采用空柱分离的方式来探索分析条件，以满足不同样品的测定需求。请选择一成分复杂的气体样品进行其非甲烷总烃含量的测定，并在测定过程中设计合理的实验过程，以保证 NMHC 指标在实际测定中的科学性及其监测结果的可靠性。

实验二十　空气中臭氧含量的测定

📖 学习目标　　　　　　　　　　　　　　📚 教学课件　　☘ 思维导图

1. 学会空气中臭氧含量的测定原理与方法、监测操作技术，在监测过程中注意采取适当的质量控制措施。

2. 熟练数据处理方法，对结果正确表达，合理分析、评价。

一、自主学习导航

臭氧是地球大气中一种微量气体，自然源的臭氧是由大气中氧分子受太阳辐射或受雷击分解成氧原子后，氧原子又与周围的氧分子结合而形成的。人为源的臭氧主要是由人为排放的 NO_x、VOC_S 等污染物的光化学反应生成的。臭氧具有很强的氧化性，极易分解，很不稳定，它可使许多有机色素脱色，侵蚀橡胶，很容易氧化有机不饱和化合物。

臭氧超过一定浓度，对人体会产生一定危害。我国规定，在居住环境臭氧浓度超过 $0.16mg/m^3$，在作业场所臭氧浓度超过 $0.2mg/m^3$ 时就构成空气污染。

1. 实验原理

空气中的臭氧在磷酸盐缓冲溶液存在下，与吸收液中蓝色的靛蓝二磺酸钠等摩尔反应，生成靛红二磺酸钠，使之褪色，在 610nm 处测量吸光度，根据蓝色减退的程度定量空气中臭氧的浓度。

2. 方法的适用范围

📄 标准

本实验方法参照《环境空气 臭氧的测定 靛蓝二磺酸钠分光光度法》（HJ 504—2009），方法适用于环境空气中臭氧、相对封闭环境（如室内、车内等）空气中臭氧的测定。当采样体积为 30L 时，本标准测定空气中臭氧的检出限为 $0.010mg/m^3$，测定下限为 $0.040mg/m^3$。当采样体积为 30L，吸收液质量浓度为 $2.5\mu g/mL$ 或 $5.0\mu g/mL$ 时，测定上限分别为 $0.50mg/m^3$ 或 $1.00mg/m^3$。当空气中臭氧质量浓度超过该上限时，可适当减少采样体积。

3. 干扰与消除

空气中的二氧化氮可使臭氧的测定结果偏高，约为二氧化氮质量浓度的 6%。空气中二氧化硫、硫化氢、过氧乙酰硝酸酯（PAN）和氟化氢的质量浓度分别高于 $750\mu g/m^3$、

$110\mu g/m^3$、$1800\mu g/m^3$ 和 $2.5\mu g/m^3$ 时，干扰臭氧的测定。空气中氯气、二氧化氯的存在使臭氧的测定结果偏高。但在一般情况下，这些气体的浓度很低，不会造成显著误差。

4. 实验影响因素分析

① 靛蓝二磺酸钠标准溶液标定条件　市售靛蓝二磺酸钠（IDS）不纯，作为标准溶液使用时必须进行标定。可以溴酸钾-溴化钾为标准溶液在酸性条件下进行标定。加入硫酸溶液后反应开始，加入碘化钾后反应即终止。为了避免副反应发生，应严格控制培养箱（或水浴）温度（$16℃\pm1℃$）和反应时间（$35min\pm1.0min$）。须在溶液温度与培养箱（或水浴）温度达到平衡时再加入硫酸溶液，加入硫酸溶液后应立即盖塞，并开始计时。滴定过程中应避免阳光照射。

② 靛蓝二磺酸钠吸收液的体积　本方法为褪色反应，吸收液的体积直接影响测量的准确度，所以装入采样管中吸收液的体积必须准确，最好用移液管加入。采样后向容量瓶中转移吸收液应尽量完全（少量多次冲洗）。装有吸收液的采样管，在运输、保存和取放过程中应防止倾斜或倒置，避免吸收液损失。

5. 课前思考

① 本实验的影响因素有哪些？在实验中应如何减小实验误差？

② 实验中如何进行质量控制？

二、实验准备

1. 实验仪器

① 空气采样器：流量范围 $0.0\sim1.0L/min$，流量稳定。使用时，用皂膜流量计校准采样系统在采样前和采样后的流量，相对误差应小于$\pm5\%$。

② 多孔玻板吸收管：内装 10mL 吸收液，以 $0.50L/min$ 流量采气，玻板阻力应为 $4\sim5kPa$，气泡分散均匀。

③ 具塞比色管：10mL。

④ 生化培养箱或恒温水浴：温控精度为$\pm1℃$。

⑤ 水银温度计：精度为$\pm0.5℃$。

⑥ 分光光度计：具 20mm 比色皿，可于波长 610nm 处测量吸光度。

2. 实验试剂

① 溴酸钾标准储备液：$c(1/6KBrO_5)＝0.1000mol/L$。准确称取 1.3918g 溴化钾（优级纯，180℃下烘 2h），置于烧杯中，加入少量水溶解，移入 500mL 容量瓶中，用水稀释至标线。

② 溴酸钾-溴化钾标准溶液：$c(1/6KBrO_5)＝0.0100mol/L$。吸取 10.00mL 溴酸钾标准储备液于 100mL 容量瓶中，加入 1.0g 溴化钾，用水稀释至标线。

③ 硫代硫酸钠标准储备液：$c(Na_2S_2O_3)＝0.1000mol/L$。

④ 硫代硫酸钠标准工作液：$c(Na_2S_2O_3)＝0.0050mol/L$。临用前，取硫代硫酸钠标准储备液用新煮沸并冷却到室温的水准确稀释 20 倍。

⑤（1∶6）硫酸溶液。

⑥ 淀粉指示剂溶液：$\rho＝2.0g/L$。称取 0.20g 可溶性淀粉，用少量水调成糊状，慢慢倒入 100mL 沸水中，煮沸至溶液澄清。

⑦ 磷酸盐缓冲溶液：$c(KH_2PO_4\text{-}Na_2HPO_4) = 0.050mol/L$。称取 6.8g 磷酸二氢钾、7.1g 无水磷酸氢二钠，溶于水，稀释至 1000mL。

⑧ 靛蓝二磺酸钠标准储备液：称取 0.25g 靛蓝二磺酸钠（$C_{16}H_8O_8Na_2S_2$，IDS）溶于水，移入 500mL 棕色容量瓶内，用水稀释至标线，摇匀，在室温下于暗处存放 24h 后标定。此溶液在 20℃ 以下暗处存放可稳定 2 周。

⑨ 靛蓝二磺酸钠标准工作溶液：将标定后的 IDS 标准储备液用磷酸盐缓冲溶液逐级稀释成每毫升相当于 $1.00\mu g$ 臭氧的 IDS 标准工作溶液，此溶液于 20℃ 以下暗处存放可稳定 1 周。

标定方法：准确吸取 20.00mL IDS 标准储备液于 250mL 碘量瓶中，加入 20.00mL 溴酸钾-溴化钾溶液，再加入 50mL 水，盖好瓶塞，在 (16 ± 1)℃ 生化培养箱（或水浴）中放置至溶液温度与水浴温度平衡时，加入 5.0mL 硫酸溶液，立即盖塞、混匀并开始计时，于 (16 ± 1)℃ 下暗处放置 (35 ± 1.0)min 后，加入 1.0g 碘化钾，立即盖塞，轻轻摇匀至溶解，于暗处放置 5min，用硫代硫酸钠溶液滴定至棕色刚好褪去呈淡黄色，加入 5mL 淀粉指示剂溶液，继续滴定至蓝色褪去，终点为亮黄色。记录所消耗的硫代硫酸钠标准工作溶液的体积。

每毫升靛蓝二磺酸钠溶液相当于臭氧的质量浓度 $\rho(\mu g/mL)$ 由下式计算：

$$\rho = \frac{c_1V_1 - c_2V_2}{V}M(1/4O_3)\times 10^3$$

式中　　ρ——每毫升靛蓝二磺酸钠溶液相当于臭氧的质量浓度，$\mu g/mL$；

c_1——溴酸钾-溴化钾标准溶液的浓度，mol/L；

V_1——加入溴酸钾-溴化钾标准溶液的体积，mL；

c_2——滴定时所用硫代硫酸钠标准溶液的浓度，mol/L；

V_2——滴定时所用硫代硫酸钠标准溶液的体积，mL；

V——IDS 标准储备液的体积，mL；

$M(1/4O_3)$——$1/4O_3$ 的摩尔质量，为 12g/mol。

注：达到平衡的时间与温差有关，可以预先用相同体积的水代替溶液，加入碘量瓶中，放入温度计观察达到平衡所需要的时间。

⑩ IDS 吸收液：取适量 IDS 标准储备液，根据空气中臭氧质量浓度的高低，用磷酸盐缓冲溶液稀释成每毫升相当于 $2.5\mu g$（或 $5.0\mu g$）臭氧的 IDS 吸收液，此溶液于 20℃ 以下暗处可保存 1 个月。

三、实验操作

（一）样品处理

1. 样品的采集与保存

用内装 (10.00 ± 0.02)mL IDS 吸收液的多孔玻板吸收管，罩上黑色避光套，以 0.5L/min 流量采气 5～30L。当吸收液褪色约 60% 时（与现场空白样品比较），应立即停止采样。

注：样品在运输及存放过程中应严格避光。当确信空气中臭氧的质量浓度较低，不会穿透时，可以用棕色玻板吸收管采样。样品于室温下暗处存放至少可稳定 3d。

2. 现场空白样品

用同一批配制的 IDS 吸收液，装入多孔玻板吸收管中，带到采样现场。除了不采集空气样品外，其他环境条件保持与采集空气的采样管相同。

（二）分析步骤

1. 绘制校准曲线

① 取 10mL 具塞比色管 6 支，按表 6-6 制备臭氧的标准系列。

表 6-6　臭氧的标准系列

管号	1	2	3	4	5	6
IDS 标准溶液体积/mL	10.00	8.00	6.00	4.00	2.00	0.00
磷酸盐缓冲溶液体积/mL	0.00	2.00	4.00	6.00	8.00	10.0
臭氧质量浓度/(μg/mL)	0.00	0.20	0.40	0.60	0.80	1.00

② 各管摇匀，用 20mm 比色皿，以水作参比，在波长 610nm 处测量吸光度。

③ 以校准系列中零浓度管的吸光度（A_0）与各标准色列管的吸光度（A）之差为纵坐标，以臭氧质量浓度为横坐标，用最小二乘法计算校准曲线的回归方程：

$$y = bx + a \tag{6-13}$$

式中　y——$A_0 - A$，即空白样品的吸光度与各标准色列管的吸光度之差；

　　　x——臭氧质量浓度，μg/mL；

　　　b——回归方程的斜率，吸光度·mL/μg；

　　　a——回归方程的截距。

2. 样品测定

采样后，在吸收管的入气口端串接一个玻璃尖嘴，在吸收管的出气口端用吸耳球加压将吸收管中的样品溶液移入 25mL（或 50mL）容量瓶中，用水多次洗涤吸收管，使总体积为25.0mL（或 50.0mL）。用 20mm 比色皿，以水作参比，在波长 610nm 处测量吸光度。

四、数据处理及评价

1. 结果计算

$$\rho(O_3) = \frac{(A_0 - A - a)V}{bV_0} \tag{6-14}$$

式中　$\rho(O_3)$——空气中臭氧的质量浓度，mg/m^3；

　　　A_0——现场空白样品吸光度的平均值；

　　　A——样品的吸光度；

　　　b——标准曲线的斜率；

　　　a——标准曲线的截距；

V——样品溶液的总体积，mL；

V_0——换算为参比状态（101.325kPa，298.15K）时的采样体积，L。

注：所得结果精确至小数点后三位。

2. 结果评价

① 按实验报告要求记录实验结果，并分析结果的正确性。

② 根据污水来源，结合排放标准，进行结果评价。

五、创新设计实验

 拓展阅读

选择化学实验室、空调房间、紫外灯消毒间、复印机间等空间进行臭氧含量测量，并依据我国发布的《室内空气质量标准》进行评价，结合实际情况，针对臭氧浓度超过限值的空间提出合理的解决方案。

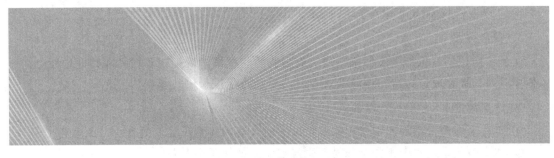

第七章

土壤污染监测

实验二十一　土壤中农药（六六六和滴滴涕）残留量的测定

📚 **学习目标**　　　　　　　　　　　　📖 **教学课件**　　✦ **思维导图**

1. 熟悉土壤样品中六六六、滴滴涕提取方法。

2. 掌握气相色谱法测定六六六、滴滴涕的原理和方法、监测操作技术，在监测过程中注意采取适当的质量控制措施。

3. 熟练数据处理方法，对结果正确表达，合理分析、评价。

一、自主学习导航

六六六的化学名称为六氯环己烷，滴滴涕的化学名称为二氯二苯基三氯乙烷，均有多种异构体，属于高毒性、高生物活性的有机氯农药，为持久性有机污染物，具有致癌、致畸、致突变作用。

由于价格低廉、杀虫效果显著，这些农药曾被广泛应用于农业生产，虽然已被禁用多年，但因其化学稳定性强，难降解，具有高残留性、生物蓄积等特性，可长期存在于各种土壤中，并可迁移、沉积，成为土壤污染的一种主要来源。土壤中六六六、滴滴涕残留的分析监测有助于深入了解其在土壤中的动态及污染状况，对生态环境保护以及绿色生态农业的发展具有十分重要的意义。

1. 实验原理

土壤样品中的六六六和滴滴涕残留量分析采用有机溶剂丙酮-正己烷提取，经液液分配及浓硫酸净化或柱色谱分离净化除去干扰物质，用带电子捕获检测器（ECD）的气相色谱仪测定其含量，根据色谱峰的保留时间定性，根据峰高（或峰面积）外标法定量。

2. 方法的适用范围　　　　　　　　　　　　　　　　　📄 **标准**

本实验方法参照《土壤和沉积物　有机氯农药的测定　气相色谱法》（HJ 921—2017），方法适用于土壤样品中有机氯农药残留量的分析，当取样量为 10.0mL 时，方法检出限为

$0.04\sim0.09\mu g/kg$，测定下限为 $0.16\sim0.36\mu g/kg$。

3. 安全提示

实验中所用的有机溶剂及标准物质为有毒物质，标准溶液配制及样品前处理过程应在通风橱中进行；操作时应按规定佩戴防护器具，避免直接接触皮肤和衣物。

4. 课前思考

① 有机氯农药含量的测定常用哪些提取方法？请简述索氏提取的方法、原理和步骤。

② 本实验测定过程中哪些步骤易产生误差？应如何减小误差？

二、实验准备

（一）仪器和试剂

1. 实验仪器

① 气相色谱仪：带电子捕获检测器。

② 色谱柱

色谱柱 1：柱长 30m，内径 0.32mm，膜厚 0.25μm，固定相为 5％聚二苯基硅氧烷和 95％聚二甲基硅氧烷，或其他等效的色谱柱。

色谱柱 2：柱长 30m，内径 0.32mm，膜厚 0.25μm，固定相为 14％聚苯基氰丙基硅氧烷和 86％聚二甲基硅氧烷，或其他等效的色谱柱。

③ 提取装置：微波萃取装置、索式提取装置、加压流体萃取装置或具有相当功能的设备，所有接口处严禁使用油脂润滑剂。

④ 浓缩装置：氮吹仪、旋转蒸发器、K-D 浓缩仪或具有相当功能的设备。

⑤ 采样瓶：广口棕色瓶或聚四氟乙烯衬垫螺口玻璃瓶。

⑥ 一般实验室常用仪器和设备。

2. 实验试剂

① 载气：氮气，纯度≥99.999％。

② 二氯甲烷：色谱纯。

③ 无水硫酸钠：优级纯。450℃下烘干 4h，放入干燥器中备用。

④ 正己烷：色谱纯。

⑤ 丙酮：色谱纯。

⑥ 丙酮-正己烷混合溶剂Ⅰ：1:1。

⑦ 丙酮-正己烷混合溶剂Ⅱ：1:9。

⑧ 农药标准品：纯度为 98.0％～99.0％。

⑨ 农药标准储备液：$\rho=10\sim100mg/L$。准确称取农药标准品每种 $100\sim1000mg$（准确到±0.0001g），溶于正己烷，在 100mL 容量瓶中定容至刻度，在冰箱中贮存。

⑩ 农药标准使用液：$\rho=1.0mg/L$。用移液管分别量取农药标准溶液，用正己烷稀释配制成标准使用液，在 4℃下贮存，保存期为半年。

⑪ 硅酸镁固相萃取柱：市售，1000mg/6mL。

⑫ 石英砂：50～20 目。450℃下烘烤 4h，放入干燥器中备用。

⑬ 硅藻土：400～100 目。450℃下烘烤 4h，放入干燥器中备用。

⑭ 玻璃棉或玻璃纤维滤膜：400℃下烘烤 1h，冷却后密封保存。

（二）样品的采集和保存

采集有代表性的土壤样品，采集后的样品保存在预先清洗洁净的采样瓶中，尽快运回实验室分析，运输过程中应密封避光。如暂不能分析，应在 4℃ 以下冷藏保存，保存时间为 14d。

三、实验操作

（一）样品前处理

1. 样品的制备和水分测定

除去样品中的异物（石子、叶片等），称取两份 10g（精确到 0.01g）的样品。一份用于测定干物质含量；另一份加入适量无水硫酸钠，研磨均化成流砂状脱水。如果用加压流体萃取法提取，则用硅藻土脱水。参照"实验二十三　土壤中铜的测定"进行水分的测定。

2. 试样的提取

可采用微波萃取法或索氏提取法，方法如下。

（1）微波萃取　将样品全部转移至萃取罐中，加入 30mL 丙酮-正己烷混合溶剂（Ⅰ），设置萃取温度为 110℃，微波萃取 10min，离心或过滤后收集提取液。

（2）索氏提取　将样品全部转移至索氏提取器纸质套筒中，加入 100mL 丙酮-正己烷混合溶剂（Ⅰ），提取 16～18h，约 3～4 次/h，离心或过滤后收集提取液。

3. 试样的脱水、浓缩、净化

在玻璃漏斗上垫一层玻璃棉或玻璃纤维滤膜，铺加约 5g 无水硫酸钠，然后将提取液经漏斗直接过滤到浓缩装置中，再用约 5～10mL 丙酮-正己烷混合溶剂Ⅰ充分洗涤盛装提取液的容器，经漏斗过滤到上述浓缩装置中。

在 45℃ 以下将脱水后的提取液浓缩到 1mL，待净化。如需更换溶剂体系，则将提取液浓缩至 1.5～2.0mL 后，用 5～10mL 正己烷置换，再将提取液浓缩到 1mL，待净化。

用约 8mL 正己烷洗涤硅酸镁固相萃取柱，保持硅酸镁固相萃取柱内吸附剂表面浸润。用吸管将浓缩后的提取液转移到硅酸镁固相萃取柱上停留 1min 后，弃去流出液。加入 2mL 丙酮-正己烷混合溶剂Ⅱ并停留 1min，用 10mL 小型浓缩管接收淋洗液，继续用丙酮-正己烷混合溶剂Ⅰ洗涤小柱，至接收的淋洗液体积到 10mL 为止。

将净化后的淋洗液按"浓缩"的步骤浓缩并定容至 1.0mL，再转移至 2mL 样品瓶中，待分析。

4. 空白试样制备

用石英砂代替实际样品，按与试样制备的相同步骤制备空白试样。

（二）分析步骤

1. 气相色谱仪参考条件

① 进样口温度：220℃。

② 进样方式：不分流进样至 0.75min 后打开分流，分流出口流量为 60mL/min。

③ 载气：高纯氮气，2.0mL/min，恒流。

④ 尾吹气：高纯氮气，20mL/min。

⑤ 柱温升温程序：初始温度100℃，以15℃/min升温至220℃，保持5min，以15℃/min升温至260℃，保持20min。

⑥ 检测器温度：280℃。

⑦ 进样量：1.0μL。

2. 标准曲线的绘制

分别量取适量的农药标准使用液，用正己烷稀释，配制标准系列，农药的质量浓度分别为5.0μg/L、10.0μg/L、20.0μg/L、50.0μg/L、100μg/L、200μg/L 和 500μg/L（此为参考浓度）。

按仪器条件由低浓度到高浓度依次对标准系列溶液进行进样、检测，记录目标物的保留时间、峰高或峰面积。以标准系列溶液中目标物浓度为横坐标，以其对应的峰高或峰面积为纵坐标，绘制标准曲线。

3. 试样的测定

按照与标准曲线绘制相同的仪器分析条件，进行试样的测定。

4. 空白试样的测定

按照与试样测定相同的仪器分析条件，进行空白试样的测定。

实验废液处理提示：本实验产生的废液含有害物质，应统一收集，委托有资质的单位集中处理。

四、数据处理及评价

1. 结果计算

① 根据绘制的标准曲线，按照目标物的峰面积或峰高，采用外标法定量。

② 土壤中的目标物含量 ω_t（μg/kg）按式(7-1) 计算：

$$\omega_t = \frac{\rho V}{m w_{dm}} \tag{7-1}$$

式中　ω_t——土壤样品中的目标物含量，μg/kg；

ρ ——由标准曲线计算所得试样中目标物的质量浓度，μg/L；

m——称取样品的质量，g；

V——试样的定容体积，mL；

w_{dm}——样品中的干物质含量，%。

注：当测定结果小于 1.00μg/kg 时，结果保留至小数点后二位；当测定结果大于等于 1.00μg/kg 时，结果保留至小数点后三位。

2. 结果评价

① 按实验报告要求记录实验结果，并分析结果的正确性。

② 根据实验结果，结合土壤环境质量标准，进行评价。

五、创新设计实验

拓展阅读

气相色谱法是土壤中六六六和滴滴涕等有机氯农药残留的常用测定方法，针对这种方法，学者们进行了大量的研究，现已报道的方法有全自动索氏提取-气相色谱法、基质固相分散-加速溶剂萃取-气相色谱法、凝胶色谱净化-气相色谱法、超声波提取-气相色谱法、微波萃取-气相色谱法等。请从上述方法中选择1~2种方法进行实验设计，与本实验方法进行比较，说明各自的适用范围和特点。

实验二十二　土壤中多环芳烃的污染情况测定

📚 **学习目标**　　　　　　　　　　　　📽 **教学课件**　🔗 **思维导图**

1. 学会多环芳烃的测定原理与方法（高效液相色谱法）、监测操作技术，在监测过程中注意采取适当的质量控制措施。

2. 熟悉土壤和沉积物样品的采样、保存技术。

3. 熟练数据处理方法，对结果正确表达，合理分析、评价。

一、自主学习导航

多环芳烃（polycyclic aromatic hydrocarbons，PAHs）是含有两个及两个以上苯环以稠环形式相连的碳氢化合物以及由它们衍生出的各种化合物的总称。一般认为，多环芳烃主要是由煤、石油、木材、气体等燃料不完全燃烧及还原条件下热分解产生的，主要工业污染源是焦化、石油炼制、炼钢等工业排放的废水和废气。

多环芳烃大多是无色或淡黄色结晶，个别具深色，熔点和沸点较高，蒸气压很小，极不易溶于水，易溶于有机溶剂，化学性质稳定，具有毒性、遗传毒性、突变性和致癌性，是发现最早且数量最多的具有致癌性的系列性化学物种。由于PAHs具有亲脂性、半挥发性和长距离迁移能力，释放到环境中的PAHs可以直接进入土壤或者通过大气传输，以干、湿沉降的方式进入土壤和水体，进而通过食物链、皮肤接触、呼吸摄入等方式进入人体。PAHs具有致癌、致畸、致突的"三致"作用，进入人体后对人体健康造成严重威胁。其中，萘、荧蒽、苯并 [b] 荧蒽、苯并 [k] 荧蒽、苯并 [a] 芘、茚并 [1,2,3-c,d] 芘、苯并 [g,h,i] 芘 7 种 PAHs 被我国生态环境部列入优先污染物黑名单。

1. 实验原理

土壤样品中多环芳烃用适合的萃取方法（索氏提取、加压流体萃取等）提取，根据样品基体干扰情况采取合适的净化方法（硅胶色谱分离柱、硅胶或硅酸镁固相萃取柱等）对萃取液进行净化、浓缩、定容，用配备紫外/荧光检测器的高效液相色谱仪分离检测，以保留时间定性，以外标法定量。

2. 方法的适用范围

📄 **标准**

此测定方法适用于土壤中 16 种多环芳烃的测定，包括萘、苊烯、苊、芴、菲、蒽、荧蒽、芘、苯并 [a] 蒽、䓛、苯并 [b] 荧蒽、苯并 [k] 荧蒽、苯并 [a] 芘、二苯并 [a,h] 蒽、

苯并 $[g,h,i]$ 苝、茚并 $[1,2,3-c,d]$ 芘。

当取样量为 10.0g，定容体积为 1.0mL 时，用紫外检测器测 16 种多环芳烃的方法检出限为 3～5μg/kg，测定下限为 12～20μg/kg；用荧光检测器测定 16 种多环芳烃的方法检出限为 0.3～0.5μg/kg，测定下限为 1.2～2.0μg/kg。详见表 7-1。

表 7-1　方法的检出限和测定下限

出峰顺序	化合物名称	检出限/(μg/kg)		测定下限/(μg/kg)	
		荧光检测器	紫外检测器	荧光检测器	紫外检测器
1	萘	0.3	3	1.2	12
2	苊烯	—	3	—	12
3	苊	0.5	3	2.0	12
4	芴	0.5	5	2.0	20
5	菲	0.4	5	1.6	20
6	蒽	0.3	4	1.2	16
7	荧蒽	0.5	5	2.0	20
8	芘	0.3	3	1.2	12
9	苯并[a]蒽	0.3	4	1.2	16
10	䓛	0.3	3	1.2	12
11	苯并[b]荧蒽	0.5	5	2.0	20
12	苯并[k]荧蒽	0.4	5	1.6	20
13	苯并[a]芘	0.4	5	1.6	20
14	二苯并[a,h]蒽	0.5	5	2.0	20
15	苯并[g,h,i]苝	0.5	5	2.0	20
16	茚并[1,2,3-c,d]芘	0.5	4	2.0	16

3. 实验安全提示

本实验所涉及的部分多环芳烃为强致癌物，操作时应按规定要求佩戴防护器具，避免接触皮肤和衣服。溶液配制及样品预处理过程应在通风橱内操作。实验要求有合适的安全设备，并且操作人员应正确掌握使用技术，否则不能进行实验。

4. 课前思考

① 本实验有哪些操作易产生误差？应如何避免？

② 样品在预处理时为什么要净化？

二、实验准备

(一) 仪器和试剂

1. 实验仪器

① 高效液相色谱仪：配备紫外检测器或荧光检测器，具有梯度洗脱功能。

② 色谱柱：填料为 ODS（十八烷基硅烷键合硅胶），粒径 5μm，柱长 250mm、内径 4.6mm 的反相色谱柱或其他性能相近的色谱柱。

③ 提取装置：索氏提取器或其他同等性能的设备。

④ 浓缩装置：氮吹浓缩仪或其他同等性能的设备。

⑤ 固相萃取装置。

⑥ 一般实验室常用的仪器和设备。

2. 实验试剂

① （1∶1）丙酮-正己烷混合溶液：用丙酮（CH_3COCH_3）和正己烷（C_6H_{14}）按 1∶1 的体积比混合。

② （2∶3）二氯甲烷-正己烷混合溶液：用二氯甲烷（CH_2Cl_2）和正己烷（C_6H_{14}）按 2∶3 的体积比混合。

③ （1∶1）二氯甲烷-正己烷混合溶液：用二氯甲烷（CH_2Cl_2）和正己烷（C_6H_{14}）按 1∶1 的体积比混合。

④ 多环芳烃标准储备液：$\rho=100\sim2000mg/L$。购买市售有证标准溶液，于 4℃ 下冷藏、避光保存，或参照标准溶液证书进行保存，使用时应恢复至室温并摇匀。

⑤ 多环芳烃标准使用液：$\rho=10.0\sim200mg/L$。移取 1.0mL 多环芳烃标准储备液④于 10mL 棕色容量瓶中，用乙腈（CH_3CN）稀释并定容至刻度，摇匀，转移至密实瓶中于 4℃ 下冷藏、避光保存。

⑥ 十氟联苯储备液：$\rho=1000mg/L$。称取十氟联苯（$C_{12}F_{10}$）0.025g（精确到 0.001g），用乙腈溶解并定容至 25mL 棕色容量瓶中，摇匀，转移至密实瓶中于 4℃ 下冷藏、避光保存。或购买市售有证标准溶液。

⑦ 十氟联苯使用液：$\rho=40\mu g/mL$。移取 1.0mL 十氟联苯储备液于 25mL 棕色容量瓶中，用乙腈稀释并定容至刻度，摇匀，转移至密实瓶中于 4℃ 下冷藏、避光保存。

⑧ 干燥剂：无水硫酸钠（Na_2SO_4）或粒状硅藻土。置于马弗炉中在 400℃ 下烘 4h，冷却后置于磨口玻璃瓶中密封保存。

⑨ 硅胶：粒径 $75\sim150\mu m$（200～100 目）。使用前，应置于平底托盘中，以铝箔松覆，于 130℃ 下活化至少 16h。

⑩ 玻璃色谱分离柱：内径约 20mm，长 10～20cm，带四氟乙烯活塞。

⑪ 硅胶固相萃取柱：1000mg/6mL。

⑫ 硅酸镁固相萃取柱：1000mg/6mL。

⑬ 石英砂：粒径 $150\sim830\mu m$（100～20 目），使用前须检验，确认无干扰。

⑭ 玻璃棉或玻璃纤维滤膜：在马弗炉中于 400℃ 下烘 1h，冷却后置于磨口玻璃瓶中密封保存。

⑮ 氮气：纯度≥99.999％。

（二）样品的采集和保存

样品应于洁净的棕色磨口玻璃瓶中保存，运输过程中应避光、密封、冷藏。如不能及时分析，应于 4℃ 以下冷藏、避光和密封保存，保存时间为 7d。

三、实验操作

（一）试样的制备

除去样品中的枝棒、叶片、石子等异物，称取样品 10g（精确到 0.01g），加入适量无水硫酸钠，研磨均化成流沙状。如果使用加压流体提取，则用粒状硅藻土脱水。

注：也可以采用冷冻干燥的方式对样品脱水，将冻干后的样品研磨、过筛，均化处理成约 1mm 的颗粒。

1. 提取

将制备好的试样放入玻璃套管或纸质套管内，加入 $50.0\mu L$ 十氟联苯使用液，将套管放入索氏提取器中。加入 100mL 丙酮-正己烷混合溶液，以每小时不少于 4 次的回流速度提取 $16\sim18h$。

注：套管规格根据样品量而定。

2. 过滤和脱水

在玻璃漏斗上垫一层玻璃棉或玻璃纤维滤膜，加入约 5g 无水硫酸钠，将提取液过滤到浓缩器皿中。用适量丙酮-正己烷混合溶液洗涤提取容器 3 次，再用适量丙酮-正己烷混合溶液冲洗漏斗，洗液并入浓缩器皿中。

3. 浓缩

氮吹浓缩法：开启氮气至溶剂表面有气流波动（避免形成气涡），用正己烷多次洗涤氮吹过程中已经露出的浓缩器壁，将过滤和脱水后的提取液浓缩至约 1mL。如不需净化，加入约 3mL 乙腈，再浓缩至约 1mL，将溶剂完全转化为乙腈。如需净化，加入约 5mL 正己烷并浓缩至约 1mL。重复此浓缩过程 3 次，将溶剂完全转化为正己烷，再浓缩至约 1mL，待净化。

注：也可采用旋转蒸发浓缩或其他浓缩方式。

4. 净化

（1）硅胶色谱分离柱净化

① 硅胶柱制备　在玻璃色谱分离柱的底部加入玻璃棉，再加入 10mm 厚的无水硫酸钠，用少量二氯甲烷进行冲洗。玻璃色谱分离柱上置一玻璃漏斗，加入二氯甲烷直至充满色谱分离柱，漏斗内存留部分二氯甲烷，称取约 10g 硅胶经漏斗加入色谱分离柱，以玻璃棒轻敲色谱分离柱，除去气泡，使硅胶填实。放出二氯甲烷，在色谱分离柱上部加入 10mm 厚的无水硫酸钠。

② 净化　用 40mL 正己烷预淋洗色谱分离柱，淋洗速度控制在 2mL/min，在顶端无水硫酸钠暴露于空气中之前，关闭色谱分离柱底端聚四氟乙烯活塞，弃去流出液。将浓缩后的约 1mL 提取液移入色谱分离柱，用 2mL 正己烷分 3 次洗涤浓缩器皿，洗液全部移入色谱分离柱，在顶端无水硫酸钠暴露于空气中之前，加入 25mL 正己烷继续淋洗，弃去流出液。用 25mL 二氯甲烷-正己烷混合溶液洗脱，洗脱液收集于浓缩器皿中，用氮吹浓缩法（或其他浓缩方式）将洗脱液浓缩至约 1mL，加入约 3mL 乙腈，再浓缩至 1mL 以下，将溶剂完全转化为乙腈，并准确定容至 1.0mL，待测。净化后的待测试样如不能及时分析，应于 4℃下冷藏、避光、密封保存，30d 内完成分析。

（2）固相萃取柱净化（填料为硅胶或硅酸镁）　用固相萃取柱作为净化柱，将其固定在固相萃取装置上。用 4mL 二氯甲烷冲洗净化柱，再用 10mL 正己烷平衡净化柱，待柱充满后关闭流速控制阀浸润 5min，打开控制阀，弃去流出液。在溶剂流干之前，将浓缩后的约 1mL 提取液移入柱内，用 3mL 正己烷分 3 次洗涤浓缩器皿，洗液全部移入柱内，用 10mL 二氯甲烷-正己烷混合溶液进行洗脱，待洗脱液浸满净化柱后关闭流速控制阀，浸润 5min，再打开控制阀，接收洗脱液至完全流出。用氮吹浓缩法将洗脱液浓缩至约 1mL，加入约

3mL 乙腈，再浓缩至 1mL 以下，将溶剂完全转化为乙腈，并准确定容至 1.0mL，待测。净化后的待测试样如不能及时分析，应于 4℃下冷藏、避光、密封保存，30d 内完成分析。

5. 空白试样制备

用石英砂代替实际样品，按照与试样制备的相同步骤制备空白试样。

(二) 分析步骤

仪器参考条件如下。

进样量：10μL。

柱温：35℃。

流速：1.0mL/min。

流动相 A：乙腈。

流动相 B：水。

梯度洗脱程序见表 7-2。

表 7-2 梯度洗脱程序

时间/min	流动相 A/%	流动相 B/%
0	60	40
8	60	40
18	100	0
28	100	0
28.5	60	40
35	60	40

检测波长：根据不同待测物的出峰时间选择其紫外检测波长、最佳激发波长和最佳发射波长，编制波长变换程序。16 种多环芳烃在紫外检测器上对应的最大吸收波长及在荧光检测器特定条件下的最佳激发和发射波长见 7-3。

表 7-3 目标物对应的紫外检测波长和荧光检测波长　　　　　　　　单位：nm

序号	组分名称	最大紫外吸收波长	推荐紫外吸收波长	推荐激发波长 λ_{ex}/发射波长 λ_{em}	最佳激发波长 λ_{ex}/发射波长 λ_{em}
1	萘	220	220	280/324	280/334
2	苊烯	229	230	—	—
3	苊	261	254	280/324	268/308
4	芴	229	230	280/324	280/324
5	菲	251	254	254/350	292/366
6	蒽	252	254	254/400	253/402
7	荧蒽	236	230	290/460	360/460
8	芘	240	230	336/376	336/376
9	苯并[a]蒽	287	290	275/385	288/390
10	䓛	267	254	275/385	268/383

序号	组分名称	最大紫外吸收波长	推荐紫外吸收波长	推荐激发波长 λ_{ex}/发射波长 λ_{em}	最佳激发波长 λ_{ex}/发射波长 λ_{em}
11	苯并[b]荧蒽	256	254	305/430	300/436
12	苯并[k]荧蒽	307、240	290	305/430	308/414
13	苯并[a]芘	296	290	305/430	296/408
14	二苯并[a,h]蒽	297	290	305/430	297/398
15	苯并[g,h,i]苝	210	220	305/430	300/410
16	茚并[$1,2,3-c,d$]芘	250	254	305/500	302/506
17	十氟联苯	228	230	—	—

注：荧光检测器不适用于苊烯和十氟联苯的测定。

1. 校准曲线的绘制

分别量取适量的多环芳烃标准使用液，用乙腈稀释，制备至少 5 个浓度点的标准系列，多环芳烃的质量浓度分别为 0.04μg/mL、0.10μg/mL、0.50μg/mL、1.00μg/mL 和 5.00μg/mL（此为参考浓度），同时取 50.0μL 十氟联苯使用液，加入标准系列中。十氟联苯的质量浓度为 2.00μg/mL，贮存于棕色进样瓶中，待测。

由低浓度到高浓度依次对标准系列溶液进样，以标准系列溶液中目标组分浓度为横坐标，以其对应的峰面积（峰高）为纵坐标，绘制校准曲线。

注：校准曲线的相关系数≥0.995，否则重新绘制校准曲线。

2. 测定

（1）试样测定　按照与绘制校准曲线相同的仪器分析条件进行测定。

（2）空白试验　按照与试样测定相同的仪器分析条件进行空白试样的测定。

> **实验废液处理提示**：本实验产生的废液含甲醛等有害物质，应统一收集，委托有资质的单位集中处理。

四、数据处理及评价

1. 目标化合物的定性分析

以目标化合物的保留时间定性，必要时可采用标准样品添加法、不同波长下的吸收比、紫外谱图扫描等方法辅助定性。

2. 结果计算

土壤样品中多环芳烃的含量（μg/kg）按照式（7-2）进行计算。

$$\omega_i = \frac{\rho_i V}{m w_{dm}} \tag{7-2}$$

式中　ω_i——样品中组分 i 的含量，μg/kg；

ρ_i——由标准曲线计算所得组分 i 的浓度，μg/mL；

V——定容体积，mL；

m——样品量（湿重），kg；

w_{dm}——土壤样品中干物质含量，%。

十氟联苯的回收率（%）按照式(7-3)进行计算。

$$p = \frac{A_1 \rho_2 V_2}{A_2 \rho_1 V_1 \times 10^{-3}} \times 100\% \qquad (7\text{-}3)$$

式中　　p——十氟联苯的回收率，%；

A_1——试样中十氟联苯的峰面积；

A_2——标准系列中十氟联苯的峰面积；

ρ_1——十氟联苯使用液的质量浓度，$40\mu g/mL$；

ρ_2——标准系列中十氟联苯的质量浓度，$2\mu g/mL$；

V_1——试样中加入十氟联苯使用液的体积，$50.0\mu L$；

V_2——试样定容体积，mL。

注：当测定结果大于或等于 10μg/kg 时，保留三位有效数字；当测定结果小于 10μg/kg 时，结果保留至小数点后 1 位。苊烯保留整数位，最多保留三位有效数字。

3. 结果评价

① 按实验报告要求记录实验结果，并分析结果的正确性。

② 根据实验结果，结合土壤环境质量标准，进行结果评价。

五、实验注意事项

① 空白分析　每次分析至少做一个实验室空白实验和一个全程空白实验，以检查可能存在的干扰，其目标化合物的测定值不得高于方法的检出限。

② 平行样测定　每 20 个样品须分析一个平行样。平行双样测定结果的相对偏差应≤30%。

③ 校准

a. 初始校准。初次使用仪器，或在仪器维修、更换色谱柱或连续校准不合格时，须重新绘制校准曲线，进行初始校准。

b. 连续校准。每 20 个样品须用校准曲线的中间浓度点进行 1 次连续校准。连续校准的相对误差应≤20%，否则应查找原因，或重新绘制校准曲线。c_c 与校准点 c_i 的相对误差（D）按照式(7-4)计算：

$$D = \frac{c_c - c_i}{c_i} \times 100\% \qquad (7\text{-}4)$$

式中　D——c_c 与校准点 c_i 的相对误差，%；

c_i——校准点的质量浓度；

c_c——测定点的质量浓度。

④ 多环芳烃可随溶剂一起挥发从而黏附于具塞瓶的外部，因此处理含多环芳烃的容器及实验操作中必须使用防护手套。

⑤ 被多环芳烃污染的容器可用紫外灯在 360nm 紫外线下检查，并置于铬酸、浓硫酸洗液中浸泡 4h。

六、创新设计实验

土壤中多环芳烃含量测定过程中的萃取方法是影响实验测定准确度的关键因素，本实验采用索氏提取的方法进行提取。有报道显示，采用微波萃取方式进行提取也取得了很好的效果。请设计实验，比较这两种提取方式的效果（也可采用其他方式），并在此条件下适当优化色谱条件，提出最佳技术参数。

📖 拓展阅读

小知识

党的二十大报告中指出"加强土壤污染源头防控，开展新污染物治理"。你知道为什么要开展新污染物治理吗？

新污染物是指具有生物毒性、环境持久性、生物累积性等特征的有毒有害化学物质，主要来源于人工合成的化学物质。这些有毒有害化学物质对生态环境或者人体健康存在较大风险，但尚未纳入环境管理或者现有管理措施不足。目前，国际上广泛关注的新污染物有四大类：一是持久性有机污染物，二是内分泌干扰物，三是抗生素，四是微塑料。

新污染物环境风险是世界各国共同面对的环境问题。2022年5月，国务院办公厅印发《新污染物治理行动方案》，围绕国内外广泛关注的新污染物，提出了管控目标和行动举措。《行动方案》提出采取"筛、评、控"和"禁、减、治"的总体工作思路，开展环境风险筛查评估，动态发布重点管控新污染物清单，采取禁止、限制、限排等环境风险管控措施，对新污染物实施源头管控、过程控制和末端综合治理。

实验二十三　土壤中铜的测定

📚 学习目标　　　　　　　　　　📖 教学课件　　🔗 思维导图

1. 学会原子吸收光谱法测定土壤中金属铜的原理与方法、监测操作技术，在监测过程中注意采取适当的质量保证和控制措施。

2. 熟悉简单的土壤样品前处理方法。

3. 了解土壤中金属铜测定的国家标准方法，以及该标准中所包含的其他重金属组分的检测方法。

4. 熟练数据处理方法，对结果正确表达、合理分析，给予自己的实验结果正确的评价。

一、自主学习导航

土壤中的铜主要来自含铜矿物，如原生矿物黄铜矿等，次生矿物中也含有一定数量的铜。土壤矿物风化后释放出的铜离子大部分被有机物所吸附。在渍水条件下则形成硫化铜，当土壤变干时又被氧化成硫酸铜。此外，土壤中还可能存在着碳酸铜、硝酸铜和磷酸铜。

土壤中的铜常区分成水溶态铜、交换态铜、非交换态铜或专性吸附态铜、有机结合态铜和矿物态铜。它们在一定条件下互相转化。影响这种转化的主要因素为有机质、黏土矿物的性质、pH值和氧化还原条件。土壤中铜的测定方法主要有原子吸收分光光度法、比色法和ICP法。原子吸收分光光度法具有灵敏度高、选择性好、操作简便、快速的特点，是测定土壤中重金属元素的主要方法之一，根据含量的高低可分别采用火焰法或石墨炉法进行测定。

1. 实验原理

土壤经混合酸液消解后，将消解液稀释并定容至一定体积，取适量试液注入火焰原子吸收光谱仪中进行分析。试液中的铜在空气-乙炔火焰中被原子化，其基态原子对从铜元素空心阴极灯发射出来的特征谱线产生选择性吸收，其吸收强度在一定范围内与试液中铜的浓度成正比。

2. 方法的适用范围 标准

本实验所用方法参照《土壤和沉积物 铜、锌、铅、镍、铬的测定 火焰原子吸收分光光度法》（HJ 491—2019），此测定方法适用于土壤和沉积物中铜的测定。当取样量为 0.2g、消解后定容体积为 25mL 时，该法检出限为 1mg/kg，测定下限为 4mg/kg。

3. 实验影响因素分析

① 土壤样品制备　测定土壤中的金属时，需要先将新鲜土壤风干、研磨、筛分成一定粒径的干燥样品，然后在混酸和加热的条件下进行土壤样品的消解。因此，干燥土壤样品粒径的大小在很大程度上会影响样品消解效果，必须保证粒径尺寸符合实验要求。

② 消解温度　当用电热板加热聚四氟乙烯坩埚进行湿法消解时，加热板表面温度的控制对消解过程十分重要。由于电热板表面加热不均匀可能导致电热板不同位置的样品消解速度不一致，需要在消解过程中，不断观察各个坩埚里酸溶液的变化情况，并时常监测电热板温度是否达到方法要求，及时调整。

③ 样品消解完全的判断　消解完毕后，坩埚里剩余液体不能太多，一般情况为半透明状的液滴，根据不同土壤的基质情况，呈黄色或褐色。如未达到上述液滴状态，说明消解不完全，需要适当补加酸液，继续加热消解。

4. 实验安全提示

本方法所用消解试剂均为具有强氧化性、强腐蚀性的浓酸，而且氢氟酸和盐酸还具有较强的挥发性。在进行移取和转移酸液操作时，一定要按规定佩戴防护器具，包括手套、口罩和护目镜等，避免接触皮肤和衣服。若在消解过程中皮肤不慎接触酸蒸气或溅出的酸液，应立即用大量清水清洗；所有实验操作必须在通风橱内进行；检测后的残渣和废液应做妥善的安全处理。

5. 课前思考

学习 2019 年生态环境部发布的 HJ 491—2019 并思考以下问题：

① 本标准是对 GB/T 17138—1997 和 GB/T 17139—1997 两个标准的第一次修订以及对 HJ 491—2009 的第二次修订。请查阅标准并回答，新标准做了哪些方面内容的修订？

② 为了确保实验数据准确可靠，标准中规定了哪些质量保证和质量控制手段？

二、实验准备

（一）仪器和试剂

1. 实验仪器

① 火焰原子吸收分光光度计：配备铜元素空心阴极灯作为光源。

② 电热消解装置：温控电热板或石墨电热消解仪，温控精度±5℃。

③ 聚四氟乙烯坩埚：50mL。

④ 分析天平：感量为 0.1mg。

⑤ 一般实验室常用器皿和设备。

2. 实验试剂

除非另有说明，分析时均使用符合国家标准的优级纯试剂，实验用水为新制备的去离子水。

① 盐酸：$\rho(HCl)=1.19g/mL$。

② 硝酸：$\rho(HNO_3)=1.42g/mL$。

③ 氢氟酸：$\rho(HF)=1.49g/mL$。

④ 高氯酸：$\rho(HClO_4)=1.68g/mL$。

⑤ （1：1）盐酸溶液。

⑥ （1：1）硝酸溶液。

⑦ （1：99）硝酸溶液。

⑧ 金属铜：光谱纯。

⑨ 铜标准储备液：$\rho(Cu)=1000mg/L$。称取 1g（精确到 0.1mg）金属铜，用 30mL 硝酸溶液加热溶解，冷却后用水定容至 1L。贮存于聚乙烯瓶中，4℃以下冷藏保存，有效期两年。也可直接购买市售有证标准溶液。

⑩ 铜标准使用液：$\rho(Cu)=100mg/L$。准确移取铜标准储备液 10.00mL 于 100mL 容量瓶中，用硝酸溶液定容至标线，摇匀。贮存于聚乙烯瓶中，4℃以下冷藏保存，有效期一年。

⑪ 燃气：乙炔，纯度≥99.5%。

⑫ 助燃气：空气，进入燃烧器前应除去其中的水、油和其他杂质。

（二）样品的采集和保存

土壤样品按照 HJ/T 166 的相关要求进行采集和保存。一般情况采集表层土，采样深度为 0～20cm，必要时需要采集土壤剖面样品。注意样品尽量用竹片或竹刀去除与金属采样器接触的部分，避免采样器具的金属污染。用于环境监测的土壤样品，采样量一般大于 500g，在预设的采样单元，根据采样现场土壤的实际情况以梅花法、对角线法、蛇形法等方法采集 5 个或 5 个以上的样品，现场将样品混合均匀，即为一个点位采集的混合样。在运输过程中严防样品的损失、混淆和沾污。采集的潮湿新鲜土壤需要经过风干和研磨制样处理，制得粒径为 0.15mm（过 100 目筛）的干燥样品，以备分析测试用。风干室要求朝南（严防阳光直射土样），通风良好，整洁，无尘，无易挥发性化学物质。具体的研磨、筛分等制样操作详见 HJ/T 166—2004。

三、实验操作

（一）水分的测定

将 50mL 称量瓶连同盖子置于（105±5）℃下烘干 1h，稍冷，盖好盖子，然后置于干燥器中至少冷却 45min，测定带盖称量瓶的质量 m_0，精确至 0.01g。用样品勺将 10～15g 风干土壤试样转移至已称重的称量瓶中，盖好盖子，测定总质量 m_1，精确至 0.01g。取下盖子，将称量瓶和风干土壤试样一并放入烘箱中，在（105±5）℃下烘干至恒重，同时烘干称量瓶盖。烘干完毕后，盖上盖子，置于干燥器中至少冷却 45min，取出后立即测定带盖称量瓶和烘干土壤的总质量 m_2，精确至 0.01g。

土壤样品中的干物质含量 w_{dm} 和水分含量 w_{H_2O}，分别按照式（7-5）和式（7-6）进行计算。

$$w_{dm} = \frac{m_2 - m_0}{m_1 - m_0} \times 100\% \tag{7-5}$$

$$w_{H_2O} = \frac{m_1 - m_2}{m_2 - m_0} \times 100\% \tag{7-6}$$

式中　w_{dm}——土壤样品中干物质的含量，%；

　　　w_{H_2O}——土壤样品中水分的含量，%；

　　　m_0——带盖称量的质量，g；

　　　m_1——带盖称量瓶及风干土壤试样的总质量，g；

　　　m_2——带盖称量瓶及烘干土壤的总质量，g。

（二）分析步骤

1. 样品消解——电热板消解法

称取 0.2～0.3g（精确至 0.1mg）过 100 目筛的风干土壤样品于 50mL 聚四氟乙烯坩埚中，用少量水润湿后加入 10mL 盐酸，于通风橱内电热板上 90～100℃下加热，使样品初步分解，待消解液蒸发至剩余约 3mL 时，加入 9mL 硝酸，加盖加热至无明显颗粒，加入 5～8mL 氢氟酸，开盖，于 120℃下加热 30min，稍冷，加入 1mL 高氯酸，于 150～170℃下加热至冒白烟，加热时应经常摇动坩埚。若坩埚壁上有黑色碳化物，加入 1mL 高氯酸，加盖，继续加热至黑色碳化物消失，再开盖，加热赶酸至内容物呈不流动的液珠状（趁热观察）。加入 3mL 硝酸溶液，温热溶解可溶性残渣，全量转移至 25mL 容量瓶中，用硝酸溶液定容至标线，摇匀，保存于聚乙烯瓶中，静置，取上清液待测。于 30d 内完成分析。

注：土壤样品种类复杂，基体差异较大，在消解时视消解情况，可适当补加硝酸、高氯酸等酸，调整消解温度和时间等条件。同时，视样品实际情况，试样定容体积可适当调整，以满足仪器检测的浓度要求。

> **实验操作安全提示：**消解过程中酸蒸气会大量挥发，具有强烈腐蚀性，实验操作一定要在通风橱内进行，防止腐蚀实验室其他仪器。而且加酸、摇动和查看内容物时，要佩戴防酸碱手套和护目镜。

2. 空白试验

不称取样品，按照与上述样品消解相同的步骤进行空白试样的制备。

3. 仪器测量条件

根据仪器操作说明书调节仪器至最佳工作状态。参考测量条件如表 7-4 所示。

表 7-4　仪器参考测量条件

元素	光源	灯电流/mA	测定波长/nm	通带宽度/nm	火焰类型
铜	锐线光源（铜空心阴极灯）	5.0	324.7	1.0	中性

4. 标准曲线的绘制

分别移取铜标准使用液 0.00、0.1mL、0.5mL、1.00mL、3.00mL、5.00mL，置于 100mL 容量瓶中，用硝酸溶液定容至标线，配制成浓度为 0.00、0.1mg/L、0.5mg/L、1.00mg/L、3.00mg/L 和 5.00mg/L 的标准系列。

按照表 7-4 仪器参考测量条件，用标准曲线零浓度点调节仪器零点，由低浓度到高浓度依次测定标准系列的吸光度，以各元素标准系列质量浓度为横坐标，以相应的吸光度为纵坐标，绘制标准曲线。

注：可根据仪器灵敏度或试样的浓度调整标准系列范围，至少配制 6 个浓度点（含零浓度点）。

5. 样品测定

按照与标准曲线绘制相同的仪器条件进行样品和空白试样的测定。

四、数据处理及评价

1. 结果计算

土壤中铜的质量浓度 w_i（mg/kg）按照式（7-7）计算：

$$w_i = \frac{(\rho_i - \rho_{0i})V}{m w_{dm}} \qquad (7\text{-}7)$$

式中　w_i——土壤中铜的质量浓度，mg/kg；

　　　ρ_i——试样中铜的质量浓度，mg/L；

　　　ρ_{0i}——空白试样中铜的质量浓度，mg/L；

　　　V——消解后试样的定容体积，mL；

　　　m——土壤样品的称样量；

　　　w_{dm}——土壤样品的干物质含量，%。

注：当测定结果小于 100mg/kg 时，结果保留至整数位；当测定结果大于等于 100mg/kg 时，结果保留三位有效数字。

2. 结果表示

① 按实验报告要求记录实验结果，并分析结果的正确性。

② 根据实验中测得土壤中铜的质量浓度，结合土壤环境质量标准，进行结果评价。

五、实验注意事项

① 样品消解时应注意各种酸的加入顺序。

② 空白试样制备时的加酸量要与试样制备时的加酸量保持一致。

③ 若是样品基体复杂，可适当提高试样酸度，同时应注意标准曲线的酸度与试样酸度保持一致。

④ 对于基体复杂的土壤样品，测定时需采用仪器背景校正功能。

六、创新设计实验

测定土壤中铜的前处理方法通常有微波消解法和湿法快速消解法两种，请设计实验对比两种消解方法的效果，通过比较得到两种消解方法各自的优势、适合测定的条件，并提出消解过程中的合理化建议。

拓展阅读

●●● 知识拓展 ●●●

土壤中重金属（Cu 等）含量的检测是评价土壤污染程度的重要指标。一般来说，土壤中重金属超标主要是因为工业污染以及农作物施肥不当导致的重金属残留。这些重金属元素不但很难通过生物降解的自然作用消除，而且会通过食物链富集于人体，危害人体健康。因此，快速、准确地测定土壤中包括铜在内的其他重金属含量，确定土壤污染情况，具有重要意义。

土壤重金属检测逐步受到人们重视，其技术发展也同时受到关注。当前主要的技术方法为湿法消解法、干灰化消解法、微波消解法等。但湿法消解法存在反应时间长、试剂腐蚀性强、工作危险的问题；干灰化消解法存在反应时间长、易产生挥发性物质从而导致准确度下降的问题；鉴于以上原因，微波消解法应运而生，其具有加热速度快、升温高、消解能力强等优点，被广泛认可。微波消解法将会逐渐发展成土壤重金属检测的前处理的主要技术手段。相信，未来也会有更先进的技术应用到土壤重金属检测的前处理上面来。

其他污染监测

实验二十四　水中细菌总数和粪大肠菌群的测定

📖 学习目标　　　　　　　　　　　　　　📚 教学课件　⚙ 思维导图

1. 学会水中细菌总数和粪大肠菌群的测定原理与方法、监测操作技术，在监测过程中注意采取适当的质量控制措施。

2. 熟练数据处理方法，对结果正确表达，合理分析、评价。

一、自主学习导航

水中细菌的多少与水体受有机物污染的程度呈正相关。在水质评价中，细菌总数和大肠菌群数量是两个非常重要的检测指标。通过检测结果与卫生标准比对，可以从细菌学的角度，对饮用水及水源水的水质安全性做出判断。粪大肠杆菌是总大肠菌群的一部分，主要来自粪便。总大肠菌群既包括了来源于人类和其他温血动物粪便的粪大肠杆菌，还包括了其他非粪便的杆菌，故不能直接反映水体近期是否受到粪便污染。而粪大肠杆菌能更准确地反映水体受粪便污染的情况，是目前国际上通行的监测水质是否受粪便污染的指示菌，在卫生学上有更重要的意义。测定方法分为多管发酵法和滤膜法两种。

1. 实验原理

水中细菌总数的测定：细菌总数（total bacteria）是指 1mL 水样在普通营养琼脂培养基中，于 36℃下经 48h 培养后，所生长的需氧菌和兼性厌氧菌菌落总数，用平板菌落计数技术测定水中细菌总数。由于水中细菌总数种类繁多，它们对营养和其他生长条件的要求差别很大，不可能找到一种培养基在一种条件下，使水中所有的细菌均能生长繁殖，因此，以某种培养基平板上生长出来的菌落计算出来的水中细菌总数仅是近似值。目前一般是采用普通营养琼脂培养基，该培养基营养丰富，能使大多数细菌生长。除采用平板菌落计数法测定细菌总数外，现在已经有许多种快速、简便的微生物检测仪或试剂盒被用来测定水中细菌总数。

粪大肠菌群的测定：粪大肠菌群（fecal coliforms）又称耐热大肠菌群（thermotolerant coliforms），指在 44.5℃下培养 24h，能发酵乳糖产酸产气的需氧及兼性厌氧革兰氏阴性无芽孢杆菌。

测定主要包括初发酵和复发酵两个阶段，图 8-1 为多管发酵实验流程图。首先，将样品加入含乳糖蛋白胨培养基的试管中，37℃下初发酵富集培养，大肠菌群在培养基中生长繁殖，分解乳糖产酸产气，产生的酸使溴甲酚紫指示剂由紫色变为黄色，产生的气体进入倒管中，指示产气。44.5℃下复发酵培养，培养基中的胆盐三号可抑制革兰氏阳性菌的生长，最后产气的细菌被确定为粪大肠菌群。通过查 MPN 表，得出粪大肠菌群浓度值。

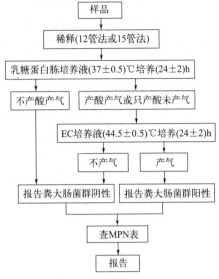

图 8-1　多管发酵实验流程图

MPN（most probable number）称为最大可能数，又称稀释培养计数，是一种基于泊松分布的间接计数法。利用统计学原理，根据一定体积不同稀释度样品经培养后产生的目标微生物阳性数，查表估算一定体积样品中目标微生物存在的数量（单位体积存在目标微生物的最大可能数）。

2. 方法的适用范围

 标准

实验中水中细菌总数的测定所用方法参考《水质　细菌总数的测定　平皿计数法》（HJ 1000—2018），方法适用于地表水、地下水、生活污水和工业废水中细菌总数的测定。粪大肠菌群的测定所用方法参考《水质　粪大肠菌群的测定　多管发酵法》（HJ 347.2—2018），方法适用于地表水、地下水、生活污水和工业废水中粪大肠菌群的测定。方法的检出限：12 管法为 3MPN/L；15 管法为 20MPN/L。

3. 干扰与消除

① 活性氯具有氧化性，能破坏微生物细胞内的酶活性，导致细胞死亡，可在样品采集时加入硫代硫酸钠溶液消除干扰。

② 重金属离子具有细胞毒性，能破坏微生物细胞内的酶活性，导致细胞死亡，可在样品采集时加入乙二胺四乙酸二钠溶液消除干扰。

4. 课前思考

① 通过学习梳理多管发酵法测定粪大肠菌群的程序和结果表示方法，思考实验误差来源。

② 控制粪大肠菌群指标值的意义是什么？为什么在地表水质量标准中改用粪大肠菌群指标代替总大肠菌群指标？

③ 实验中阴性和阳性对照的意义是什么？验证的是培养基吗？阴性对照的现象是什么？

④ 分析实验过程中误差来源。

二、实验准备

(一) 仪器和试剂

1. 实验用试剂

① 无菌水：取适量实验用水，经 121℃ 高压蒸汽灭菌 20min，备用。

② 硫代硫酸钠溶液：$\rho(Na_2S_2O_3 \cdot 5H_2O) = 0.10g/mL$。称取 15.7g 硫代硫酸钠溶于适

量水中，定容至 100mL，临用现配。

③ 乙二胺四乙酸二钠溶液：$\rho(C_{10}H_{14}N_2O_8Na_2 \cdot 2H_2O) = 0.15g/mL$。称取 15g 乙二胺四乙酸二钠溶于适量水中，定容至 100mL，此溶液可保存 30d。

2. 实验用培养基

（1）水中细菌总数　营养琼脂培养基：蛋白胨 10g，牛肉膏 3g，氯化钠 5g，琼脂 15~20g。配制方法：将上述成分溶解于 1000mL 水中，调节 pH 值至 7.4~7.6，分装于玻璃容器中，经 121℃高压蒸汽灭菌 20min，贮存于冷暗处备用。

（2）粪大肠菌群

① 乳糖蛋白胨培养基：蛋白胨 10g，牛肉浸膏 3g，乳糖 5g，氯化钠 5g。配制方法：将蛋白胨、牛肉浸膏、乳糖、氯化钠加热溶解于 1000mL 水中，调节 pH 值至 7.2~7.4，再加入 1.6%溴甲酚紫乙醇溶液 1mL，充分混匀，分装于含有倒置小玻璃管的试管中，115℃高压蒸汽灭菌 20min，贮存于冷暗处备用。

② 三倍乳糖蛋白胨培养基：称取三倍的乳糖蛋白胨培养基成分的量，溶于 1000mL 水中，配成三倍乳糖蛋白胨培养基，配制方法同上。

③ EC 培养基：胰胨 20g，乳糖 5g，胆盐三号 1.5g，磷酸氢二钾 4g，磷酸二氢钾 1.5g，氯化钠 5g。配制方法：将上述成分加热溶解于 1000mL 水中，然后分装于有玻璃倒管的试管中，于 115℃下高压蒸汽灭菌 20min，灭菌后 pH 值应在 6.9 左右。

注：以上三种配制好的培养基避光、干燥保存，必要时在（5±3）℃冰箱中保存，通常瓶装及试管装培养基不超过 3~6 个月。配制好的培养基要避免杂菌侵入和水分蒸发，当培养基颜色变化或体积变化明显时废弃不用。

3. 仪器设备

① 采样瓶：500mL 带螺旋帽或磨口塞的广口玻璃瓶。

② 高压蒸汽灭菌器：115℃、121℃可调。

③ 恒温培养箱或水浴锅：允许温度偏差（36±1）℃、（37±0.5）℃、（44±0.5）℃。

④ pH 计：准确到 0.1pH 单位。

⑤ 接种环：直径 3mm。

⑥ 试管：300mL、50mL、20mL。

⑦ 放大镜或菌落计数器。

注：玻璃器皿及采样器具试验前要按无菌操作要求包扎，于 121℃下高压蒸汽灭菌 20min 备用。

（二）样品的采集和保存

1. 样品采集

自来水：放水 3~5min，然后将龙头关闭，用火焰灼烧约 3min 灭菌或用 70%~75%的酒精对龙头进行消毒，开足龙头，再放水 1min，以充分除去水管中的滞留杂质。采样时控制水流速度，小心接入瓶内。

地表水：可握住瓶子下部直接将带塞采样瓶插入水中，距水面 10~15cm 处，瓶口朝水流方向，拔瓶塞，使样品灌入瓶内然后盖上瓶塞，将采样瓶从水中取出。如果没有水流，可握住瓶子水平往前推。采样量一般为采样瓶容量的 80%左右。样品采集完毕后，迅速扎上无菌包装纸。

注：① 采集微生物样品时，采样瓶不得用样品洗涤，采集样品于灭菌的采样瓶中。清洁水体的采样量不低于 400mL，其余水体采样量不低于 100mL。

② 如果采集的是含有活性氯的样品，需在采样瓶灭菌前加入硫代硫酸钠溶液，以除去活性氯对细菌的抑制作用（每 125mL 加入 0.1mL 的硫代硫酸钠溶液）；如果采集的是重金属离子含量较高的样品，则在采样瓶灭菌前加入乙二胺四乙酸二钠溶液，以消除干扰（每 125mL 加入 0.3mL 的乙二胺四乙酸二钠溶液）。

2. 样品保存

采样后应在 2h 内检测，否则，应在 10℃ 以下冷藏但不得超过 6h。

三、分析步骤

（一）水中细菌总数

1. 样品稀释

将样品用力振摇 20～25 次，使可能存在的细菌凝团分散。根据样品污染程度确定稀释倍数。以无菌操作方式吸取 10mL 充分混匀的样品，注入盛有 90mL 无菌水的三角烧瓶中（可放适量的玻璃珠），混匀成 1∶10 稀释样品。吸取 1∶10 的稀释样品 10mL 注入盛有 90mL 无菌水的三角烧瓶中，混匀成 1∶100 稀释样品。按同法依次稀释成 1∶1000、1∶10000 稀释样品。每个样品至少应稀释 3 个适宜浓度。

注：吸取不同浓度的稀释液时，每次必须更换移液管。

2. 接种

以无菌操作方式用 1mL 灭菌的移液管吸取充分混匀的样品或稀释样品 1mL，注入无菌平皿中，倾注 15～20mL 冷却到 44～47℃ 的营养琼脂培养基并立即旋摇平皿，使样品或稀释样品与培养基充分混匀。每个样品或稀释样品倾注 2 个平皿。

3. 培养

待平皿内的营养琼脂培养基冷却凝固后，翻转平皿，使底面向上（避免因表面水分凝结而影响细菌均匀生长），在（36±1）℃ 条件下，于恒温培养箱内培养（48±2）h 后观察结果。

4. 空白试验

用无菌水做实验室空白测定，培养后平皿上不得有菌落生长，否则，该次样品测定结果无效，应查明原因后重新测定。

（二）粪大肠菌群

1. 样品的稀释及接种

（1）15 管法　将样品充分混匀后，在 5 支装有已灭菌的 5mL 三倍乳糖蛋白胨培养基的试管中（内有倒管），按无菌操作要求各加入样品 10mL；在 5 支装有已灭菌的 10mL 单倍乳糖蛋白胨培养基的试管中（内有倒管），按无菌操作要求各加入样品 1mL；在 5 支装有已灭菌的 10mL 单倍乳糖蛋白胨培养基的试管中（内有倒管），按无菌操作要求各加入样品 0.1mL。

对于受到污染的样品，先将样品稀释后再按照上述操作接种，以生活污水为例，先将样品稀释 104 倍，然后按照上述操作步骤分别接种 10mL、1mL 和 0.1mL。15 管法样品接种量参考值见表 8-1。

表 8-1　15 管法样品接种量参考值

样品类型		接种量/mL						
		10	1	0.1	10^{-2}	10^{-3}	10^{-4}	10^{-5}
地表水	水源水	▲	▲	▲				
	湖泊(水库)	▲	▲	▲				
	河流		▲	▲	▲			
废水	生活污水						▲	▲
	工业废水 处理前					▲	▲	▲
	工业废水 处理后	▲	▲	▲				
地下水		▲	▲	▲				

当样品接种量小于 1mL 时，应将样品制成稀释样品后使用。按无菌操作要求方式吸取 10mL 充分混匀的样品，注入盛有 90mL 无菌水的三角烧瓶中，混匀成 1∶10 稀释样品。吸取 1∶10 的稀释样品 10mL，注入盛有 90mL 无菌水的三角烧瓶中，混匀成 1∶100 稀释样品。其他接种量的稀释样品依次类推。

注：吸取不同浓度的稀释液时，每次必须更换移液管。

（2）12 管法　生活饮用水等清洁水体也可使用 12 管法。将样品充分混匀后，在 2 支装有已灭菌的 50mL 三倍乳糖蛋白胨培养基的大试管中（内有倒管），按无菌操作要求各加入样品 100mL；在 10 支装有已灭菌的 5mL 三倍乳糖蛋白胨培养基的试管中（内有倒管），按无菌操作要求各加入样品 10mL。

2. 初发酵试验

将接种后的试管在 （37±0.5）℃下培养 （24±2）h。

发酵试管颜色变黄为产酸，小玻璃倒管内有气泡为产气。产酸和产气的试管表明试验阳性。如在导管内产气不明显，可轻拍试管，有小气泡升起的为阳性。

3. 复发酵试验

轻微振荡在初发酵试验中显示为阳性或疑似阳性（只产酸未产气）的试管，用经火焰灼烧灭菌并冷却后的接种环将培养物分别转接到装有 EC 培养基的试管中。在 （44.5±0.5）℃下培养 （24±2）h。转接后所有试管必须在 30min 内放进恒温培养箱或水浴锅中。培养后立即观察，倒管中产气证实为粪大肠菌群阳性。

4. 对照试验

（1）空白对照　每次试验都要用无菌水按照样品分析步骤进行实验室空白测定。

注：每次试验都要用无菌水做实验室空白测定，培养后的试管中不得有任何变色反应。否则，该次样品测定结果无效，应查明原因后重新测定。

（2）阳性及阴性对照　将粪大肠菌群的阳性菌株（如大肠埃希氏菌）和阴性菌株（如产气肠杆菌）制成浓度为 300～3000MPN/L 的菌悬液，分别取相应体积的菌悬液按接种的要求接种于试管中，然后按初发酵试验和复发酵试验要求培养，阳性菌株应呈现阳性反应，阴性菌株应呈现阴性反应。否则，该次样品测定结果无效，应查明原因后重新测定。

实验废液处理提示：本实验使用后的废物及器皿须经 121℃高压蒸汽灭菌 30min 或使用液体消毒剂（自制或市售）灭菌。灭菌后，器皿方可清洗，废物作为一般废物处置。

四、数据处理及评价

(一) 水中细菌总数

1. 结果判读

平皿上有较大片状菌落且超过平皿的一半时,该平皿不参加计数。

片状菌落不到平皿的一半,而其余一半菌落分布又很均匀时,将此分布均匀的菌落计数,并乘以2代表全皿菌落总数。

外观(形态或颜色)相似,距离相近却不接触的菌落,只要它们之间的距离不小于最小菌落的直径,予以计数。紧密接触而外观相异的菌落,予以计数。

2. 结果计算

以每个平皿菌落的总数或平均数(同一稀释倍数两个重复平皿的平均数)乘以稀释倍数来计算1mL样品中的细菌总数。各种不同情况的计算方法如下。

① 优先选择平均菌落数在30~300之间的平皿进行计数,当只有一个稀释倍数的平均菌落数符合此范围时,以该平均菌落数乘以其稀释倍数为细菌总数测定值(见表8-2示例1)。

② 若有两个稀释倍数平均菌落数在30~300之间,计算二者的比值(二者分别乘以其稀释倍数后,较大值与较小值之比)。若其比值小于2,以两者的平均数为细菌总数测定值;若大于或等于2,则以稀释倍数较小的菌落总数为细菌总数测定值(见表8-2示例2~示例4)。

③ 若所有稀释倍数的平均菌落数均大于300,则以稀释倍数最大的平均菌落数乘以稀释倍数为细菌总数测定值(见表8-2示例5)。

④ 若所有稀释倍数的平均菌落数均小于30,则以稀释倍数最小的平均菌落数乘以稀释倍数为细菌总数测定值(见表8-2示例6)。

⑤ 若所有稀释倍数的平均菌落数均不在30~300之间,则以最接近300或30的平均菌落数乘以稀释倍数为细菌总数测定值(见表8-2示例7)。

表8-2 稀释度选择及菌落总数报告方式

示例	不同稀释度的平均菌落数/CFU			两个稀释度菌落数之比	菌落总数/(CFU/mL)
	10	100	1000		
1	1365	164	20	—	16400 或 1.6×10^4
2	2760	295	46	1.6	37750 或 3.8×10^4
3	2890	271	60	2.2	27100 或 2.7×10^4
4	150	30	8	2	1500 或 1.5×10^3
5	无法计数	1650	513	—	513000 或 5.1×10^5
6	27	11	5	—	270 或 2.7×10^2
7	无法计数	305	12	—	30500 或 3.1×10^4

3. 结果表示

测定结果保留至整数位,最多保留两位有效数字,当测定结果≥100CFU/mL时,以科学计数法表示;若未稀释的原液的平皿上无菌落生长,则以"未检出"或"<1CFU/mL"表示。

（二）粪大肠菌群

1. 结果计算

接种 12 份样品时，查本章附录中表 8-3 可得每升粪大肠菌群 MPN 值。

接种 15 份样品时，查本章附录中表 8-4 得到 MPN 值，再按照公式(8-1)换算样品中粪大肠菌群数（MPN/L）：

$$C = \frac{\text{MPN 值} \times 100}{f} \tag{8-1}$$

式中　C——样品中粪大肠菌群数，MPN/L；

　MPN 值——每 100mL 样品中粪大肠菌群数，MPN/100mL；

　　100——为 10×10mL，其中，10 将 MPN 值的单位 MPN/100mL 转换为 MPN/L，10mL 为 MPN 表中最大接种量；

　　f——实际样品最大接种量，mL。

注：测定结果保留至整数位，最多保留两位有效数字，当测定结果≥100MPN/L 时，以科学计数法表示；当测定结果低于检出限时，12 管法以"未检出"或"<3MPN/L"表示，15 管法以"未检出"或"<20MPN/L"表示。

2. 结果评价

① 按实验报告要求记录实验结果，并分析结果的正确性。

② 根据样品来源，进行结果评价。

五、创新设计实验

多管发酵测定粪大肠菌群过程中，有多个因素影响到实验结果的准确性，例如，复发酵时按规定温度为 (44.5±0.5)℃，温度过高、过低均会造成实验结果的误差。请设计实验说明温度对实验结果的影响是怎样的，并说明在实验过程中如何控制条件能保证温度控制的准确性。

附录

表 8-3　12 管法最大可能数（MPN）表

10mL 样品量的阳性管数	100mL 样品量的阳性瓶数			10mL 样品量的阳性管数	100mL 样品量的阳性瓶数		
	0	1	2		0	1	2
	1L 样品中粪大肠菌群数	1L 样品中粪大肠菌群数	1L 样品中粪大肠菌群数		1L 样品中粪大肠菌群数	1L 样品中粪大肠菌群数	1L 样品中粪大肠菌群数
0	<3	4	11	6	22	36	92
1	3	8	18	7	27	43	120
2	7	13	27	8	31	51	161
3	11	18	38	9	36	60	230
4	14	24	52	10	40	69	>230
5	18	30	70				

注：接种 2 份 100mL 样品，10 份 10mL 样品，总量 300mL。

表 8-4　15 管法最大可能数（MPN）表

各接种量阳性份数			MPN/	95%置信限		各接种量阳性份数			MPN/	95%置信限	
10mL	1mL	0.1mL	100mL	下限	上限	10mL	1mL	0.1mL	100mL	下限	上限
0	0	0	<2			1	0	0	2	<0.5	7
0	0	1	2	<0.5	7	1	0	1	4	<0.5	11
0	0	2	4	<0.5	7	1	0	2	6	<0.5	15
0	0	3	5			1	0	3	8	1	19
0	0	4	7			1	0	4	10		
0	0	5	9			1	0	5	12		
0	1	0	2	<0.5	7	1	1	0	4	<0.5	11
0	1	1	4	<0.5	11	1	1	1	6	<0.5	15
0	1	2	6	<0.5	15	1	1	2	8	1	19
0	1	3	7			1	1	3	10		
0	1	4	9			1	1	4	12		
0	1	5	11			1	1	5	14		
0	2	0	4	<0.5	11	1	2	0	6	<0.5	15
0	2	1	6	<0.5	15	1	2	1	8	1	19
0	2	2	7			1	2	2	10	2	23
0	2	3	9			1	2	3	12		
0	2	4	11			1	2	4	15		
0	2	5	13			1	2	5	17		
0	3	0	6	<0.5	15	1	3	0	8	1	19
0	3	1	7			1	3	1	10	2	23
0	3	2	9			1	3	2	12		
0	3	3	11			1	3	3	15		
0	3	4	13			1	3	4	17		
0	3	5	15			1	3	5	19		
0	4	0	8			1	4	0	11	2	25
0	4	1	9			1	4	1	13		
0	4	2	11			1	4	2	15		
0	4	3	13			1	4	3	17		
0	4	4	15			1	4	4	19		
0	4	5	17			1	4	5	22		
0	5	0	9			1	5	0	13		
0	5	1	11			1	5	1	15		
0	5	2	13			1	5	2	17		
0	5	3	15			1	5	3	19		
0	5	4	17			1	5	4	22		
0	5	5	19			1	5	5	24		

续表

各接种量阳性份数			MPN/	95％置信限		各接种量阳性份数			MPN/	95％置信限	
10mL	1mL	0.1mL	100mL	下限	上限	10mL	1mL	0.1mL	100mL	下限	上限
2	0	0	5	＜0.5	13	3	0	0	8	1	19
2	0	1	7	1	17	3	0	1	11	2	25
2	0	2	9	2	21	3	0	2	13	3	31
2	0	3	12	3	28	3	0	3	16		
2	0	4	14			3	0	4	20		
2	0	5	16			3	0	5	23		
2	1	0	7	1	17	3	1	0	11	2	25
2	1	1	9	2	21	3	1	1	14	4	34
2	1	2	12	3	28	3	1	2	17	5	46
2	1	3	14			3	1	3	20	6	60
2	1	4	17			3	1	4	23		
2	1	5	19			3	1	5	27		
2	2	0	9	2	21	3	2	0	14	4	34
2	2	1	12	3	28	3	2	1	17	5	46
2	2	2	14	4	34	3	2	2	20	6	60
2	2	3	17			3	2	3	24		
2	2	4	19			3	2	4	27		
2	2	5	22			3	2	5	31		
2	3	0	12	3	28	3	3	0	17	5	46
2	3	1	14	4	34	3	3	1	21	7	63
2	3	2	17			3	3	2	24		
2	3	3	20			3	3	3	28		
2	3	4	22			3	3	4	32		
2	3	5	25			3	3	5	36		
2	4	0	15	4	37	3	4	0	21	7	63
2	4	1	17			3	4	1	24	8	72
2	4	2	20			3	4	2	28		
2	4	3	23			3	4	3	32		
2	4	4	25			3	4	4	36		
2	4	5	28			3	4	5	40		
2	5	0	17			3	5	0	25	8	75
2	5	1	20			3	5	1	29		
2	5	2	23			3	5	2	32		
2	5	3	26			3	5	3	37		
2	5	4	29			3	5	4	41		
2	5	5	32			3	5	5	45		

各接种量阳性份数			MPN/100mL	95％置信限		各接种量阳性份数			MPN/100mL	95％置信限	
10mL	1mL	0.1mL		下限	上限	10mL	1mL	0.1mL		下限	上限
4	0	0	13	3	31	5	0	0	23	7	70
4	0	1	17	5	46	5	0	1	31	11	89
4	0	2	21	7	63	5	0	2	43	15	110
4	0	3	25	8	75	5	0	3	58	19	140
4	0	4	30			5	0	4	76	24	180
4	0	5	36			5	0	5	95		
4	1	0	17	5	46	5	1	0	33	11	93
4	1	1	21	7	63	5	1	1	46	16	120
4	1	2	26	9	78	5	1	2	63	21	150
4	1	3	31			5	1	3	84	26	200
4	1	4	36			5	1	4	110		
4	1	5	42			5	1	5	130		
4	2	0	22	7	67	5	2	0	49	17	130
4	2	1	26	9	78	5	2	1	70	23	170
4	2	2	32	11	91	5	2	2	94	28	220
4	2	3	38			5	2	3	120	33	280
4	2	4	44			5	2	4	150	38	370
4	2	5	50			5	2	5	180	44	520
4	3	0	27	9	80	5	3	0	79	25	190
4	3	1	33	11	93	5	3	1	110	31	250
4	3	2	39	13	110	5	3	2	140	37	340
4	3	3	45			5	3	3	180	44	500
4	3	4	52			5	3	4	210	53	670
4	3	5	59			5	3	5	250	77	790
4	4	0	34	12	93	5	4	0	130	35	300
4	4	1	40	14	110	5	4	1	170	43	490
4	4	2	47			5	4	2	220	57	700
4	4	3	54			5	4	3	280	90	850
4	4	4	62			5	4	4	350	120	1000
4	4	5	69			5	4	5	430	150	1200
4	5	0	41	16	120	5	5	0	240	68	750
4	5	1	48			5	5	1	350	120	1000
4	5	2	56			5	5	2	540	180	1400
4	5	3	64			5	5	3	920	300	3200
4	5	4	72			5	5	4	1600	640	5800
4	5	5	81			5	5	5	≥2400	800	

注：1. 接种 5 份 10mL 样品、5 份 1mL 样品、5 份 0.1mL 样品。

2. 如果有超过三个的稀释度用于检验,在一系列的十进稀释当中,计算 MPN 时,只需要用其中依次三个的稀释度,取其阳性组合。选择的标准是:先选出 5 支试管全部为阳性的最大稀释度(小于它的稀释度也全部为阳性试管),然后再加上依次相连的两个更高的稀释度。用这三个稀释度的结果数据来计算 MPN 值。

实验二十五　城市交通噪声监测

📖 **学习目标**　　　　🎬 操作视频　📚 教学课件　⚛ 思维导图

1. 学会环境噪声测定原理与方法、声级计使用操作技术，在监测过程中注意采取适当的质量控制措施。

2. 熟悉非稳态的无规噪声监测数据的处理方法。

3. 熟练数据处理方法，依据结果，能够分析道路噪声声级与车流量、路况等的关系及变化规律。

一、自主学习导航

噪声（noise）是指在工业生产、建筑施工、交通运输和社会生活中产生的干扰周围生活环境的声音（频率在 20Hz～20kHz 的可听声范围内）。噪声污染属于物理性污染，其特点是无积累性、不致命，而且与产生噪声的声源同时产生、同时消失，声源分布广，难以集中处理。由于噪声是由人们生产活动和生活产生的，能够被人们直接感受到，故噪声也是伴随社会发展受到投诉最多的环境污染之一。

为了掌握城市声环境质量状况，环境保护部门开展区域声环境监测、道路交通声环境监测和功能区声环境监测（分别简称区域监测、道路交通监测和功能区监测），这些监测称为城市声环境常规监测。道路交通声环境监测是对城市道路干线的噪声平均水平进行测量和分析、评价的活动。这里的城市道路是指城市范围内具有一定技术条件和设施的道路，主要为城市快速路、城市主干路、城市次干路、含轨道交通走廊的道路及穿过城市的高速公路。

1. 实验原理

由于环境交通噪声是随时间而起伏的无规则噪声，因此测量结果除可采用等效连续 A 声级来评价外，还可采用累计百分声级来评价噪声的变化。本实验采用累计百分声级来评价。

在规定测量时间内，有 $N\%$ 时间的 A 计权声级超过某一噪声级，该噪声级就称为累计百分声级，用 L_N 表示，单位为 dB。累计百分声级用来表示随时间起伏的无规则噪声的声级分布特性，最常用的是 L_{10}、L_{50}、L_{90}。

L_{10}——在测量时间内，有 10% 时间的噪声级超过此值，相当于噪声的平均峰值。

L_{50}——在测量时间内，有 50% 时间的噪声级超过此值，相当于噪声的平均中值。

L_{90}——在测量时间内，有 90% 时间的噪声级超过此值，相当于噪声的平均本底值。

如果数据采集是按等时间间隔进行的，则 L_N 也表示有 $N\%$ 的数据超过的噪声级。一般 L_{10} 和 L_{eq} 之间有如下近似关系：

$$L_{eq} \approx L_{50} + \frac{(L_{10} - L_{90})^2}{60} \tag{8-2}$$

本实验要在规定的测量时间段内，在各测点取样测量 20min 的等效连续 A 声级 L_{eq} 以及累计百分声级 L_{10}、L_{50}、L_{90}，同时记录车流量（辆/h）。

2. 方法的适用范围

现行声环境质量监测依据如下：声环境质量现状监测执行 GB 3096—2008；机场周围飞机噪声测量执行 GB 9661—88；工业企业厂界环境噪声测量执行 GB 12348—90；社会生活环境噪声测量执行 GB 22337—2008；建筑施工场界环境噪声测量执行 GB 12523—2011；铁路边界噪声测量执行 GB 12525—90。

本实验方法参考《环境噪声监测技术规范 城市声环境常规监测》（HJ 640—2012）。

3. 课前思考

① 什么是等效声级？什么是累计百分声级？使用等效连续 A 声级与使用累计百分声级两种方法计算出的 L_{eq} 数值是否相等？为什么？

② L_{10}、L_{50}、L_{90} 分别代表的声级的意义是什么？

③ 简述声级计的使用方法、原理、步骤。

④ 监测时对环境的要求是什么？在进行道路噪声监测中如何减小误差？

二、实验仪器

实验仪器为声级计。

三、实验操作

1. 测量条件

气象条件要求在无雨无雪、无雷电、风速 5m/s 以下时进行。声级计应保持传声器膜片清洁，风力在三级以上时必须加风罩（以避免风噪声干扰），五级以上大风时应停止测量。

2. 测量方法

（1）布点　选定某一交通干线为测量路段，测点选在两路口之间道路边的人行道上，此处与路口的距离应大于 50m，路段不足 100m 的选路段中点，测点位于人行道上距车行道路面（含慢车道）20cm 处，监测点位高度距地面为 1.2～6.0m。测点应避开非道路交通源的干扰，传声器指向被测声源。

（2）测量　手持声级计或将其固定在三脚架上，连续进行 20min 的交通噪声测量，并记录大型车和小型车的数量。读数方式用慢挡，每隔 5s 读一个瞬时 A 声级，连续读取 200 个数据。读数同时要判断和记录附近主要噪声来源与天气条件。

注：根据 GA 802，大型车指车长大于等于 6m 或者乘坐人数大于等于 20 人的载客汽车，以及总质量大于等于 12t 的载货汽车和挂车；中小型车指车长小于 6m 且乘坐人数小于 20 人的载客汽车，总质量小于 12t 的载货汽车和挂车，以及摩托车。

四、数据处理及评价

1. 数据处理

按实验报告要求记录实验结果，本实验用等效声级表示。

将每一次的测量数据（200 个）按从小到大的顺序排列，找出 L_{10}、L_{50}、L_{90}，求出等效声级 L_{eq}，再用两次 L_{eq} 值求出算术平均值，作为环境噪声评价量。

2. 数据分析

结合监测范围内交通状况，分析道路噪声声级与车流量、路况等的关系及变化规律。

五、实验注意事项

① 噪声测量仪器的种类很多，操作方法各异，使用前应仔细阅读使用说明书。

② 目前大多数声级计虽都有自动整理功能，但也应学会对记录的数据进行手工计算。

实验二十六　振动测定

📚 **学习目标**　　　　　　　　　　　　📠 **教学课件**　　❁ **思维导图**

学会环境振动测定原理与方法、拾振器使用操作技术，在监测过程中注意采取适当的质量控制措施。

一、自主学习导航

环境振动监测是指为了掌握工业生产、建筑施工、交通运输和社会生活中所产生的振动对周围环境影响所展开的监测。

振动监测的测量量一般包括稳态振动、无规振动、冲击振动及城市轨道交通与铁路振动。

稳态振动：一般包括旋转机械类（通风机、发电机、电动机、水泵等）和往复运动机械类（柴油机、空压机、纺织机等）等所引起的环境振动，观测等效连续 Z 振级 VL_{Zeq}。

无规振动：一般包括道路交通、工业企业、建筑施工、社会工作中产生的振动（冲击振动除外），观测累计百分 Z 振级 VL_{Z10}。

冲击振动：一般包括锻压机械类（锻锤、冲床等）和建筑施工机械类（打桩机等）及爆破等所引起的环境振动，测量量取最大 Z 振级 VL_{Zmax}。

城市轨道交通与铁路振动：测量量取每次列车通过时段的最大 Z 振级 VL_{Zmax}；应选择对被测建筑物影响较大的轨道运行方向的列车进行监测。

1. 实验原理

等效连续 Z 振级是指在规定测量时段内 Z 振级的能量平均值，记为 VL_{Zeq}，单位为分贝（dB）。

根据定义，等效连续 Z 振级表示为：

$$VL_{Zeq} = 10\lg\left(\frac{1}{T}\int_0^T 10^{0.1VL_Z}\,dt\right) \tag{8-3}$$

式中　VL_{Zeq}——t 时刻的瞬时 Z 振级，dB；

　　　　T——规定的测量时段，s。

2. 方法的适用范围　　　　　　　　　　　　　　　📄 **标准**

本实验方法参考《环境振动监测技术规范》（HJ 918—2017）。

二、实验准备

1. 实验仪器

① 应采用符合 GB/T 23716—2009 性能要求的环境振动计或其他满足相同功能的振动测量仪器。

② 拾振器电压灵敏度应大于 400mV/g。

③ 拾振器的频率范围应至少包含 GB 10070 规定的频率。

④ 仪器的测量下限应不高于 50dB，测量上限不低于 100dB。

⑤ 测量量应包含等效连续 Z 振级、最大 Z 振级、累计百分 Z 振级等。

2. 测量条件

① 测量过程中，振源应处于正常工作状态。

② 测量应在无雨雪、无雷电、无强风的天气环境下进行。

③ 测量过程中，应当避免足以影响测量值的其他环境因素，如剧烈的温度梯度变化、强电磁场等引起的干扰。必要时可考虑适当的遮挡（例如加防护罩等）。

④ 测量过程中，应当避免其他干扰因素如高噪声、走动等引起的干扰。

三、实验操作

1. 测点布设

① 测点应置于被测建筑物受振源影响相对较大的位置，可通过现场咨询或间隔一定距离布设多个试验点确定。

② 测点与被测建筑物的距离按照 GB 10070—1988 的规定执行。

③ 室外测量过程中，测点下方有地下室、地窖或防空洞等情况时应尽量避开。

④ 必要时可以将测点置于建筑物室内地面中央，严禁放置于最底层地下室中。根据实际情况，被测建筑物内房间的使用功能、尺寸（房间大小、楼板厚度等）、楼层等属性不同时应分别布设测点，其中包括受影响最大的位置。

⑤ 根据实际需要，不同属性建筑物（建筑物使用功能、建筑物高度等）可分别布设测点。

⑥ 当建筑物前地面不具备测量条件或受其他因素干扰时，可将测点布设在环境振动条件与该处相对一致的位置。

2. 拾振器的安装

① 拾振器的灵敏度主轴方向应保持铅锤方向，测试过程中不得产生倾斜和附加振动。

② 拾振器应平稳地放在平坦、坚实的地面（如坚硬的土、混凝土、沥青铺面等）上，不得直接置于如草地、砂地、雪地、地毯、木地板等松软的地面上。

③ 拾振器的三个接触点或底部应全部接触地面。当拾振器不能与地面紧密接触时，应采用磁座吸附、快干粉黏结等刚性连接方式将拾振器固定在地面上，禁止采用橡皮泥等软连接方式固定拾振器。

④ 测量地点如为草地、砂地、雪地、地毯等松软的地面，需使用辅助测量装置，并在监测记录里说明。辅助测量装置的三支脚要全部打入地中，使辅助测量装置的底面接触到地

面，拾振器放置于此辅助测量装置中间位置。辅助测量装置应用钢材制作。

⑤ 应采取措施将连接拾振器的数据线与地面固定，防止由连接线晃动引起测量误差。

3. 测量记录

测量记录应包括以下事项：

① 测量日期、测量时间、测量地点及测量人员。

② 测量仪器：仪器名称、型号、编号、准确度等级、检定日期等。

③ 测量条件：气象状况、有无其他振动干扰等。

④ 地面状态及拾振器安装方式。

⑤ 振源的种类及形式、运行工况。

⑥ 测量依据的标准。

⑦ 测量结果。

⑧ 测点示意图。需注明振源与测点之间相对位置和距离、周围环境情况（周围的建筑物、地形、地貌等）。

⑨ 其他应记录的事项。

四、数据处理及评价

① 测量仪器时间计权常数取 1s，振动信号采样间隔不大于 0.1s。

② 用数采仪进行振动信号测试时，采样频率应满足奈奎斯特采样定理，采样频率与被测振源最高频率的比值宜取 6。

五、实验注意事项

1. 仪器要求

① 测量仪器（含拾振器）应经国家认可的计量单位检定合格，每年至少检定 1 次，并在有效期内应用。

② 应根据环境温度和湿度选择测量仪器，环境温度和湿度超过仪器的允许使用温度与湿度范围时，测量结果无效。

2. 检测人员要求

每次现场监测至少应有 2 人。

3. 检测记录

按要求完整记录，并填写相关检测表。

第九章

环境监测实训

实训一　校园与周边环境空气现状监测和评价

一、实训目的和要求

① 以某高校的一个校区为研究对象，根据《环境空气质量标准》（GB 3095—2012）要求，熟悉空气环境中各污染因子的具体采样方法、分析方法、误差分析及数据处理等方法，合理制订校园空气质量监测方案。

② 在现场调查的基础上，根据采样布点原则，选择适宜的布点方法，确定采样频率和采样时间，掌握空气样品的采样方法和测定方法，对校园的环境空气质量状况进行监测和评价。

③ 根据污染物指标的监测结果，计算空气质量指数，描述和评价校园空气质量。

④ 评价校园的环境空气质量，研究校园空气质量变化规律，同时追踪污染源，为校园环境污染的治理提供依据。

二、资料收集与现状调查

1. 基础资料的收集

收集或绘制校园平面布置图，明确学校功能区分布、人口分布与健康情况、污染源分布及排污情况。

收集气象资料，了解空气污染受气象、季节、地形、地貌等因素的影响，以及随时间变化情况。

校园所在地气象数据，主要包括风向、风速、气温、气压、降水量、相对湿度等，具体调查内容如表 9-1 所示。

2. 校园空气污染源调查

对校园内各种大气污染源、大气污染物排放状况及自然与社会环境特征进行调查，并对大气污染物排放做初步估算，为环境空气监测项目的选择提供依据。可按表 9-2 所列的方式进行调查。

表 9-1　气象资料调查内容

项目	调查内容
风向	主导风向、次主导风向及频率等
风速	年平均风速、最大风速、最小风速、年静风频率等
气温	年平均气温、最高气温、最低气温等
降水量	年平均降水量、每日最大降水量等
相对湿度	年平均相对湿度

表 9-2　校园大气污染源情况调查

序号	污染源		位置	燃料种类	污染物名称	污染物治理措施	污染物排放方式	备注
1	生活区	食堂						
2		澡堂						
3		商业区						
4		公寓						
5	教学区	教室						
6		实验室						
7		实习工厂						
8	校园周边	建筑工地						
9		居民区						
10		道路						
11		商业区						
12		工业区						

3. 校园周边空气污染源调查

主要调查校园周边的交通干线、建筑工地及周边单位的烟囱等，交通干线调查主要调查汽车尾气的排放情况，建筑工地主要调查扬尘及粉尘的排放情况。

三、监测方案制定

1. 采样点布设

根据校园各环境功能区的要求，结合当地的地形、地貌、气象条件，选择合适的布点方法来布置采样点，并在校园平面布置图中明确采样点位置及数量。

2. 采样频次和采样时间

根据《环境空气质量标准》，结合监测目的、污染物浓度水平及监测分析方法的检出限，确定监测项目的采样频次及采样时间。各监测项目的采样频次及采样时间应符合表 9-3 的规定。

表 9-3　污染物浓度数据有效性的规定

污染物项目	平均时间	数据有效性规定
SO_2、NO_2、CO、PM_{10}、$PM_{2.5}$、NO_x	日平均	每日至少有 20 个小时平均浓度值或采样时间
SO_2、NO_2、CO、O_3、NO_x	1 小时平均	每小时至少有 45min 的采样时间
TSP、BaP、Pb	日平均	每日应有 24h 的采样时间

3. 监测项目

通过对校园环境空气的分析，根据《空气和废气监测分析方法》《环境监测技术规范》和《环境空气质量标准》，以及校园及周边的大气污染物排放情况来筛选监测项目，结合大气污染源调查结果，可选 TSP、$PM_{2.5}$、SO_2、NO_2、CO、O_3 和区域特征污染物等作为大气环境监测项目。大气现状监测布点及监测项目见表 9-4。

表 9-4　大气现状监测布点及监测项目

监测点	功能区	所处方位	监测项目	采样频率
G_1	校园边界	上风向	TSP、$PM_{2.5}$、PM_{10}、SO_2、NO_2、CO、区域特征污染物	连续监测 7d，每天 4 次，每次采样时间不少于 45min；$PM_{2.5}$、PM_{10} 连续监测 7d，每天至少有 20 个小时平均浓度值或采样时间
G_2	生活区 1			
G_3	生活区 2			
G_4	教学区 1			
G_5	教学区 2			
G_6	校园边界	下风向		

4. 样品采集

根据大气污染物的存在状态、浓度、物理化学及监测方法的不同，要求选择不同的采样方法和仪器。

5. 采样分析方法

根据《环境空气质量标准》中的规定，结合实验室的实际实验条件，选择合适的监测分析方法。GB 3095 规定的监测分析方法见表 9-5。

表 9-5　GB 3095 规定的监测分析方法

序号	污染物项目	手工分析方法		自动分析方法
		分析方法	标准编号	
1	SO_2	甲醛吸收-副玫瑰苯胺分光光度法	HJ 482	紫外荧光法、差分吸收光谱分析法
		四氯汞盐吸收-副玫瑰苯胺分光光度法	HJ 483	
2	NO_2	盐酸萘乙二胺分光光度法	HJ 479	化学发光法、差分吸收光谱分析法
3	CO	非分散红外法	GB 9801	气体滤波相关红外吸收法、非分散红外吸收法
4	O_3	靛蓝二磺酸钠分光光度法	HJ 504	紫外荧光法、差分吸收光谱分析法
		紫外光度法	HJ 590	
5	PM_{10}	重量法	HJ 618	微量振荡天平法、β 射线法
6	$PM_{2.5}$	重量法	HJ 618	微量振荡天平法、β 射线法
7	TSP	重量法	GB/T 15432	—
8	NO_x	盐酸萘乙二胺分光光度法	HJ 479	化学发光法、差分吸收光谱分析法
9	Pb	石墨炉原子吸收分光光度法（暂行）	HJ 539	—
		火焰原子吸收分光光度法	GB/T 15264	
10	BaP	乙酰化滤纸层析荧光分光光度法	GB 8971	
		高效液相色谱法	HJ 956	

四、监测结果

按计划进行现场采样、样品的保存和记录。空气环境质量现状监测结果可参考表 9-6。

表 9-6　空气环境质量现状监测结果

采样点	项目	小时浓度			日均浓度		
		范围/(mg/m³)	超标率/%	最大超标倍数	范围/(mg/m³)	超标率/%	最大超标倍数
G_1	SO_2						
	NO_2						
	$PM_{2.5}$ 或 PM_{10}						
	特征污染物						
G_2	SO_2						
	NO_2						
	$PM_{2.5}$ 或 PM_{10}						
	特征污染物						

五、数据处理

1. 数据整理

监测结果的原始数据要根据有效数字的保留规则正确书写，监测数据的运算要遵循运算规则。在数据处理中，对出现的可疑数据，首先从技术上查明原因，然后再用统计检验处理，经验证属离群数据应予剔除，以使测定结果更符合实际。

2. 空气监测结果

样品采集后，按照规定立即进行分析，并对分析结果进行数据处理。将监测结果按样品数、检出率、浓度范围进行统计并制成表格。可选环境空气质量指数（AQI）或单因子指数评价法进行评价。

① 空气环境质量现状评价采用单因子指数评价法，其计算见式(9-1)：

$$P_i = \frac{C_i}{S_i} \tag{9-1}$$

式中　P_i——污染因子 i 的评价指数；

　　　C_i——污染因子 i 的浓度值，mg/m^3；

　　　S_i——污染因子 i 的环境质量标准值，mg/m^3。

② 环境空气质量指数（AQI），其计算方法如下。

a. 空气质量分指数（IAQI）。污染物项目 P 的空气质量分指数 $IAQI_P$ 采用式(9-2)进行计算。

$$IAQI_P = \frac{IAQI_{Hi} - IAQI_{Lo}}{BP_{Hi} - BP_{Lo}}(C_P - BP_{Lo}) + IAQI_{Lo} \tag{9-2}$$

式中　C_P——污染物项目 P 的质量浓度值；

　　　BP_{Hi}——表 9-7 中与 C_P 相近的污染物浓度限值的高位值；

$\mathrm{BP_{Lo}}$——表 9-7 中与 C_P 相近的污染物浓度限值的低位值；

$\mathrm{IAQI_{Hi}}$——表 9-7 中与 $\mathrm{BP_{Hi}}$ 对应的空气质量分指数的高位值；

$\mathrm{IAQI_{Lo}}$——表 9-7 中与 $\mathrm{BP_{Lo}}$ 对应的空气质量分指数的低位值。

空气质量分指数 IAQI 的计算结果只保留整数，小数点后的数值全部进位。空气质量分指数及对应的污染物浓度限值见表 9-7。

表 9-7　空气质量分指数及对应的污染物浓度限值

空气质量分指数(IAQI)	污染物项目浓度限值									
	SO_2 24h平均值 /($\mu g/m^3$)	SO_2 1h平均值[①] /($\mu g/m^3$)	NO_2 24h平均值 /($\mu g/m^3$)	NO_2 1h平均值[①] /($\mu g/m^3$)	PM_{10} 24h平均值 /($\mu g/m^3$)	CO 24h平均值 /(mg/m^3)	CO 1h平均值[①] /(mg/m^3)	O_3 1h平均值 /($\mu g/m^3$)	O_3 8h滑动平均浓度 /($\mu g/m^3$)	$PM_{2.5}$ 24h平均值 /($\mu g/m^3$)
0	0	0	0	0	0	0	0	0	0	0
50	50	150	40	100	50	2	5	160	100	35
100	150	500	80	200	150	4	10	200	160	75
150	475	650	180	700	250	14	35	300	215	115
200	800	800	280	1200	350	24	60	400	265	150
300	1600	—[①]	565	2340	420	36	90	800	800	250
400	2100	—[②]	750	3090	500	48	120	1000	—[③]	350
500	2620	—[②]	940	3840	600	60	150	1200	—[③]	500

① SO_2、NO_2、CO 的 1h 平均浓度限值仅用于实时报，在日报中需使用相应污染物的 24h 平均浓度限值。

② SO_2 的 1h 平均浓度限值高于 800$\mu g/m^3$ 的，不再进行其空气质量分指数计算，SO_2 空气质量分指数按 24h 平均计算的分指数报告。

③ O_3 的 8h 平均浓度值高于 800$\mu g/m^3$ 的，不再进行其空气质量分指数计算，O_3 空气质量分指数按 1h 平均计算的分指数报告。

b. 空气质量指数及首要污染物。各分指数中最大者为此区域的环境空气质量指数 AQI。

$$\mathrm{AQI} = \max\{\mathrm{IAQI_1, IAQI_2, IAQI_3, \cdots, IAQI}_n\} \tag{9-3}$$

式中　n——污染物的项目数。

六、校园空气质量评价

1. 监测结果汇总及分析

汇总采样点情况、监测过程中出现的异常问题，总结监测结果，得到各采样时段内不同空气污染物的变化规律（同一天的不同时段及不同天的同一相应时段各污染物浓度的变化趋势），各组结果比较，得出本采样点周围的环境空气质量。

2. 校园空气质量评价

将校园的空气质量对照《环境空气质量标准》（GB 3095—2012），根据《环境空气质量指数（AQI）技术规定》计算 AQI。

① IAQI 大于 50 时，IAQI 最大的污染物为首要污染物。IAQI 最大的污染物为两项或两项以上时，并列为首要污染物。IAQI 大于 100 的污染物为超标污染物，即污染物浓度超过国家环境空气质量二级标准。

② 空气质量指数分级。根据 AQI 计算结果，对照表 9-8 即可判别相应的空气质量级别。

表 9-8　环境空气质量指数（AQI）及相关信息

环境空气质量指数	环境空气质量指数级别	环境空气质量指数类别及表示颜色		对健康影响的情况	建议采取的措施
0～50	一级	优	绿色	空气质量令人满意，基本无空气污染	各类人群可正常活动
51～100	二级	良	黄色	空气质量可接受，但某些污染物可能对极少数异常敏感人群的健康有较弱影响	极少数异常敏感人群应减少户外活动
101～150	三级	轻度污染	橙色	易感人群症状有轻度加剧，健康人群出现刺激症状	儿童、老年人及心脏病、呼吸系统疾病患者应减少长时间、高强度的户外锻炼
151～200	四级	中度污染	红色	进一步加剧易感人群症状，可能对健康人群的心脏、呼吸系统有影响	儿童、老年人及心脏病、呼吸系统疾病患者避免长时间、高强度的户外锻炼，一般人群适量减少户外运动
201～300	五级	重度污染	紫色	心脏病和肺病患者症状显著加剧，运动耐受力降低，健康人群普遍出现症状	儿童、老年人及心脏病、肺病患者应停留在室内，停止户外运动，一般人群减少户外运动
>300	六级	严重污染	褐红色	健康人群运动耐受力降低，有明显强烈症状，提前出现某些疾病	儿童、老年人及病人应当留在室内，避免体力消耗，一般人群应避免户外运动

③ 分析校园空气质量现状，找出影响校园空气质量现状的原因，提出改善校园空气质量的建议和措施。

七、监测报告

监测报告至少包括监测小组成员、监测目的、现场调查、监测项目、布点、样品采集和保存、检测方法、数据分析和处理，最后总结心得体会，并提出建议。

实训二　校园周边水环境质量现状监测与评价
——以河流为例

一、实训目的与要求

 标准

① 以校园内或周边地表水为研究对象，收集基础资料，根据现场调查确定监测断面和采样点，明确水样的采集和保存方法、分析方法，根据《地表水环境质量监测技术规范》（HJ 91.2—2022）要求，合理制订监测方案。

② 根据生态环境部规定的标准分析方法进行分析，根据实验结果，依据《地表水环境质量标准》（GB 3838—2002）对河流水质进行评价。

③ 评价校园内或周边地表水水质，研究变化规律，同时追踪污染源，为校园水环境污染的治理提供依据。

二、资料收集与现状调查

在制定监测方案之前，应收集和调查拟监测水体及所在区域或流域的相关资料，主要有以下几个方面。

1. 资料收集

① 收集拟监测水体的水文、气候、地质和地貌资料，如水位、水量、流速及流向变化、降雨量、蒸发量及历史的水情，河流的宽度、深度、河床结构及地质状况等。

② 收集历年水质检测资料。

2. 现状调查

① 调查欲监测水体沿岸的资源现状和水资源的用途；饮用水源分布和重点水源保护区，包括一级保护区、二级保护区和准保护区；水体流域土地功能及近期使用计划等。

② 调查拟监测水体沿岸城市的分布、工业布局、污染源及其排污情况、城市给排水情况等。

三、监测方案

1. 监测布点

（1）水质监测断面布设　应布设对照断面、控制断面。通常在排放口上游 500m 以内布置对照断面，根据河流水环境质量控制管理要求设定控制断面。控制断面可结合水环境功能区或水功能区、水环境控制单元区划情况，直接采用国家及地方确定的水质控制断面。在不同水质类别区、水环境功能区或水功能区、水环境敏感区及需要进行水质预测的水域，应布设水质监测断面。

（2）水质取样断面上取样垂线的布设　在一个监测断面上设置的采样垂线数应符合表 9-9 的规定。

表 9-9　江河、渠道采样垂线数的设置

水面宽	垂线数	说明
≤50m	一条（中泓）	① 垂线布设应避开污染带，要测污染带应另加垂线。 ② 确能证明该断面水质均匀时，可仅设中泓垂线
50～100m	二条（近左、右岸有明显水流处）	
>100m	三条（左、中、右）	

（3）取样垂线上采样点的布设　一条采样垂线上的采样点数应符合表 9-10 的规定。

表 9-10　江河、渠道采样垂线上采样点的设置

水深	采样点数	说明
≤5m	上层[a] 一点	a. 上层指水面下 0.5m 处，水深不到 0.5m 时，在水深 1/2 处。
5～10m	上、下层[b] 两点	b. 下层指河底以上 0.5m 处。 c. 中层指 1/2 水深处。
>10m	上层、中层[c]、下层三点	注：凡在该断面要计算污染物通量时，必须按本表设置采样点。

2. 采样频次

根据监测目的和监测水体的不同，监测频次往往也不相同。对于河流，通常情况下，可连续监测取样 3～4d，每个水质取样点每天至少取一组水样，至少应有 1d 对所有已选定的

水质参数进行采样分析。

3. 监测项目

监测项目要根据当地确定，基本监测项目包括水温、pH 值、溶解氧、高锰酸盐指数、COD、BOD_5、氨氮、硝酸盐氮、色度、浊度、悬浮固体等。根据《地表水环境质量标准》（GB 3838—2002）所规定的地表水监测项目的必测项目和选测项目（见表 9-11），并结合当地的技术经济条件、地表水体污染状况、水体功能以及所接纳污染物的种类和数量等因素，来确定校园周边河流监测项目。

表 9-11   地表水监测项目

必测项目	选测项目
水温、pH 值、溶解氧、高锰酸盐指数、COD、BOD_5、氨氮、总氮、总磷、铜、锌、氟化物、硒、砷、汞、镉、铬（六价）、铅、氰化物、挥发酚、石油类、阴离子表面活性剂、硫化物和粪大肠菌群	总有机碳、甲基汞，根据纳污情况由各级相关环境保护主管部门确定

4. 采样方法

（1）采样器   常见的采样器有聚乙烯塑料桶、单层采水瓶、直立式采水器、自动采样器。

（2）采样数量   在地表水质监测中通常采集瞬时水样。所需水样量及保存期见表 9-12。此采样量已考虑重复分析和质量控制的需要，并留有余地。

表 9-12   监测项目所需水样保存期和采样量

项目	保存期	采样量/mL
pH、BOD_5、粪大肠菌群、氰化物	12h	250
溶解氧、氨氮、总磷、阴离子表面活性剂、硫化物	24h	250
高锰酸盐指数、COD	2d	500
总氮、石油类	7d	250
挥发酚	24h	1000
铜、锌、氟化物、硒、砷、汞、镉、铬（六价）、铅	14d	250

（3）注意事项

① 保证采样按时、准确、安全，采样时保证采样点的位置准确并不可搅动水底沉积物。

② 采样结束前，应核对采样计划、记录、水样，如有错误或遗漏，应立即补采或重采。认真填写水质采样记录表（见表 9-13），现场记录，字迹应端正、清晰，项目完整。

③ 测定油类的水样，应在水面至水面下 300mm 采集柱状水样，并单独采样，全部用于测定。并且采样瓶（容器）不能用采集的水样冲洗。

④ 测溶解氧、生化需氧量和有机污染物等项目时，水样必须注满容器，上部不留空间，并有水封口。

⑤ 如果水样中含沉降性固体（如泥沙等），应分离除去。分离方法为：将所采水样摇匀后倒入筒形玻璃容器（如 1～2L 量筒）中，静置 30min，将不含沉降性固体但含有悬浮性固体的水样移入盛样容器中并加入保存剂。测定水温、pH、DO、电导率、总悬浮物和油类的水样除外。

⑥ 测定油类、BOD_5、DO、硫化物、余氯、粪大肠菌群、悬浮物、放射性等项目要单独采样。

表 9-13　水质采样记录表

		编号					
		河流名称					
		采样月日					
		断面名称					
采样位置		断面号					
		垂线号					
		点位号					
		水深/m					
气象参数		气温/℃					
		气压/kPa					
		风向					
		风速/(m/s)					
		相对湿度/%					
		流速/(m/s)					
		流量/(m³/s)					
现场测定记录		水温/℃					
		pH 值					
		溶解氧/(mg/L)					
		透明度/cm					
		电导率/(μS/cm)					
		感官指数描述					
		备注					

（4）水样的保存及运输　水样运输前应将容器盖盖紧。装箱时应用泡沫塑料等分隔，以防破损。箱子上应有"切勿倒置"等明显标志。同一采样点的样品瓶应尽量装在同一个箱子中；如分装在几个箱子内，则各箱内均应有同样的采样记录表。运输前应检查所采水样是否已全部装箱。

5. 分析方法

常见监测项目的监测分析方法见表 9-14。

表 9-14　常见监测项目监测分析方法

序号	监测项目	分析方法
1	水温	温度计法
2	pH 值	玻璃电极法
3	溶解氧	碘量法、电化学探头法
4	高锰酸盐指数	碱性高锰酸钾法
5	化学需氧量	重铬酸盐法
6	生化需氧量	稀释与接种法

续表

序号	监测项目	分析方法
7	氨氮	纳氏试剂光度法、水杨酸分光光度法
8	总氮	碱性过硫酸钾消解-紫外分光光度法
9	总磷	钼酸铵分光光度法、离子色谱法
10	铜	无火焰原子吸收分光光度法
11	锌	火焰原子吸收分光光度法
12	氟化物	离子选择电极法、氟试剂分光光度法
13	硒	氢化物原子荧光法
14	砷	氢化物原子荧光法
15	汞	原子荧光法
16	镉	无火焰原子吸收分光光度法
17	铬（六价）	二苯碳酰二肼分光光度法
18	铅	无火焰原子吸收分光光度法
19	氰化物	吡啶-巴比妥酸比色法、硝酸银滴定法
20	挥发酚	4-氨基安替比林萃取光度法
21	石油类	称量法、紫外分光光度法
22	阴离子表面活性剂	亚甲蓝分光光度法
23	硫化物	N, N-二乙基对苯二胺分光光度法
24	粪大肠菌群	多管发酵法、滤膜法

四、监测结果

根据列出的分析方法对水样的污染因子进行测定，并记录监测数据，见表9-15。

表 9-15　监测结果记录

河流名称	断面(垂线)名称	采样时间		水期	水温/℃	水深/m	流量/(m³/s)
		月	日				
监测项目	监测结果　单位		采样点位置				

监测结果的原始数据，要根据有效数字的保留规定正确书写，监测数据的运算要遵循运算规则。在数据处理中，对出现的可疑数据，首先应从技术上查明原因，然后再进行统计检验处理，经统计检验处理后，如果该可疑数据属于离群数据则应予以剔除，如果该可疑数据不属于离群数据则应保留，以使测定结果更符合实际。

五、数据处理

水环境质量现状评价方法采用水质指数法评价。

① 一般性水质因子（随着浓度增加而水质变差的水质因子）的指数计算公式：

$$S_{i,j} = C_{i,j}/C_{si} \qquad (9\text{-}4)$$

式中　$S_{i,j}$——单项水质参数 i 在第 j 点的水质指数；

　　　$C_{i,j}$——污染物 i 在第 j 点的浓度，mg/L；

　　　C_{si}——污染物 i 的水质评价标准，mg/L。

② 溶解氧（DO）的标准指数计算公式：

$$S_{DO,j} = \frac{DO_s}{DO_j} \quad (DO_j \leqslant DO_f) \qquad (9\text{-}5)$$

$$S_{DO,j} = \frac{|DO_f - DO_j|}{DO_f - DO_s} \quad (DO_j > DO_f) \qquad (9\text{-}6)$$

$$DO_f = \frac{468}{31.6 + T} \qquad (9\text{-}7)$$

式中　$S_{DO,j}$——溶解氧在第 j 点的标准指数；

　　　DO_j——溶解氧在第 j 点的实测浓度，mg/L；

　　　DO_f——饱和溶解氧的浓度，mg/L；

　　　DO_s——溶解氧的评价标准限值，mg/L；

　　　T——水温，℃。

③ pH 值的指数计算公式：

$$S_{pH,j} = \frac{7.0 - pH_j}{7.0 - pH_{sd}}, (pH_j \leqslant 7.0) \qquad (9\text{-}8)$$

$$S_{pH,j} = \frac{pH_j - 7.0}{pH_{su} - 7.0}, (pH_j > 7.0) \qquad (9\text{-}9)$$

式中　pH_j——j 点的 pH 实测值；

　　　pH_{sd}——评价标准规定的 pH 下限；

　　　pH_{su}——评价标准规定的 pH 上限。

上述水质参数标准指数值越小，表明水质越好。若水质参数的标准指数＞1，即超标，则表明该水质参数超过了规定的水质标准，已经不能满足相应的水域使用功能要求。

六、水环境质量评价

1. 监测结果统计

列出各监测断面的水环境现状单因子指数，对监测结果进行统计。

2. 水环境质量评价

依据《地表水环境质量标准》（GB 3838—2002）判断监测水体执行标准，依据《地表水环境质量评价办法》对各断面水质情况进行分析。分析质量现状，找出影响水环境质量现状的原因，提出改善的建议和措施。

七、监测报告

监测报告至少包括监测小组成员、监测目的、现场调查、监测项目、布点、样品采集和保存、检测方法、数据分析和处理，最后总结心得体会，并提出建议。

实训三　居民生活饮用水监测与评价

一、实训目的与要求

① 通过制定居民生活饮用水监测方案的实训，使学生了解居民生活饮用水环境监测方案的制定过程，使学生对城镇居民生活饮用水监测程序有更深刻的理解。

② 制定监测方案时，应明确监测目的，然后在调查研究和收集资料的基础上，确定监测因子，选定采样方法和分析测定技术，规范处理监测数据，对居民生活饮用水水质现状进行评价。

二、资料收集

在制定监测方案之前，应收集拟监测生活饮用水及所在地区水源、给水厂的相关资料，主要有以下几个方面。

① 收集《生活饮用水卫生标准》（GB 5749—2022）、《生活饮用水标准检验方法》（GB/T 5750—2023）等生活饮用水的相关标准及《城市供水条例》《生活饮用水卫生监督管理办法》等法规和规章。

② 收集当地生活饮用水地表水源地的规模及水质类别等相关资料，收集当地给水厂的规模及给水处理工艺等相关资料。

三、监测方案

1. 采样计划

采样前应根据水质监测目的和任务制订采样计划，内容包括采样目的、检验指标、采样时间、采样地点、采样方法、采样频率、采样数量、采样容器与清洗、采样体积、样品保存方法、样品标签、现场测定指标、采样质量控制、样品运输工具和贮存条件等。

2. 监测项目

监测项目要根据《生活饮用水卫生标准》（GB 5749—2022）并结合当地的水体功能和监测项目背景值进行确定。常见监测项目有色度、pH 值、总硬度、溶解性总固体、高锰酸盐指数、挥发酚、阴离子合成洗涤剂、硫酸盐、氯化物、硝酸盐、铁和锰、游离氯等。

3. 水样采集

（1）采样容器的选择

① 应根据待测组分的特性选择合适的采样容器。测定无机物、金属等的水样应使用有机材质的采样容器，如聚乙烯塑料容器等。测定有机物指标和微生物指标的水样应使用玻璃

材质的采样容器。测定特殊指标的水样可选用其他化学惰性材质的容器。

② 采样容器应可适应环境温度的变化，具有一定的抗振性能。容器或容器盖（塞）的材质应具有化学和生物惰性，不应与水样中组分发生反应，容器壁和容器盖（塞）不溶出、吸收或吸附待测组分。

③ 采样容器大小与采样量相适宜，能严密封口，并容易打开且易清洗。应尽量选用细口容器，容器盖（塞）的材质应与容器材质统一。在特殊情况下需用软木塞或橡胶塞时，应用稳定的金属箔或聚乙烯薄膜包裹，并且宜有蜡封。采集供有机物和某些微生物检测用的样品时不能用具橡胶塞的容器，水样呈碱性时不能用具玻璃塞的采集容器。

（2）采样容器的洗涤

① 测定一般理化指标采样容器的洗涤　将容器用水和洗涤剂清洗，除去灰尘和油垢后用自来水冲洗干净，然后用质量分数为 10% 的硝酸（或盐酸）浸泡 8h 以上，取出沥净后用自来水冲洗 3 次，并用纯水充分淋洗干净。

② 测定有机物指标采样容器的洗涤　用重铬酸钾洗液浸泡 24h，然后用自来水冲洗干净，用纯水淋洗并沥干后置于烘箱内 180℃ 下烘 4h，冷却后备用；必要时再用纯化过的己烷、石油醚冲洗数次。

③ 测定微生物指标采样容器的洗涤和灭菌　将容器用自来水和洗涤剂洗涤，并用自来水彻底冲洗后用质量分数为 10% 的盐酸溶液浸泡过夜，然后依次用自来水和蒸馏水洗净。容器灭菌可采用干热或高压蒸汽灭菌两种方式。干热灭菌要求 160℃ 下维持 2h；高压蒸汽灭菌要求 121℃ 下维持 15min，高压蒸汽灭菌后的容器如不立即使用，应置于 60℃ 烘箱内将瓶内冷凝水烘干。灭菌后的容器应在 2 周内使用。

（3）采集方法

① 理化指标：采样前应先用待采集的水样荡洗采样器、容器和塞子 2~3 次（油类除外）。

② 微生物学指标：采集几类检测指标的水样时，应先采集供微生物指标检测的水样，采样时应直接采集，不得用水样荡洗已灭菌的采样瓶或采样袋，并避免手指和其他物品对瓶口或袋口的沾污。

③ 注意事项：

a. 采集测定油类的水样时，应在水面至水面下 30cm 采集柱状水样，全部用于测定。不能用水样荡洗采样器（瓶）。

b. 采集测定溶解氧、生化需氧量和有机污染物的水样时应将水样充满容器，上部不留空间，并采用水封。

c. 含有可沉降性固体（如泥沙等）的水样，应分离除去沉淀后的可沉降性固体。分离方法为：将所采水样摇匀后倒入筒形玻璃容器（如量筒）内，静置 30min，将上层水样移入采样容器中并加入保存剂。测定总悬浮物和石油类的水样除外。需要分别测定悬浮物和水中所含组分时，应在现场将水样经 $0.45\mu m$ 滤膜过滤后，分别加入固定剂保存。

d. 油类、生化需氧量、硫化物、微生物和放射性等指标检测时应单独采样。

4. 水样的过滤和离心分离

在采样时或采样后不久，必要时用滤纸、滤膜、砂芯漏斗或玻璃纤维等过滤样品，或将样品离心分离，除去其中的悬浮物、沉积物、藻类及其他微生物。在分析时，过滤的目的主要是区分溶解态和吸附态。在滤器的选择上要注意可能的吸附损失，如测定有机项目时，一般选用砂芯漏斗和玻璃纤维过滤；测定无机项目时，则常用 $0.45\mu m$ 的滤膜过滤。

5. 水样保存

（1）保存措施　应根据测定指标选择适宜的保存方法，主要有冷藏、避光和加入保存剂等。保存剂不应干扰待测物的测定，不能影响待测物的浓度。如果是液体，应校正体积的变化。保存剂的纯度和等级应达到分析的要求。保存剂可预先加入采样容器中，也可在采样后尽快加入。易变质的保存剂不能预先添加。

（2）保存条件

① 水样的保存期限主要取决于待测物的浓度、化学组成和物理化学性质。

② 由于水样的组分、目标分析物的浓度和性质不同，检验方法多样，水样保存宜优先参照检验方法中的规定，若检验方法中没有规定，可参照《生活饮用水标准检验方法 第2部分：水样的采集与保存》（GB/T 5750.2—2023）中表3的规定。

③ 当水样中含有游离氯等消毒剂干扰测定需加入抗坏血酸或硫代硫酸钠等还原剂时，应根据消毒剂浓度设定适宜的加入量，以达到消除干扰的目的。

④ 水样采集后应尽快测定。水温和游离氯等指标应在现场测定；其余指标的测定也应在规定时间内完成。

四、分析方法与数据处理

1. 分析方法

生活饮用水常见监测项目的分析方法见表 9-16。

表 9-16　生活饮用水常见监测项目分析方法

序号	监测项目	分析方法
1	色度	铂-钴标准比色法
2	pH 值	玻璃电极法
3	总硬度	乙二胺四乙酸二钠滴定法
4	溶解性总固体	称量法
5	高锰酸盐指数	碱性高锰酸钾法
6	挥发酚	4-氨基安替比林三氯甲烷萃取分光光度法
7	阴离子合成洗涤剂	亚甲蓝分光光度法
8	硫酸盐	硫酸钡比浊法
9	氯化物	硝酸银容量法
10	硝酸盐	麝香草酚分光光度法
11	铁	火焰原子吸收分光光度法
12	锰	火焰原子吸收分光光度法
13	游离氯	N,N-二乙基对苯二胺（DPD）分光光度法

2. 数据处理

监测结果的原始数据，要根据有效数字的保留规定正确书写，监测数据的运算要遵循运算规则。在数据处理中，对出现的可疑数据，首先应从技术上查明原因，然后再进行统计检验处理，经统计检验处理后，如果该可疑数据属于离群数据则应予以剔除，如果该可疑数据不属于离群数据则应保留，以使测定结果更符合实际。

五、水质评价

生活饮用水质量现状评价方法亦采用水质指数法评价。

六、监测报告

监测报告至少包括监测小组成员、监测目的、现场调查、监测项目、布点、样品采集和保存、检测方法、数据分析和处理，最后总结心得体会，并提出建议。

实训四　工业建设项目环境影响评价环境监测方案的制订

一、实训目的与要求

掌握工业企业建设项目环境影响评价中环境监测方案制订的方法，掌握监测因子的选择、监测频率的确定、监测点位确定的文字描述及附图，明确监测方法与监测要求，并进行质量现状评价等。

二、项目简介

某新建玉米深加工项目，以玉米为原料生产乙酸乙酯，副产品为蛋白饲料。项目建成后可以从根本上解决农村长期以来靠天吃饭，收入不稳定问题，依靠工业带动农业，可以加快农村城市化建设，改变农民的思想意识，从而达到快速发展农业的效果，促进当地的经济发展。

根据《中华人民共和国环境保护法》《中华人民共和国环境影响评价法》和《建设项目环境保护管理条例》的有关规定，应当对项目所在地的环境质量现状进行监测。

三、工程分析结论

该项目是以玉米为原料生产乙酸乙酯。原料玉米采用双酶法低温蒸煮、连续液化糖化、连续发酵及四塔蒸馏生产工艺，即在 α-淀粉酶、糖化酶的作用下将淀粉水解为葡萄糖，再进行微生物发酵生成乙醇；用强酸型阳离子交换树脂作催化剂，乙醇和乙酸发生酯化反应生成乙酸乙酯，经过精制生产出符合国家标准的乙酸乙酯。

1. 主要工程污染因素

根据项目建设特点及项目区域环境特征，确定项目运行期的主要工程污染因素见表9-17。

表 9-17　工程污染因素分析表

工程类型	工程名称	污染因素
主体工程	乙酸乙酯生产线	废水：中、低浓度的综合废水；产生量约 1226t/d。 噪声：来自粉碎机、干燥机等生产设备。 废气：玉米粉尘，乙酸乙酯尾气，CO_2。
公用工程	锅炉	废气：SO_2、NO_2、TSP、煤场扬尘。 废水：锅炉排污、水处理间排水、循环冷却水排污。 噪声：泵、风机。 固体废物：灰渣。

续表

工程类型	工程名称	污染因素
公用工程	污水处理系统	废气:恶臭气体。 废渣:活性污泥。 噪声:风机噪声。
	综合楼及职工食堂	废水:生活污水。 废气:油烟。
	储运	成品乙酸乙酯、酸碱运营。
配套工程	给水工程	水资源消耗。

2. 主要污染源强确定

项目运行期的污染源主要为废水污染源、废气污染源、噪声污染源、固体废物污染源。

（1）废水污染源　项目废水污染源主要为蛋白饲料工段产生的浓缩蒸发冷凝水和乙醇精制过程中脱出的废水及酯化塔产生的塔底余馏水，通过类比分析同类项目确定本项目废水污染源强，见表 9-18。由表 9-18 可见，混合废水的可生化性较好，$BOD_5/COD=0.51$，属易生化处理废水。

表 9-18　废水污染源强表

废水来源	水量 /(m³/d)	COD		BOD_5		SS		氨氮	
		浓度 /(mg/L)	折纯量 /(kg/d)	浓度 /(mg/L)	折纯量 /(kg/d)	浓度 /(mg/L)	折纯量 /(kg/d)	浓度 /(mg/L)	折纯量 /(kg/d)
液化糖化发酵车间	73	500	36.5	200	14.6	150	10.95	35	2.555
酒精精馏塔余馏水	153.6	1200	184.32	800	122.88	15	2.304	40	6.144
酯化塔余馏水	53	1500	79.5	1000	53	15	0.795	40	2.12
蛋白饲料蒸发冷凝水	864	3000	2592	1500	1296	15	12.96	16	13.824
冲洗设备及地面其他	50.4	500	25.2	200	10.08	150	7.56	35	1.764
生活污水	32	300	9.6	200	6.4	150	4.8	35	1.12
合计	1226	7000	2927.12	3900	1503	495	39.369	201	27.527

（2）废气污染源

① 锅炉及热风炉废气　结合本项目的具体情况确定本项目废气排放情况见表 9-19。

表 9-19　本项目完成后大气污染物排放状况变化一览表

污染源	锅炉 型号	烟囱高度 /m	出口内径 /m	废气量 /(m³/h)	排放浓度		排放量		治理措施
					烟尘 /(mg/m³)	SO_2 /(mg/m³)	烟尘 /(kg/h)	SO_2 /(kg/h)	
锅炉	30t/h 10t/h	45	1.00	88000	163	241	14.32	21.1	干湿两级除尘器 $\eta_{烟}=95\%$；$\eta_{SO_2}=30\%$
热风炉	10t/h	15	0.9	30000	119	216	3.6	6.5	烘干塔自带除尘装置 除尘效率:97%

② 工艺废气　项目建成后所产生的废气主要有乙酸乙酯精馏过程中产生的尾气、酒精发酵产生的二氧化碳、粉碎和饲料加工车间的粉尘，以及污水处理厂无组织排放的臭气。

（3）噪声污染源　项目产生噪声设备有输送机、粉碎机、空压机和风机等，这些设备产生的噪声强度均不大于100dB。噪声源强见表9-20。

（4）固体废物污染源　项目固废产生量及处理措施见表9-21。

表9-20　装置噪声源强表

噪声源	数量/台	声压级/dB（A）
机泵	10	＜90
压缩机	4	＜95
风机	2	＜100
粉碎机	1	85～95

表9-21　固废产生量及处理措施

固废名称	产生量/（t/a）	处理措施
锅炉废渣	9864	制砖
生活垃圾	41	由环卫部门统一处理
玉米杂质	2570	作饲料
污泥	409	堆肥
废离子交换树脂	8	与煤混合作燃料
废分子筛	10	填埋

四、评价因子筛选

通过对项目环境影响因子进行识别，结合项目不同阶段污染物排放特点及项目区环境质量现状，筛选出如下评价因子。

（1）地表水环境　现状评价因子：pH值、COD、BOD_5、氨氮。预测评价因子：COD。

（2）环境空气　现状评价因子：TSP、SO_2、NO_2。预测评价因子：烟尘、SO_2。

（3）声环境　现状评价因子：等效连续A声级。

五、环境质量现状监测与评价

1. 环境空气质量现状监测

（1）监测范围　确定以氧化塔排气筒为中心，边长为5km的矩形范围内。

（2）监测布点　按照主导风向和敏感目标相结合的原则，进行大气监测点的布设。

（3）监测采样频率及方法　采样频率为各监测点连续监测5天，监测分析方法按《环境空气质量标准》（GB 3095—2012）中有关规定，确定本评价区各监测因子的监测分析方法，具体见表9-22。

表9-22　监测项目及采样分析方法

编号	监测项目	采样方法				分析方法		最低检出限	单位（标态）
		采样仪器	采样时间/h	采样流量/（L/min）	采样高度/m	分析仪器	分析方法		
1	二氧化硫（SO_2）	大气采样器	一次:1.0 日均:≤20	0.5	1.5	721型分光光度计	盐酸副玫瑰苯胺比色法	0.003	mg/m^3
2	二氧化氮（NO_2）	大气采样器	一次:1.0 日均:≤20	0.3	1.5	721型分光光度计	改进的Saltzman法	0.003	mg/m^3
3	总悬浮颗粒物（TSP）	TSP采样器	日均:≤24	120	1.5	分析天平	重量法	0.003	mg/m^3

（4）监测结果分析　环境空气监测结果见表 9-23。

表 9-23　环境空气监测结果

污染物	日平均浓度				污染物	日平均浓度			
	取样数	浓度范围/(mg/m³)	超标数/%	总平均值/(mg/m³)		取样数	浓度范围/(mg/m³)	超标数/%	总平均值/(mg/m³)
TSP	4	0.140～0.150	0	0.144	NO₂	4	0.022～0.031	0	0.027
	4	0.126～0.151	0	0.137		4	0.019～0.028	0	0.024
	4	0.136～0.144	0	0.144		4	0.020～0.032	0	0.026
	4	0.140～0.151	0	0.145		4	0.020～0.029	0	0.026
SO₂	4	0.009～0.015	0	0.012	乙醛	4	未检出	0	未检出
	4	0.007～0.016	0	0.011		4	未检出	0	未检出
	4	0.013～0.020	0	0.017		4	未检出	0	未检出
	4	0.011～0.020	0	0.014		4	未检出	0	未检出

根据表 9-23 的监测数据，现按监测项目分述如下。

① TSP　TSP 在各监测点的日均浓度值在 $0.126～0.151mg/m^3$ 之间，日平均最大浓度值为 $0.151mg/m^3$，在拟建厂址监测点测得，此次监测 TSP 日均值不超标。

② SO_2　SO_2 日平均监测浓度值在 $0.007～0.020mg/m^3$ 之间，日平均最大浓度值为 $0.020mg/m^3$，此次监测 SO_2 日平均浓度不超标。

③ NO_2　NO_2 在各监测点的日均浓度值在 $0.019～0.032mg/m^3$ 之间，日平均最大浓度值为 $0.032mg/m^3$，此次监测 NO_2 日均值不超标。

2. 环境空气质量现状评价

（1）评价范围、评价因子与评价方法　评价范围同监测范围，评价因子同监测因子，评价方法采用单因子指数法。

（2）评价标准　采用国家《环境空气质量标准》（GB 3095—2012）中的二类区二级标准。评价标准见表 9-24。

（3）现状评价结果　环境空气质量现状评价结果见表 9-25。

表 9-24　评价标准

污染物名称	浓度限值/(μg/m³)	
	长期平均	短期平均
总悬浮颗粒物（TSP）	200(年)	300(日)
二氧化硫（SO₂）	60(年)	150(日)；500(小时)
二氧化氮（NO₂）	40(年)	80(日)；200(小时)

表 9-25　环境空气质量现状评价结果

评价点位	TSP		SO₂		NO₂	
	实测值 C_i/(μg/m³)	分指数 I_i	实测值 C_i/(μg/m³)	分指数 I_i	实测值 C_i/(μg/m³)	分指数 I_i
1#	144	0.48	12	0.10	27	0.34
2#	137	0.46	11	0.07	24	0.30
3#	144	0.48	17	0.11	26	0.33
4#	145	0.48	14	0.09	26	0.22

（4）现状评价结论　单因子指数法评价结果表明，评价区各监测因子单因子指数均小于1，说明评价区环境空气质量较好，符合国家《环境空气质量标准》（GB 3095—2012）中的二级标准，评价区各评价因子均具有一定的环境容量。

3. 水环境现状监测

项目的纳污河流的水域功能区划为Ⅴ类，主要功能为农田灌溉。评价区内无重污染工业项目。评价区主要工业污染源为项目排水。

（1）监测范围　根据项目废水的排放特点、路线、水质以及纳污河流的实际情况，确定本评价地表水环境现状监测范围为：纳污河流拟建排污口上游500m处，纳污河流拟建排污口下游15km处，河段长度约15.5km。

（2）监测断面布设　根据项目排水线路及水体特征，直接纳污河流为三级评价的小河，按照国家水质监测布点原则，并根据纳污河流功能及水质现状，本次评价地表水环境现状监测在监测范围内共布设3个监测断面，具体布设情况见表9-26。

（3）监测项目、监测方法　根据纳污河流的水质现状及项目投产后的排污特点，选择pH、COD、BOD_5、NH_3-N共4项监测项目。分析以及评价的原则和标准按《地表水环境质量标准》（GB 3838—2002）执行。监测项目分析方法见表9-27。

表9-26　地表水监测断面布置

断面编号	断面位置
1#	纳污河流项目排污口上游500m
2#	纳污河流项目排污口下游2km
3#	纳污河流项目排污口下游15km

表9-27　监测项目与分析方法一览表

序号	监测项目	分析方法
1	pH	玻璃电极法
2	COD	重铬酸钾法
3	BOD_5	稀释与接种法
4	NH_3-N	纳氏试剂比色法

（4）监测结果统计及分析　具体监测结果统计于表9-28中。

表9-28　地表水环境现状监测结果均值

参数	1#	2#	3#
pH 值	8.01	8.05	8.02
COD/(mg/L)	32.46	34.25	35.04
BOD_5/(mg/L)	6.83	7.26	7.35
NH_3-N/(mg/L)	1.59	1.65	1.77

4. 地表水环境现状评价

（1）评价标准　根据本地区对地表水环境质量功能区的划分，纳污河流水质现状评价标准采用《地表水环境质量标准》（GB 3838—2002）中Ⅴ类标准，具体见表9-29。

表9-29　《地表水环境质量标准》（GB 3838—2002）中评价标准

序号	项目		Ⅰ类	Ⅱ类	Ⅲ类	Ⅳ类	Ⅴ类
1	pH 值		6～9				
2	COD/(mg/L)	≤	15	15	20	30	40
3	BOD_5/(mg/L)	≤	3	3	4	6	10
4	NH_3-N/(mg/L)	≤	0.15	0.5	1.0	1.5	2.0

（2）评价结果及分析　地表水环境质量现状评价结果见表 9-30。

表 9-30　地表水环境质量现状评价结果（$S_{i,j}$ 值）

断面	pH 值	COD	BOD_5	NH_3-N	水质类别
1#	0.505	0.812	0.683	0.795	Ⅴ 类
2#	0.525	0.856	0.726	0.825	Ⅴ 类
3#	0.51	0.876	0.735	0.885	Ⅴ 类

由表 9-30 中评价结果可以看出，纳污河流的 4 项监测项目 pH、COD、BOD_5、NH_3-N 均能够满足《地表水环境质量标准》（GB 3838—2002）中 Ⅴ 类标准限值的要求，所以纳污河流的水体符合 Ⅴ 类水质标准。

（3）评价结论　纳污河流的 4 项监测项目 pH、COD、BOD_5、NH_3-N 均符合《地表水环境质量标准》（GB 3838—2002）中的 Ⅴ 类标准值，水体级别为 Ⅴ 类，能够满足规划的 Ⅴ 类水体功能和农田灌溉用水要求。

5. 声环境质量现状评价

拟建项目周围 200m 范围内无声环境敏感目标。根据拟建项目所在地声环境特点，该地区执行《声环境质量标准》（GB 3096—2008）中的 2 类标准。

（1）监测点布设　根据拟建项目周围环境状况，本评价监测点将在拟建项目周围布设。共布设 4 个监测点。

（2）监测方法　按照《声环境质量标准》（GB 3096—2008）和《环境监测技术规范》的相关要求进行监测。

（3）监测时间　由建设单位每天昼夜各监测一次，连续监测两天。

（4）监测结果　厂界噪声现状监测结果见表 9-31。

（5）评价标准　项目所在区域为 2 类声环境功能区，评价标准采用《声环境质量标准》（GB 3096—2008）中的 2 类区标准，昼间 60dB，夜间 50dB，见表 9-32。

表 9-31　厂界噪声现状监测结果

点位	测量值 L_{eq}/dB	
	昼间	夜间
1	48	35
2	46	37
3	54	44
4	45	36

表 9-32　环境噪声限值　单位：dB

声环境功能区类别		昼间	夜间
0 类		50	40
1 类		55	45
2 类		60	50
3 类		65	55
4 类	4a 类	70	55
	4b 类	70	60

（6）现状评价结论及分析　从厂界环境噪声监测结果来看，厂界噪声值较低，声环境质量较好。将厂界环境噪声监测结果与标准比较，昼夜均低于 2 类标准限值，说明项目所在区域声环境质量较好。

附　录

附表 1　实验室常用浓酸、氨水密度及浓度

名称	基本信息		密度 /(g/cm³)	近似浓度	
	化学式	摩尔质量/(g/mol)		质量分数/%	物质的量浓度/(mol/L)
盐酸	HCl	36.46	1.19	38	12
硝酸	HNO_3	63.01	1.42	70	16
硫酸	H_2SO_4	98.07	1.84	98	18
高氯酸	$HClO_4$	100.46	1.67	70	11.6
磷酸	H_3PO_4	98.00	1.69	85	15
氢氟酸	HF	20.01	1.13	40	22.5
冰乙酸	CH_3COOH	60.05	1.05	99.9	17.5
氨水	$NH_3 \cdot H_2O$	35.05	0.90	27(NH_3)	14.5
氢溴酸	HBr	80.93	1.49	47	9
甲酸	HCOOH	46.04	1.06	26	6
过氧化氢	H_2O_2	34.01	1.44	>30	10

附表 2　常用基准物质的干燥条件和应用范围

基准物质		干燥后组成	干燥条件/℃	标定对象
名称	化学式			
碳酸氢钠	$NaHCO_3$	Na_2CO_3	270~300	酸
碳酸钠	$Na_2CO_3 \cdot 10H_2O$	Na_2CO_3	270~300	酸
硼砂	$Na_2B_4O_7 \cdot 10H_2O$	$Na_2B_4O_7 \cdot 10H_2O$	放在含 NaCl 和蔗糖饱和水溶液的干燥皿中	酸
碳酸氢钾	$KHCO_3$	$KHCO_3$	270~300	酸
草酸	$H_2C_2O_4 \cdot 2H_2O$	$H_2C_2O_4 \cdot 2H_2O$	室温空气干燥	碱或 $KMnO_4$
邻苯二甲酸氢钾	$KHC_8H_4O_4$	$KHC_8H_4O_4$	110~120	碱
重铬酸钾	$K_2Cr_2O_7$	$K_2Cr_2O_7$	140~150	还原剂
溴酸钾	$KBrO_3$	$KBrO_3$	130	还原剂
碘酸钾	KIO_3	KIO_3	130	还原剂
铜	Cu	Cu	室温干燥器中保存	还原剂
三氧化二砷	As_2O_3	As_2O_3	室温干燥器中保存	氧化剂
草酸钠	$Na_2C_2O_4$	$Na_2C_2O_4$	130	氧化剂
碳酸钙	$CaCO_3$	$CaCO_3$	110	EDTA
锌	Zn	Zn	室温干燥器中保存	EDTA
氧化锌	ZnO	ZnO	900~1000	EDTA
氯化钠	NaCl	NaCl	500~600	$AgNO_3$
氯化钾	KCl	KCl	500~600	$AgNO_3$
硝酸银	$AgNO_3$	$AgNO_3$	180~290	氯化物

附表3　环境空气污染物基本项目浓度限值

序号	污染物项目	平均时间	浓度限值		单位
			一级	二级	
1	二氧化硫(SO_2)	年平均	20	60	$\mu g/m^3$
		24 小时平均	50	150	
		1 小时平均	150	500	
2	二氧化氮(NO_2)	年平均	40	40	
		24 小时平均	80	80	
		1 小时平均	200	200	
3	一氧化碳(CO)	24 小时平均	4	4	mg/m^3
		1 小时平均	10	10	
4	臭氧(O_3)	日最大 8 小时平均	100	160	$\mu g/m^3$
		1 小时平均	160	200	
5	颗粒物（粒径小于等于10μm）	年平均	40	70	$\mu g/m^3$
		24 小时平均	50	150	
6	颗粒物（粒径小于等于2.5μm）	年平均	15	35	
		24 小时平均	35	75	

附表4　环境空气污染物浓度数据有效性的最低要求

污染物项目	平均时间	数据有效性规定
二氧化硫(SO_2)、二氧化氮(NO_2)、颗粒物（粒径小于等于10μm）、颗粒物（粒径小于等于2.5μm）、氮氧化物(NO_x)	年平均	每年至少有 324 个日平均浓度值；每月至少有 27 个日平均浓度值（二月至少有 25 个日平均浓度值）
二氧化硫(SO_2)、二氧化氮(NO_2)、颗粒物（粒径小于等于10μm）、颗粒物（粒径小于等于2.5μm）、氮氧化物(NO_x)	24 小时平均	每日至少有 20 个小时平均浓度值或采样时间
臭氧(O_3)	8 小时平均	每 8 小时至少有 6 个小时平均浓度值
二氧化硫(SO_2)、二氧化氮(NO_2)、一氧化碳(CO)、臭氧(O_3)、氮氧化物(NO_x)	1 小时平均	每小时至少有 45min 的采样时间
总悬浮颗粒物(TSP)、苯并[a]芘(BaP)、铅(Pb)	年平均	每年至少有分布均匀的 60 个日平均浓度值；每月至少有分布均匀的 5 个日平均浓度值
铅(Pb)	季平均	每季至少有分布均匀的 15 个日平均浓度值；每月至少有分布均匀的 5 个日平均浓度值
总悬浮颗粒物(TSP)、苯并[a]芘(BaP)、铅(Pb)	24 小时平均	每日应有 24h 的采样时间

附表5　环境空气污染物其他项目浓度限值

序号	污染物项目	平均时间	浓度限值		单位
			一级	二级	
1	总悬浮颗粒物(TSP)	年平均	80	200	$\mu g/m^3$
		24 小时平均	120	300	

序号	污染物项目	平均时间	浓度限值		单位
			一级	二级	
2	氮氧化物（NO_x）	年平均	50	50	$\mu g/m^3$
		24 小时平均	100	100	
		1 小时平均	250	250	
3	铅（Pb）	年平均	0.5	0.5	
		季平均	1	1	
4	苯并[a]芘（BaP）	年平均	0.001	0.001	
		24 小时平均	0.0025	0.0025	

附表 6　环境空气各项污染物分析方法

序号	污染物项目	手工分析方法		自动分析方法
		分析方法	标准编号	
1	二氧化硫（SO_2）	环境空气 二氧化硫的测定 甲醛吸收-副玫瑰苯胺分光光度法	HJ 482	紫外荧光法、差分吸收光谱分析法
		环境空气 二氧化硫的测定 四氯汞盐吸收-副玫瑰苯胺分光光度法	HJ 483	
2	二氧化氮（NO_2）	环境空气 氮氧化物（一氧化氮和二氧化氮）的测定 盐酸萘乙二胺分光光度法	HJ 479	化学发光法、差分吸收光谱分析法
3	一氧化碳（CO）	空气质量 一氧化碳的测定 非分散红外法	GB 9801	气体滤波相关红外吸收法、非分散红外吸收法
4	臭氧（O_3）	环境空气 臭氧的测定 靛蓝二磺酸钠分光光度法	HJ 504	紫外荧光法、差分吸收光谱分析法
		环境空气 臭氧的测定 紫外光度法	HJ 590	
5	颗粒物（粒径小于等于 10μm）	环境空气 PM_{10} 和 $PM_{2.5}$ 的测定 重量法	HJ 618	微量振荡天平法、β射线法
6	颗粒物（粒径小于等于 2.5μm）	环境空气 PM_{10} 和 $PM_{2.5}$ 的测定 重量法	HJ 618	微量振荡天平法、β射线法
7	总悬浮颗粒物（TSP）	环境空气 总悬浮颗粒物的测定 重量法	GB/T 15432	—
8	氮氧化物（NO_x）	环境空气 氮氧化物（一氧化氮和二氧化氮）的测定 盐酸萘乙二胺分光光度法	HJ 479	化学发光法、差分吸收光谱分析法
9	铅（Pb）	环境空气 铅的测定 石墨炉原子吸收分光光度法（暂行）	HJ 539	—
		环境空气 铅的测定 火焰原子吸收分光光度法	GB/T 15264	—
10	苯并[a]芘（BaP）	空气质量 飘尘中苯并[a]芘的测定 乙酰化滤纸层析荧光分光光度法	GB 8971	—
		环境空气 苯并[a]芘的测定 高效液相色谱法	HJ 956	—

附表 7 地表水环境质量标准基本项目标准限值

序号	项目		Ⅰ类	Ⅱ类	Ⅲ类	Ⅳ类	Ⅴ类
1	水温/℃		人为造成的环境水温变化应限制在：周平均最大温升≤1；周平均最大温降≤2				
2	pH 值(无量纲)		6～9				
3	溶解氧/(mg/L)	≥	饱和率90%（或7.5）	6	5	3	2
4	高锰酸盐指数/(mg/L)	≤	2	4	6	10	15
5	化学需氧量(COD)/(mg/L)	≤	15	15	20	30	40
6	五日生化需氧量(BOD_5)/(mg/L)	≤	3	3	4	6	10
7	氨氮(NH_3-N)/(mg/L)	≤	0.15	0.5	1.0	1.5	2.0
8	总磷(以 P 计)/(mg/L)	≤	0.02(湖、库0.01)	0.1(湖、库0.025)	0.2(湖、库0.05)	0.3(湖、库0.1)	0.4(湖、库0.2)
9	总氮(湖、库,以 N 计)/(mg/L)	≤	0.2	0.5	1.0	1.5	2.0
10	铜/(mg/L)	≤	0.01	1.0	1.0	1.0	1.0
11	锌/(mg/L)	≤	0.05	1.0	1.0	2.0	2.0
12	氟化物(以 F^- 计)/(mg/L)	≤	1.0	1.0	1.0	1.5	1.5
13	硒/(mg/L)	≤	0.01	0.01	0.01	0.02	0.02
14	砷/(mg/L)	≤	0.05	0.05	0.05	0.1	0.1
15	汞/(mg/L)	≤	0.00005	0.00005	0.0001	0.001	0.001
16	镉/(mg/L)	≤	0.001	0.005	0.005	0.005	0.1
17	铬(六价)/(mg/L)	≤	0.01	0.05	0.05	0.05	0.01
18	铅/(mg/L)	≤	0.01	0.01	0.005	0.05	0.1
19	氰化物/(mg/L)	≤	0.005	0.05	0.2	0.2	0.2
20	挥发酚/(mg/L)	≤	0.002	0.002	0.005	0.01	0.1
21	石油类/(mg/L)	≤	0.05	0.05	0.05	0.5	1.0
22	阴离子表面活性剂/(mg/L)	≤	0.2	0.2	0.2	0.3	0.3
23	硫化物/(mg/L)	≤	0.05	0.1	0.2	0.5	1.0
24	粪大肠菌群/(个/L)	≤	200	2000	10000	20000	30000

附表 8 水质常规指标及限值

指标	限值	指标	限值
1. 微生物指标[①]		2. 毒理指标	
总大肠菌群(MPN/100mL 或 CFU/100mL)	不得检出	砷/(mg/L)	0.01
		镉/(mg/L)	0.005
耐热大肠菌群(MPN/100mL 或 CFU/100mL)	不得检出	铬(六价)/(mg/L)	0.05
		铅/(mg/L)	0.01
大肠埃希氏菌(MPN/100mL 或 CFU/100mL)	不得检出	汞/(mg/L)	0.001
		硒/(mg/L)	0.01
菌落总数/(CFU/mL)	100	氰化物/(mg/L)	0.05

指标	限值	指标	限值
2. 毒理指标		铝/(mg/L)	0.2
氟化物/(mg/L)	1.0	铁/(mg/L)	0.3
硝酸盐(以 N 计)/(mg/L)	10(地下水源限制时为 20)	锰/(mg/L)	0.1
三氯甲烷/(mg/L)	0.06	铜/(mg/L)	1.0
四氯化碳/(mg/L)	0.002	锌/(mg/L)	1.0
溴酸盐(使用臭氧时)/(mg/L)	0.01	氯化物/(mg/L)	250
甲醛(使用臭氧时)/(mg/L)	0.9	硫酸盐/(mg/L)	250
亚氯酸盐(使用二氧化氯消毒时)/(mg/L)	0.7	溶解性总固体/(mg/L)	1000
氯酸盐(使用复合二氧化氯消毒时)/(mg/L)	0.7	总硬度(以 $CaCO_3$ 计)/(mg/L)	450
3. 感官性状和一般化学指标		耗氧量(COD_{Mn} 法,以 O_2 计)/(mg/L)	3(水源限制,原水耗氧量 >6mg/L 时为 5)
色度(铂钴色度单位)	15	挥发酚类(以苯酚计)/(mg/L)	0.002
浑浊度(NTU-散射浊度单位)	1(水源与净水技术条件限制时为 3)	阴离子合成洗涤剂/(mg/L)	0.3
臭和味	无异臭、异味	4. 放射性指标[②]	
肉眼可见物	无	总 α 放射性/(Bq/L)	0.5
pH 值	不小于 6.5 且不大于 8.5	总 β 放射性/(Bq/L)	1

① MPN 表示最可能数,CFU 表示菌落形成单位。当水样检出总大肠菌群时,应进一步检验大肠埃希氏菌或耐热大肠菌群;水样未检出总大肠菌群,不必检验大肠埃希氏菌或耐热大肠菌群。

② 放射性指标超过指导值,应进行核素分析和评价,判定能否饮用。

附表 9　环境噪声限值　　　　　　　　　　　　单位:dB

声环境功能区类别		昼间	夜间
		50	40
1 类		55	45
2 类		60	50
3 类		65	55
4 类	4a 类	70	55
	4b 类	70	60

参考文献

［1］ 国家环境保护总局《水和废水监测分析方法》编委会．水和废水监测分析方法［M］．4 版．北京：中国环境科学出版社，2002.

［2］ 国家环境保护总局《空气和废气监测分析方法》编委会．空气和废气分析方法［M］．4 版．北京：中国环境科学出版社，2003.

［3］ 浙江省环境监测中心《环境监测人员基本知识基本技能培训教材》编写组．环境监测人员基本知识基本技能培训教材［M］．北京：中国环境出版社，2016.

［4］ 环境监测总局．国家地表水环境质量监测网监测任务作业指导书（试行）［Z］．北京：环境保护部，2017.

［5］ 严金龙．环境监测实验与实训［M］．北京：化学工业出版社，2014.

［6］ 邓晓燕．环境监测实验［M］．北京：化学工业出版社，2015.

［7］ 奚旦立．环境监测实验［M］．北京：高等教育出版社，2010.

［8］ 奚旦立．环境监测［M］．5 版．北京：高等教育出版社，2018.

［9］ 孙成．环境监测实验［M］．2 版．北京：科学出版社，2010.

［10］ 石碧清．环境监测技能训练和考核教程［M］．北京：中国环境科学出版社，2011.